2025
5차개정판

 The Bible

건축산업기사 실기

2025 시험대비 완벽개정

- 국토교통부 KCS, KDS 현행규정 적용
- 2021~2024 기출문제 수록

안광호 · 백종엽 · 이병억 공저

한솔아카데미

머리말

『과거를 잊지 않는 것,,,,그것이 미래를 부르는 유일한 힘이다.』

과거의 역사가 미래의 거울이듯, 시험을 준비하는 수험생은 과거의 기출문제를 통하여 미래의 출제될 문제를 예상하고 대비할 수 있습니다.
건축산업기사 실기시험은 주어진 조건에 대해 Free-Hand 방식의 도면을 작성하는 시험이었으나, 2021년부터 건축기사 실기시험과 같은 필답형 주관식 시험으로 변경이 되었습니다.
건축기사 실기시험은 건축일반시공, 건축구조, 공정 및 품질관리, 건축적산으로 크게 분류할 수 있는데, 건축산업기사 실기시험은 건축구조 분야를 제외한 나머지 시험과목을 동일하게 배치하였습니다. 따라서 기존의 기출문제가 없기 때문에 건축기사 실기시험 문제를 통해 수험준비를 하는 것이 가장 효과적인 학습전략이라고 분석됩니다.

건축산업기사를 준비하는 수험생들이 어떻게 하면 보다 더 빠르고 보다 더 쉽게 합격할 수 있는가를 20년간의 대학강의 및 학원강의를 통한 강의기법 및 Know-How를 바탕으로 『건축산업기사실기 The Bible』 교재를 제작하였으므로 수험생들이 신뢰할 수 있는 합격의 지름길을 제공하는 교재가 될 것으로 확신합니다.

이 책의 특징은 다음과 같습니다.

> Ⅰ. [국가건설기준]: 설계기준(KDS, Korea Design Standard),
>   표준시방서[KCS, Korea Construction Specification] 관련 내용의 적용
> Ⅱ. 시험에 출제되지 않는 일반사항들을 모두 배제하고 2001년~2021년 동안 출제되어 왔던 건축기사 기출문제 및 2021년~2024년 출제된 건축산업기사 실기시험문제를 각각의 공종별로 Point를 제시하여 최적의 답안을 작성할 수 있도록 유도

이 책의 제작을 위해 최선의 노력을 기울였지만 교재의 본문에 발생한 오탈자 등은 지속적으로 수정 및 보완하여 더욱 좋은 책으로 거듭날 수 있도록 항상 조언을 부탁드립니다.
끝으로 본 교재의 출간을 위해 애써주신 한솔아카데미 출판부 이종권 전무님과 편집부 안주현 부장님, 문수진 과장님에게 깊은 감사를 드립니다.
세상을 올바른 눈으로 볼 수 있도록 길러주신 부모님에게 항상 감사드리며 사랑하는 아들 준혁, 재혁 그리고 불의의 사고로 하늘나라로 먼저 간 사랑하는 나의 딸 시현에게 감사의 마음을 글로 대신합니다.

건축수험연구회 저자 안광호 드림

출제기준

적용기간 : 2025.1.1~2029.12.31

주요항목	세부항목
1. 공정관리를 위한 자료관리	1. 자료 수집하기 2. 자료 정리하기 3. 자료 보관하기
2. 공정표작성	1. 공종별세부공정관리계획서작성하기 2. 세부공정내용파악하기 3. 요소작업(Activity)별 산출내역서작성하기 4. 요소작업(Activity) 소요공기 산정하기 5. 작업순서관계표시하기 6. 공정표작성하기
3. 진도관리	1. 투입계획 검토하기 2. 자원관리 실시하기 3. 진도관리계획 수립하기 4. 진도율 모니터링하기 5. 진도 관리하기 6. 보고서 작성하기
4. 품질관리 자료관리	1. 품질관리 관련자료 파악하기 2. 해당공사 품질관리 관련자료 작성하기
5. 자재 품질관리	1. 시공기자재보관계획수립하기 2. 시공기자재검사하기 3. 검사·측정시험장비관리하기
6. 현장환경점검	1. 환경점검계획수립하기 2. 환경점검표작성하기 3. 점검실시 및 조치하기
7. 현장자원관리	1. 노무관리하기 2. 자재관리하기 3. 장비관리하기
8. 건축목공시공계획수립	1. 설계도면검토하기 2. 공정표작성하기 3. 인원투입계획하기 4. 자재장비투입계획하기
9. 검사하자보수	1. 시공결과확인하기 2. 재작업검토하기 3. 하자원인파악하기 4. 하자보수계획하기 5. 보수보강하기
10. 조적미장공사 시공계획수립	1. 설계도서검토하기 2. 공정관리계획하기 3. 품질관리계획하기 4. 안전관리계획하기 5. 환경관리계획하기
11. 방수시공계획수립	1. 설계도서검토하기 2. 내역검토하기 3. 가설계획하기 4. 공정관리계획하기 5. 작업인원투입계획하기 6. 자재투입계획하기 7. 품질관리계획하기 8. 안전관리계획하기 9. 환경관리계획하기
12. 방수검사	1. 외관검사하기 2. 누수검사하기 3. 검사부위손보기

주요항목	세부항목	
13. 타일석공시공계획수립	1. 설계도서검토하기 3. 시공상세도작성하기 5. 시공물량산출하기 7. 안전관리계획하기	2. 현장실측하기 4. 시공방법절차검토하기 6. 작업인원자재투입계획하기
14. 검사보수	1. 품질기준확인하기 3. 보수하기	2. 시공품질확인하기
15. 건축도장시공계획수립	1. 내역검토하기 3. 공정표작성하기 5. 자재투입계획하기 7. 품질관리계획하기 9. 환경관리계획하기	2. 설계도서검토하기 4. 인원투입계획하기 6. 장비투입계획하기 8. 안전관리계획하기
16. 건축도장시공검사	1. 도장면의상태확인하기 3. 도막두께확인하기	2. 도장면의색상확인하기
17. 철근콘크리트시공계획수립	1. 설계도서검토하기 3. 공정표작성하기 5. 품질관리계획하기 7. 환경관리계획하기	2. 내역검토하기 4. 시공계획서작성하기 6. 안전관리계획하기
18. 시공 전 준비	1. 시공상세도 작성하기 3. 철근가공 조립계획하기	2. 거푸집 설치 계획하기 4. 콘크리트 타설 계획하기
19. 자재관리	1. 거푸집 반입·보관하기 3. 콘크리트 반입검사하기	2. 철근 반입·보관하기
20. 철근가공조립검사	1. 철근절단가공하기 3. 철근조립검사하기	2. 철근조립하기
21. 콘크리트양생 후 검사보수	1. 표면상태 확인하기 3. 콘크리트보수하기	2. 균열상태검사하기
22. 창호시공계획수립	1. 사전조사실측하기 3. 안전관리계획하기 5. 시공순서계획하기	2. 협의조정하기 4. 환경관리계획하기
23. 공통가설계획수립	1. 가설측량하기 3. 가설동력및용수확보하기 5. 가설환경시설설치하기	2. 가설건축물시공하기 4. 가설양중시설설치하기
24. 비계시공계획수립	1. 설계도서작성검토하기 3. 공정계획작성하기 5. 비계구조검토하기	2. 지반상태확인보강하기 4. 안전품질환경관리계획하기
25. 비계검사점검	1. 받침철물기자재설치검사하기 2. 가설기자재조립결속상태검사하기 3. 작업발판안전시설재설치검사하기	

주요항목	세부항목	
26. 거푸집동바리시공계획수립	1. 설계도서작성검토하기 3. 안전품질환경관리계획하기	2. 공정계획작성하기 4. 거푸집동바리구조검토하기
27. 거푸집동바리검사점검	1. 동바리설치검사하기 3. 타설전중점검보정하기	2. 거푸집설치검사하기
28. 가설안전시설물설치점검해체	1. 가설통로설치점검해체하기 3. 방호선반설치점검해체하기 5. 낙하물방지망설치점검해체하기 7. 안전시설물해체점검정리하기	2. 안전난간설치점검해체하기 4. 안전방망설치점검해체하기 6. 수직보호망설치점검해체하기
29. 수장시공계획수립	1. 현장조사하기 3. 공정관리계획하기 5. 안전환경관리계획하기	2. 설계도서검토하기 4. 품질관리계획하기 6. 자재인력장비투입계획하기
30. 검사마무리	1. 도배지검사하기 3. 보수하기	2. 바닥재검사하기
31. 공정관리계획수립	1. 공법 검토하기 3. 공정표작성하기	2. 공정관리계획하기
32. 단열시공계획수립	1. 자재투입양중계획하기 3. 품질관리계획하기	2. 인원투입계획하기 4. 안전환경관리계획하기
33. 검사	1. 육안검사하기 3. 화학적검사하기	2. 물리적검사하기
34. 지붕시공계획수립	1. 설계도서확인하기 3. 공정관리계획하기 5. 안전관리계획하기	2. 공사여건분석하기 4. 품질관리계획하기 6. 환경관리계획하기
35. 부재제작	1. 재료관리하기　　2. 공장제작하기　　3. 방청도장하기	
36. 부재설치	1. 조립준비하기　　2. 가조립하기　　3. 조립검사하기	
37. 용접접합	1. 용접준비하기　　2. 용접하기　　3. 용접후검사하기	
38. 볼트접합	1. 재료검사하기 3. 체결하기	2. 접합면관리하기 4. 조임검사하기
39. 도장	1. 표면처리하기 3. 검사보수하기	2. 내화도장하기
40. 내화피복	1. 재료공법선정하기 3. 검사보수하기	2. 내화피복시공하기
41. 공사준비	1. 설계도서 검토하기 3. 품질관리 검토하기	2. 공작도 작성하기 4. 공정관리 검토하기
42. 준공 관리	1. 기성검사준비하기 3. 준공검사하기	2. 준공도서작성하기 4. 인수·인계하기

목차

Ⅰ. 가설공사, 토공 및 흙막이공사 _1

01 산업안전보건기준에 관한 주요 규칙 ·· 2
02 가설공사 : 적산사항 ··· 22
03 토공사 : 일반사항 ··· 24
04 흙막이공사 : 일반사항 ·· 36
05 토공사 : 적산사항 ··· 46

Ⅱ. 지정 및 기초공사 _49

01 지정 및 기초공사 : 일반사항 ··· 50
02 지정 및 기초공사 : 적산사항 ··· 56

Ⅲ. 철근콘크리트공사 _63

01 철근공사 ··· 64
02 거푸집공사 ··· 76
03 콘크리트 재료 ·· 92
04 콘크리트 시공, 각종 콘크리트 ··· 107
05 콘크리트 비파괴검사, 보수 및 보강, 적산사항 ······························ 126

Ⅳ. 강구조공사 _135

01 강구조공사 : 일반사항 ·· 136
02 강구조공사 : 접합 ··· 142
03 강구조공사 : 적산사항 ·· 162

V. 조적공사 · 석공사 · 목공사 _165

　01 조적공사 : 일반사항 ··· 166
　02 석공사 및 목공사 : 일반사항 ··· 170
　03 조적공사, 석공사, 목공사 : 적산사항 ·· 182

VI. 미장 및 타일공사 · 방수 및 도장공사 _185

　01 미장 및 타일공사 : 일반사항 ··· 186
　02 방수 및 도장공사 : 일반사항 ··· 194
　03 미장 및 타일공사 · 방수 및 도장공사 : 적산사항 ··················· 210

VII. 유리 및 창호공사 · 커튼월공사 · 수장 및 그 밖의 공사 _213

　01 유리 및 창호공사, 커튼월공사 ··· 214
　02 수장 및 그 밖의 공사 ··· 224

VIII. 건축시공 총론 _235

　01 건축시공 총론(Ⅰ) ··· 236
　02 건축시공 총론(Ⅱ) ··· 256

IX. 공정관리 _263

　01 공정관리 관련 용어 ··· 264
　02 PERT&CPM에 의한 Network 공정표 ····································· 268

X. 부록 과년도 출제문제 _289

　01 2021년도 1회 건축산업기사 실기 ··· 291
　02 2021년도 2회 건축산업기사 실기 ··· 302
　03 2021년도 3회 건축산업기사 실기 ··· 312
　04 2022년도 1회 건축산업기사 실기 ··· 323
　05 2022년도 2회 건축산업기사 실기 ··· 334
　06 2022년도 3회 건축산업기사 실기 ··· 346
　07 2023년도 1회 건축산업기사 실기 ··· 357
　08 2023년도 2회 건축산업기사 실기 ··· 370
　09 2023년도 3회 건축산업기사 실기 ··· 382
　10 2024년도 1회 건축산업기사 실기 ··· 393
　11 2024년도 2회 건축산업기사 실기 ··· 406
　12 2024년도 3회 건축산업기사 실기 ··· 417

가설공사, 토공 및 흙막이공사

01 산업안전보건기준에 관한 주요 규칙

02 가설공사 : 적산사항

03 토공사 : 일반사항

04 흙막이공사 : 일반사항

05 토공사 : 적산사항

01 산업안전보건기준에 관한 주요 규칙

POINT 01 보호구의 지급

사업주는 다음 각 호의 어느 하나에 해당하는 작업을 하는 근로자에 대해서는 그 작업조건에 맞는 보호구를 작업하는 근로자 수 이상으로 지급하고 착용하도록 하여야 한다.

①	안전모	물체가 떨어지거나 날아올 위험 또는 근로자가 추락할 위험이 있는 작업
②	안전대(安全帶)	높이 또는 깊이 2m 이상의 추락할 위험이 있는 장소에서 하는 작업
③	안전화	물체의 낙하·충격, 물체에의 끼임, 감전 또는 정전기의 대전(帶電)에 의한 위험이 있는 작업
④	보안경	물체가 흩날릴 위험이 있는 작업
⑤	보안면	용접 시 불꽃이나 물체가 흩날릴 위험이 있는 작업
⑥	절연용 보호구	감전의 위험이 있는 작업
⑦	방열복	고열에 의한 화상 등의 위험이 있는 작업
⑧	방진마스크	선창 등에서 분진(粉塵)이 심하게 발생하는 하역작업
⑨	방한모·방한복·방한화·방한장갑	섭씨 영하 18℃ 이하인 급냉동어창에서 하는 하역작업

2024 출제예상문제

01 [21①] 5점

현장에서 작업을 하는 근로자에 대해서는 산업안전보건기준에 따라서 그 작업조건에 맞는 보호구를 작업하는 근로자에게 지급하고 착용하여야 한다. 문제에서 설명하는 작업에 적합한 보호구를 【보기】에서 골라 쓰시오.

보기

방한모, 방열복, 보안면, 절연용 보호구, 보안경, 안전화, 안전대, 방진마스크, 안전모

(1)	물체가 떨어지거나 날아올 위험 또는 근로자가 추락할 위험이 있는 작업
(2)	높이 또는 깊이 2m 이상의 추락할 위험이 있는 장소에서 하는 작업
(3)	용접 시 불꽃이나 물체가 흩날릴 위험이 있는 작업
(4)	물체의 낙하·충격, 물체에의 끼임, 감전 또는 정전기의 대전(帶電)에 의한 위험이 있는 작업
(5)	선창 등에서 분진(粉塵)이 심하게 발생하는 하역작업

02 [23①] 4점

다음이 설명하는 보호 장구를 【보기】에서 골라 쓰시오.

보기

안전화, 안전대, 안전모, 방열복

(1)	중량물의 떨어짐이나 끼임 사고 발생 시 발과 등을 보호
(2)	외부 충격으로부터 머리를 보호
(3)	고열작업에서 화상과 열중증을 방지하기 위하여 사용
(4)	높은 곳에서 작업하는 근로자의 떨어짐을 방지하기 위하여 사용

03 [23②] 4점

현장에서 작업을 하는 근로자에 대해서는 산업안전보건기준에 따라서 그 작업조건에 맞는 보호구를 작업하는 근로자에게 지급하고 착용하여야 한다. 문제에서 설명하는 작업에 적합한 보호구를 쓰시오.

(1)	물체의 낙하·충격, 물체에의 끼임, 감전 또는 정전기의 대전(帶電)에 의한 위험이 있는 작업
(2)	물체가 떨어지거나 날아올 위험 또는 근로자가 추락할 위험이 있는 작업
(3)	용접 시 불꽃이나 물체가 흩날릴 위험이 있는 작업
(4)	높이 또는 깊이 2m 이상의 추락할 위험이 있는 장소에서 하는 작업

정답 및 해설

01
(1) 안전모
(2) 안전대
(3) 보안면
(4) 안전화
(5) 방진마스크

02
(1) 안전화
(2) 안전모
(3) 방열복
(4) 안전대

03
(1) 안전화
(2) 안전모
(3) 보안면
(4) 안전대

POINT 02 작업장

(1) 작업장 작업면의 조도

➡ 사업주는 근로자가 상시 작업하는 장소의 작업면 조도(照度)를 다음 각 호의 기준에 맞도록 하여야 한다.

초정밀작업	정밀작업	보통작업	그 밖의 작업
750럭스(lux) 이상	300럭스 이상	150럭스 이상	75럭스 이상

(2) 작업장의 출입구 및 비상구의 설치

➡ 연면적 400㎡ 이상이거나 상시 50명 이상의 근로자가 작업하는 옥내작업장에는 비상시에 근로자에게 신속하게 알리기 위한 경보용 설비 또는 기구를 설치하여야 한다.

①	출입구	계단이 출입구와 연결된 경우에는 작업자의 안전한 통행을 위하여 그 사이에 1.2m 이상 거리를 두거나 안내표지 또는 비상벨 등을 설치하여야 한다.
②	비상구	• 출입구와 같은 방향에 있지 아니하고, 출입구로부터 3m 이상 떨어져 있을 것 • 작업장의 각 부분으로부터 하나의 비상구 또는 출입구까지의 수평거리가 50m 이하가 되도록 할 것 • 비상구의 너비는 0.75m 이상으로 하고, 높이는 1.5m 이상으로 할 것

(3) 악천후 및 강풍 시 작업 중지, 중대재해(重大災害)

①	순간풍속이 초당 10m를 초과하는 경우 타워크레인의 설치·수리·점검 또는 해체 작업을 중지하여야 하며, 순간풍속이 초당 15m를 초과하는 경우에는 타워크레인의 운전작업을 중지하여야 한다.

②	악천후에 따른 철골공사 중지 기준	풍속	강수량	강설량
		10m/s	1mm/h	1cm/h

③	중대재해(重大災害)의 범위	• 사망자가 1인 이상 발생한 재해 • 3개월 이상의 요양을 요하는 부상자가 동시에 2인 이상 발생한 재해 • 부상자 또는 직업성 질병자가 동시에 10인 이상 발생한 재해

2024 출제예상문제

01 4점

산업안전보건법에서 규정하고 있는 근로자가 상시 작업하는 장소의 작업면 조도(照度)와 관련된 규정 중 ( ) 안에 적당한 수치를 쓰시오.

초정밀작업	정밀작업	보통작업	그 밖의 작업
(①) 럭스(lux) 이상	(②) 럭스(lux) 이상	(③) 럭스(lux) 이상	(④) 럭스(lux) 이상

① _____ ② _____ ③ _____ ④ _____

02 5점

산업안전보건법에서 규정하고 있는 작업장의 출입구 및 비상구의 설치에 관하여 ( )안에 적당한 수치를 쓰시오.

(1) 계단이 출입구와 연결된 경우에는 작업자의 안전한 통행을 위하여 그 사이에 ( )m 이상 거리를 두거나 안내표지 또는 비상벨 등을 설치하여야 한다.

(2) 출입구와 같은 방향에 있지 아니하고, 출입구로부터 ( )m 이상 떨어져 있을 것

(3) 작업장의 각 부분으로부터 하나의 비상구 또는 출입구까지의 수평거리가 ( )m 이하가 되도록 할 것

(4) 비상구의 너비는 ( )m 이상으로 하고, 높이는 ( )m 이상으로 할 것

03 [22①] 3점

다음은 산업안전보건기준에 의한 악천후에 따른 철골공사 중지 기준이다. ( ) 안에 적당한 수치를 기재하시오.

(1) 풍속 ( )m/s
(2) 강수량 ( )mm/h
(3) 강설량 ( )cm/h

04 [22②] 3점

다음의 내용은 중대재해를 설명하고 있다. 해당 내용에 알맞는 인원수를 쓰시오.

중대재해라 함은 산업재해 중 사망 등 재해의 정도가 심한 것으로, 사망자가 (①)인 이상 발생한 재해사고, 3개월 이상 요양을 요하는 부상자가 동시에 (②)인 이상 발생한 재해사고, 부상자 또는 작업성 질병자가 동시에 (③)인 이상 발생한 재해를 말한다.

① _____ ② _____ ③ _____

정답 및 해설

01
① 750
② 300
③ 150
④ 75

02
(1) 1.2
(2) 3
(3) 50
(4) 0.75, 1.5

03
(1) 10 (2) 1 (3) 1

04
(1) 1 (2) 2 (3) 10

| POINT | 03 | 통로, 가설통로, 계단, 안전난간 |

(1) 통로

근로자가 안전하게 통행할 수 있도록 통로에 75럭스 이상의 채광 또는 조명시설을 하여야 하며, 통로면으로부터 높이 2m 이내에는 장애물이 없도록 하여야 한다.

(2) 가설통로

①	경사는 30도 이하로 할 것. 다만, 계단을 설치하거나 높이 2m 미만의 가설통로로서 튼튼한 손잡이를 설치한 경우에는 그러하지 아니하다.	
②	경사가 15도를 초과하는 경우에는 미끄러지지 아니하는 구조로 할 것	
③	수직갱에 가설된 통로의 길이가 15m 이상인 경우에는 10m 이내마다 계단참을 설치할 것	
④	건설공사에 사용하는 높이 8m 이상인 비계다리에는 7m 이내마다 계단참을 설치할 것	

(3) 계단

계단 및 계단참을 설치하는 경우 매㎡당 500kg 이상의 하중에 견딜 수 있는 강도를 가진 구조로 설치하여야 하며, 안전율[안전의 정도를 표시하는 것으로서 재료의 파괴응력도(破壞應力度)와 허용응력도(許容應力度)의 비율을 말한다)]은 4 이상으로 하여야 한다.

| ① | 계단을 설치하는 경우 바닥면으로부터 높이 2m 이내의 공간에 장애물이 없도록 하여야 하며, 그 폭을 1m 이상으로 하여야 한다. |  |
| ② | 높이가 3m를 초과하는 계단에 높이 3m 이내마다 너비 1.2m 이상의 계단참을 설치하여야 한다. | |

POINT 03 통로, 가설통로, 계단, 안전난간

(4) 안전난간의 구조 및 설치요건

사업주는 근로자의 추락 등의 위험을 방지하기 위하여 안전난간을 설치하는 경우 다음 각 호의 기준에 맞는 구조로 설치하여야 한다.

① 상부 난간대, 중간 난간대, 발끝막이판 및 난간기둥으로 구성할 것.
다만, 중간 난간대, 발끝막이판 및 난간기둥은 이와 비슷한 구조와 성능을 가진 것으로 대체할 수 있다.

② 상부 난간대는 바닥면·발판 또는 경사로의 표면(이하 "바닥면등"이라 한다)으로부터 90cm 이상 지점에 설치하고, 상부 난간대를 120cm 이하에 설치하는 경우에는 중간 난간대는 상부 난간대와 바닥면등의 중간에 설치하여야 하며, 120cm 이상 지점에 설치하는 경우에는 중간 난간대를 2단 이상으로 균등하게 설치하고 난간의 상하 간격은 60cm 이하가 되도록 할 것.
다만 계단의 개방된 측면에 설치된 난간기둥 간의 간격이 25cm 이하인 경우에는 중간 난간대를 설치하지 아니할 수 있다.

③ 발끝막이판은 바닥면등으로부터 10cm 이상의 높이를 유지할 것.
다만, 물체가 떨어지거나 날아올 위험이 없거나 그 위험을 방지할 수 있는 망을 설치하는 등 필요한 예방조치를 한 장소는 제외한다.

④ 난간기둥은 상부 난간대와 중간 난간대를 견고하게 떠받칠 수 있도록 적정한 간격을 유지할 것

⑤ 상부 난간대와 중간 난간대는 난간 길이 전체에 걸쳐 바닥면등과 평행을 유지할 것

⑥ 난간대는 지름 2.7cm 이상의 금속제 파이프나 그 이상의 강도가 있는 재료일 것

⑦ 안전난간은 구조적으로 가장 취약한 지점에서 가장 취약한 방향으로 작용하는 100kg 이상의 하중에 견딜 수 있는 튼튼한 구조일 것

2024 출제예상문제

01 2점

다음은 산업안전보건기준에 의한 작업장의 통로에 따른 기준이다. ( ) 안에 적당한 수치를 기재 하시오.

> 근로자가 안전하게 통행할 수 있도록 통로에 ( )럭스(lux) 이상의 채광 또는 조명시설을 하여야 하며, 통로면으로부터 높이 ( )m 이내에는 장애물이 없도록 하여야 한다.

02 [21②] 4점

산업안전보건법에 의한 가설통로의 구조에 관한 기준이다. ( )안에 적당한 숫자를 기입하시오.

(1)	가설통로의 경사는 ( )도 이하로 하며, 경사가 ( )도를 초과하는 경우에는 미끄러지지 아니하는 구조로 할 것
(2)	수직갱에 가설된 통로의 길이가 15m 이상인 경우에는 ( )m 이내마다 계단참을 설치할 것
(3)	건설공사에 사용하는 높이 8m 이상인 비계다리에는 ( )m 이내마다 계단참을 설치할 것

03 [21③, 23③] 4점, 3점

관련법규에서 규정하고 있는 작업자의 가설통로와 관련된 규정 중 ( )안에 적당한 수치를 쓰시오.

(1)	가설통로의 경사는 ( )도 이하로 설치하여야 한다.
(2)	가설통로의 경사가 ( )도를 초과하는 경우에는 미끄러지지 않는 구조로 설치하여야 한다.
(3)	수직갱에 가설된 통로의 길이가 ( )m 이상인 경우에는 10m 이내마다 계단참을 설치하여야 한다.
(4)	건설공사에 사용하는 높이 ( )m 이상인 비계다리에는 ( )m 이내마다 계단참을 설치하여야 한다.

04 6점

관련법규에서 규정하고 있는 계단과 관련된 규정 중 ( )안에 적당한 수치를 쓰시오.

(1)	계단을 설치하는 경우 바닥면으로부터 높이 ( )m 이내의 공간에 장애물이 없도록 하여야 하며, 그 폭을 ( )m 이상으로 하여야 한다.
(2)	높이가 ( )m를 초과하는 계단에 높이 ( )m 이내마다 너비 ( )m 이상의 계단참을 설치하여야 한다.
(3)	안전난간은 구조적으로 가장 취약한 지점에서 가장 취약한 방향으로 작용하는 ( )kg 이상의 하중에 견딜 수 있는 튼튼한 구조일 것

정답 및 해설

01
75, 2

02
(1) 30, 15
(2) 10
(3) 7

03
(1) 30
(2) 15
(3) 15
(4) 8, 7

04
(1) 2, 1
(2) 3, 1.2
(3) 100

2024 출제예상문제

05 [24①] 4점

산업안전보건법에 의한 안전난간의 구조 및 설치요건의 구조에 관한 기준이다. ( )안에 적당한 숫자를 기입하시오.

(1)	상부 난간대는 바닥면·발판 또는 경사로의 표면으로부터 ( )cm 이상 지점에 설치하고, 상부 난간대를 120cm 이하에 설치하는 경우에는 중간 난간대는 상부 난간대와 바닥면등의 중간에 설치하여야 하며, 120cm 이상 지점에 설치하는 경우에는 중간 난간대를 2단 이상으로 균등하게 설치하고 난간의 상하 간격은 ( )cm 이하가 되도록 할 것. 다만 계단의 개방된 측면에 설치된 난간기둥 간의 간격이 25cm 이하인 경우에는 중간 난간대를 설치하지 아니할 수 있다.
(2)	발끝막이판은·바닥면등으로부터 ( )cm 이상의 높이를 유지할 것. 다만, 물체가 떨어지거나 날아올 위험이 없거나 그 위험을 방지할 수 있는 망을 설치하는 등 필요한 예방조치를 한 장소는 제외한다.
(3)	안전난간은 구조적으로 가장 취약한 지점에서 가장 취약한 방향으로 작용하는 ( )kg 이상의 하중에 견딜 수 있는 튼튼한 구조일 것

정답 및 해설

05
(1) 90, 60
(2) 10
(3) 100

POINT 04 낙하물에 의한 위험방지, 추락에 의한 위험방지

(1) 낙하물에 대한 위험방지물이나 방지시설

①	낙하물 방지망	작업도중 자재, 공구 등의 낙하로 인한 피해를 방지하기 위하여 개구부 및 비계 외부에 수평으로 설치하는 망
②	방호선반	상부에서 작업도중 자재나 공구 등의 낙하로 인한 재해를 방지하기 위하여 개구부 및 비계 외부 안전통로 출입구 상부에 설치하는 낙하물 방지망 대신 설치하는 목재 또는 금속 판재
③	추락 방호망	고소 작업 중 근로자의 추락 및 물체의 낙하를 방지하기 위하여 수평으로 설치하는 보호망으로 설치 지점에서 작업 위치까지의 높이 10m를 초과하지 말아야 하는 것
④	개구부 수평보호덮개	근로자 또는 장비 등이 바닥 등에 뚫린 부분으로 떨어지는 것을 방지하기 위하여 설치하는 판재 또는 각재나 철판

(2) 낙하물에 의한 위험방지

①	높이 10m 이내마다 설치하고, 내민 길이는 벽면으로부터 2m 이상으로 할 것
②	수평면과의 각도는 20° 이상 30° 이하를 유지할 것

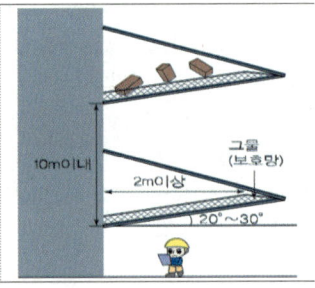

(3) 추락에 의한 위험방지

①	작업면으로부터 추락방호망의 설치지점까지의 수직거리는 10m를 초과하지 아니할 것
②	추락방호망은 수평으로 설치하고, 망의 처짐은 짧은 변 길이의 12% 이상이 되도록 할 것
③	건축물 등의 바깥쪽으로 설치하는 경우 추락방호망의 내민길이는 벽면으로부터 3m 이상 되도록 할 것. 다만, 그물코가 20mm 이하인 추락방호망을 사용한 경우에는 낙하물 방지망을 설치한 것으로 본다.
④	추락할 위험이 있는 높이 2m 이상의 장소에서 근로자에게 안전대를 착용시킨 경우 안전대를 안전하게 걸어 사용할 수 있는 설비 등을 설치하여야 한다.

POINT 04 낙하물에 의한 위험방지, 추락에 의한 위험방지

(4) 개구부 등의 방호 조치, 투하설비

① 사업주는 근로자가 추락하거나 넘어질 위험이 있는 장소[작업발판의 끝·개구부(開口部) 등을 제외한다] 또는 기계·설비·선박블록 등에서 작업을 할 때에 근로자가 위험해질 우려가 있는 경우 비계(飛階)를 조립하는 등의 방법으로 작업발판을 설치하여야 한다.

② 사업주는 작업발판 및 통로의 끝이나 개구부로서 근로자가 추락할 위험이 있는 장소에는 안전난간, 울타리, 수직형 추락방망 또는 덮개 등의 방호 조치를 충분한 강도를 가진 구조로 튼튼하게 설치하여야 하며, 덮개를 설치하는 경우에는 뒤집히거나 떨어지지 않도록 설치하여야 한다. 이 경우 어두운 장소에서도 알아볼 수 있도록 개구부임을 표시해야 하며, 수직형 추락방망은 한국산업표준에서 정하는 성능기준에 적합한 것을 사용해야 한다.

③ 사업주는 높이가 3m 이상인 장소로부터 물체를 투하하는 경우 적당한 투하설비를 설치하거나 감시인을 배치하는 등 위험을 방지하기 위하여 필요한 조치를 하여야 한다.

2024 출제예상문제

01 [21②] 3점

건설현장에서 사용되는 추락 재해 방지시설의 종류를 3가지 쓰시오.
① _____
② _____
③ _____

02 [21③] 3점

건설현장에서 사용되는 낙하물에 대한 위험방지물이나 방지시설을 3가지 쓰시오.
① _____
② _____
③ _____

정답 및 해설

01
① 낙하물방지망
② 방호선반
③ 추락방호망

02
① 낙하물방지망
② 방호선반
③ 추락방호망

2024 출제예상문제

03 [23②] 4점
건설현장에서 사용되는 추락 재해 방지시설 및 낙하물에 대한 위험방지물이나 방지시설을 4가지 쓰시오.

① _____
② _____
③ _____
④ _____

04 [22①, 24②] 4점
다음은 낙하물 방지망에 관한 내용이다. ( )안에 적당한 내용을 쓰시오.

| 낙하물 방지망의 설치높이는 (①)m 마다 설치하며, 비계 또는 구조체의 외측에서 내민길이는 (②)m 이상 설치하며, 경사는 (③)도 이상 (④)도를 초과할 수 없다. |

① _____ ② _____ ③ _____ ④ _____

05 [24③] 3점
추락방호망의 설치기준에 대한 내용 중 빈칸에 알맞은 숫자를 쓰시오.

(1)	추락방호망의 설치위치는 가능하면 작업면으로부터 가까운 지점에 설치하고 작업면으로부터 망의 설치지점까지의 수직거리는 ( )m를 초과하지 아니할 것
(2)	추락방호망은 수평으로 설치하고 망의 처짐은 짧은 변 길이의 ( )% 이상이 되도록 할 것
(3)	건축물 등의 바깥쪽으로 설치하는 경우 추락방호망의 내민 길이는 벽면으로부터 ( )m 이상 되도록 할 것

06 [24③] 3점
공사 중 철재의 작업발판 끝이나 난간 등 그와 관련하여 작업자가 떨어질 위험이 있는 곳에서 설치하여야 할 시설을 3가지 쓰시오.

① _____
② _____
③ _____

정답 및 해설

03
① 낙하물방지망
② 방호선반
③ 추락방호망
④ 개구부 수평보호덮개

04
① 10　② 2　③ 20　④ 30

05
(1) 10　(2) 12　(3) 3

06
① 안전난간
② 울타리
③ 수직형 추락방망 또는 덮개

2024 출제예상문제

07 [22②, 24①] 4점

다음의 설명에 알맞은 낙하물에 대한 위험방지물이나 방지시설을 【보기】에서 골라 번호로 쓰시오.

보기
① 개구부 수평보호덮개
② 안전난간
③ 방호선반
④ 낙하물 방지망
⑤ 수직보호망
⑥ 추락 방호망
⑦ 수직형 추락방망

(1) 작업 도중 자재, 공구 등의 낙하로 인한 피해를 방지하기 위하여 개구부 및 비계 외부에 수평으로 설치하는 망

(2) 상부에서 작업도중 자재나 공구 등의 낙하로 인한 재해를 방지하기 위하여 개구부 및 비계 외부 안전통로 출입구 상부에 설치하는 낙하물 방지망 대신 설치하는 목재 또는 금속 판재

(3) 고소 작업 중 근로자의 추락 및 물체의 낙하를 방지하기 위하여 수평으로 설치하는 보호망으로 설치 지점에서 작업 위치까지의 높이 10m를 초과하지 말아야 하는 것

(4) 근로자 또는 장비 등이 바닥 등에 뚫린 부분으로 떨어지는 것을 방지하기 위하여 설치하는 판재 또는 각재나 철판

08 [24③] 5점

다음 설명에 알맞은 용어를 쓰시오.

(1) 고층 건축공사에서 작업 중에 재료, 공구 등의 낙하로 인한 피해를 막기 위해 설치하는 망

(2) 건설현장에서 비계 등 가설구조물의 외측 면에 수직으로 설치하여 작업장소에서 외부로 물체가 낙하하는 것을 방지하기 위해 설치하는 망

(3) 블록의 가장자리나 선체 외판 등에 설치된 작업발판의 가장자리에 바닥면과 수직으로 설치하는 시설

(4) 상부에서 작업도중 자재나 공구 등의 낙하로 인한 재해를 방지하기 위하여 개구부 및 비계 외부 안전 통로 출입구 상부에 설치하는 망 대신 설치하는 목재 또는 금속 판재

(5) 높이 3m 이상인 장소에서 낙하물을 안전하게 던져 아래로 떨어뜨리기 위해 설치되는 설비

(1) _____ (2) _____
(3) _____ (4) _____
(5) _____

정답 및 해설

07
(1) ④
(2) ③
(3) ⑥
(4) ①

08
(1) 낙하물 방지망
(2) 수직보호망
(3) 안전난간
(4) 방호선반
(5) 낙하물 투하설비

POINT 05 비계(飛階, Scaffolding)

(1) 비계의 종류

①	강관틀비계	강관 등으로 미리 제작한 틀을 현장에서 조립하여 세우는 형태의 비계	
②	시스템비계	수직재, 수평재, 가새재 등 각각의 부재를 공장에서 제작하고 현장에서 조립하여 사용하는 조립형 비계	
③	말비계	천장과 벽면의 실내 내장 마무리 등을 위해 바닥에서 일정 높이의 발판을 설치하여 이용한다.	
④	달비계	건물에 고정된 보나 지지대에 와이어로프로 달아맨 비계로 외부수리, 마감, 청소 등에 사용되며, 근로자에게 안전대를 착용하도록 하고 근로자가 착용한 안전줄을 달비계의 구명줄에 체결(締結)하도록 한다. 최대 적재하중을 정하는 경우 그 안전계수는 다음 각 호와 같다. • 달기 와이어로프 및 달기 강선의 안전계수: 10 이상 • 달기 체인 및 달기 훅의 안전계수: 5 이상 • 달기 강대와 달비계의 하부 및 상부 지점의 안전계수: 강재(鋼材)의 경우 2.5 이상, 목재의 경우 5 이상	

(2) 달비계 관련 주요기준

①	다음 어느 하나에 해당하는 와이어로프를 달비계에 사용해서는 아니 된다.	
②	다음 어느 하나에 해당하는 달기 체인을 달비계에 사용해서는 아니 된다.	
③	작업발판은 폭을 40cm 이상으로 하고 틈새가 없도록 할 것	

POINT 05 비계(飛階, Scaffolding)

(3) 강관(파이프)비계

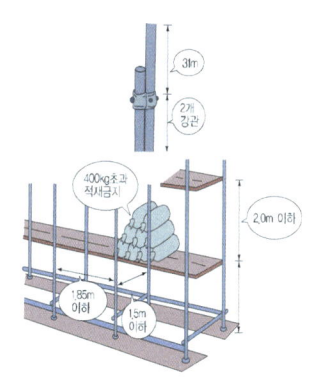

	통나무비계와 비교한 강관(파이프)비계의 장점
①	• 조립 및 해체가 용이하다. • 전용회수가 많아 경제적이다. • 재료가 고강도이므로 고층건축에 유리하다. • 공사환경이 청결하고 미관상 유리하다.
	강관(파이프)비계의 구조
②	• 비계기둥의 간격은 띠장 방향에서는 1.85m 이하, 장선(長線) 방향에서는 1.5m 이하로 할 것. 다만, 선박 및 보트 건조작업의 경우 안전성에 대한 구조검토를 실시하고 조립도를 작성하면 띠장 방향 및 장선 방향으로 각각 2.7m 이하로 할 수 있다. • 띠장 간격은 2.0m 이하로 할 것 • 비계기둥의 제일 윗부분으로부터 31m 되는 지점 밑부분의 비계기둥은 2개의 강관으로 묶어 세울 것 • 비계기둥 간의 적재하중은 400kg을 초과하지 않도록 할 것

(4) 강관틀비계

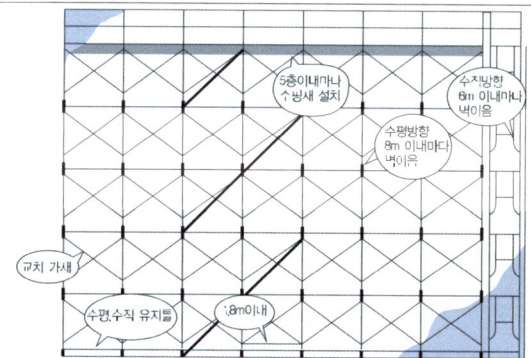

①	높이가 20m를 초과하거나 중량물의 적재를 수반하는 작업을 할 경우에는 주틀 간의 간격을 1.8m 이하로 하며, 주틀 간에 교차 가새를 설치하고 최상층 및 5층 이내마다 수평재를 설치할 것
②	수직방향 6m, 수평방향 8m 이내마다 벽이음을 할 것
③	길이가 띠장 방향으로 4m 이하이고 높이가 10m를 초과하는 경우에는 10m 이내마다 띠장 방향으로 버팀기둥을 설치할 것

2024 출제예상문제

01 [21①, 24①] 4점
다음이 설명하는 비계의 명칭을 쓰시오.

(1)	강관 등으로 미리 제작한 틀을 현장에서 조립하여 세우는 형태의 비계
(2)	천장과 벽면의 실내 내장 마무리 등을 위해 바닥에서 일정높이의 발판을 설치하여 이용한다.
(3)	건물에 고정된 보나 지지대에 와이어로프로 달아맨 비계로 외부수리, 마감, 청소 등에 사용된다.
(4)	수직재, 수평재, 가새재 등 각각의 부재를 공장에서 제작하고 현장에서 조립하여 사용하는 조립형 비계로 고소작업에서 작업자가 작업장소에 접근하여 작업할 수 있도록 작업대를 지지하는 가설 구조물

02 [22③] 4점
다음이 설명하는 비계의 종류를 【보기】에서 골라 번호로 쓰시오.

보기
① 말비계   ② 달비계   ③ 강관틀비계   ④ 시스템비계

(1)	각각의 부재를 공장에서 제작하고 현장에서 조립하여 사용하는 조립형 비계로 고소작업에서 작업자가 작업장소에 접근하여 작업할 수 있도록 설치하는 작업대를 지지하는 가설 구조물
(2)	상부에서 와이어로프 등으로 매달린 형태의 비계
(3)	주로 건축물의 천장과 벽면의 실내 내장 마무리 등을 위해 바닥에서 일정높이의 발판을 설치하여 만든 비계
(4)	강관 등으로 미리 제작한 틀을 현장에서 조립하여 세우는 형태의 비계

03 [23②] 4점
달비계(곤돌라의 달비계는 제외한다)의 최대 적재하중을 정하는 경우 그 안전계수를 숫자로 쓰시오.

(1)	달기 와이어로프 및 달기 강선의 안전계수	( ) 이상
(2)	달기 체인 및 달기 훅의 안전계수	( ) 이상
(3)	달기 강대와 달비계의 하부 및 상부 지점의 안전계수	강재(鋼材)의 경우 ( ) 이상
		목재의 경우 ( ) 이상

04 [23③] 3점
곤돌라형 달비계에 사용 금지된 와이어로프에 대한 설명이다. 알맞은 것을 하나씩 골라 번호로 쓰시오.

(1)	이음매가 (① 있는 것 ② 없는 것)
(2)	와이어로프의 한 꼬임에서 끊어진 소선의 수가 (① 3% ② 7% ③ 10% ④ 15%) 이상인 것
(3)	지름의 감소가 공칭지름의 (① 3% ② 7% ③ 10% ④ 15%)를 초과하는 것

정답 및 해설

01
(1) 강관틀비계
(2) 말비계
(3) 달비계
(4) 시스템비계

02
(1) ④   (2) ②   (3) ①   (4) ③

03
(1) 10   (2) 5   (3) 2.5, 5

04
(1) ①
(2) ③
(3) ②

2024 출제예상문제

05 [24③] 5점
달비계에 설치하는 와이어로프와 준수사항에 대한 내용 중 물음에 답하시오.

(1) 달비계에 사용하면 안 되는 로프를 【보기】에서 골라 번호로 쓰시오.

보기
① 꼬임이 있는 것
② 심하게 변형되거나 부식된 것
③ 이음매가 있는 것
④ 와이어로프의 한 꼬임에서 끊어진 소선의 수가 7% 이상인 것
⑤ 지름의 감소가 공칭지름의 5%를 초과하는 것

【답안】 _____

(2) 달비계 사용 시 준수사항 중 빈칸에 알맞은 내용을 쓰시오.

근로자에게 (①)를 착용하도록 하고 근로자가 착용한 안전줄을 달비계의 (②)에 체결(締結)하도록 할 것

【답안】 ① _____ ② _____

06 [21②] 4점
통나무비계와 비교한 강관파이프비계의 장점을 4가지 쓰시오.

① _____
② _____
③ _____
④ _____

07 [22③] 4점
산업안전보건기준에 관한 규칙에서 규정된 비계설치 기준을 읽고 ( ) 안에 알맞은 수치를 쓰시오

제60조(강관비계의 구조)
1. 비계기둥의 간격은 띠장 방향에서는 (①)미터 이하, 장선(長線) 방향에서는 (②)미터 이하로 할 것. 다만, 선박 및 보트 건조작업의 경우 안전성에 대한 구조검토를 실시하고 조립도를 작성하면 띠장 방향 및 장선 방향으로 각각 2.7미터 이하로 할 수 있다.
2. 띠장 간격은 (③)미터 이하로 할 것. 다만, 작업의 성질상 이를 준수하기가 곤란하여 쌍기둥틀 등에 의하여 해당 부분을 보강한 경우에는 그러하지 아니하다.
3. 비계기둥 간의 적재하중은 (④)킬로그램을 초과하지 않도록 할 것

① _____ ② _____ ③ _____ ④ _____

08 [23③] 4점
다음 【보기】에서 비계의 해체순서와 주의사항에 대한 내용 중 틀린 것을 2가지 고르고 올바르게 수정하시오.

보기
① 비계의 해체작업은 시공과정의 역순으로 실시한다.
② 해체 전에 비계에 균열과 흔들림 등의 결함이 확인되었을 경우, 해당 부위를 무시하고 빠르게 해체를 진행한다.
③ 해체는 수직부재부터 순서대로 해체하도록 한다.
④ 해체 및 철거 시에는 근로자의 추락방지 및 낙하물과 비래에 대한 적절한 조치를 한다.
⑤ 분리한 모든 부재와 이음재는 비계로부터 떨어뜨리지 말고 천천히 내리도록 한다.
⑥ 벽 이음재의 경우 가능하면 나중에 해체하도록 한다.

• _____
• _____

정답 및 해설

05
(1) ①, ②, ③
(2) ① 안전대 ② 구명줄

06
① 조립 및 해체가 용이하다.
② 전용회수가 많아 경제적이다.
③ 재료가 고강도이므로 고층건축에 유리하다.
④ 공사환경이 청결하고 미관상 유리하다.

07
(1) 1.85 (2) 1.5
(3) 2.0   (4) 400

08
② 결함이 확인되었을 경우 정상적으로 복구를 한 후에 해체를 실시한다.
③ 해체는 수평부재부터 순서대로 해체하도록 한다.

I. 가설공사, 토공 및 흙막이공사

POINT 06 공사표지판, 비산물질 방지시설, 규준틀, 기준점

(1) 공사표지의 게시: 건설산업기본법 제42조

①	건설사업자는 국토교통부령으로 정하는 바에 따라 건설공사의 공사명, 발주자, 시공자, 공사기간 등을 적은 표지를 건설공사 현장 인근의 사람들이 보기 쉬운 곳에 게시하여야 한다.	
②	건설사업자는 국토교통부령으로 정하는 건설공사를 완공하면 그 공사의 발주자, 설계자, 감리자와 시공한 건설사업자의 상호 및 대표자의 성명 등을 적은 표지판을 국토교통부령으로 정하는 바에 따라 사람들이 보기 쉬운 곳에 영구적으로 설치하여야 한다.	

(2) 대기환경보전법: 비산먼지의 발생을 억제하기 위한 시설의 설치 및 필요한 조치에 관한 기준

  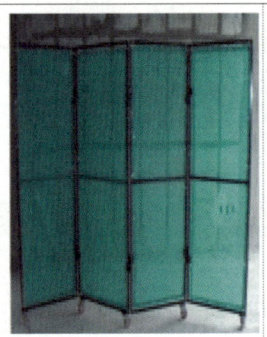 

	시설의 설치 및 조치에 관한 기준	설치 및 조치내역
①	야적물질을 1일 이상 보관하는 경우 방진덮개로 덮을 것	방진덮개
②	야적물질의 최고저장높이의 1/3 이상의 방진벽을 설치하고, 최고저장높이의 1.25배 이상의 방진망을 설치할 것	방진벽, 방진망 또는 방진막
③	야적물질로 인한 비산먼지 발생 억제를 위하여 물을 뿌리는 시설을 설치할 것	이동식 살수시설 설치

POINT 06 공사표지판, 비산물질 방지시설, 규준틀, 기준점

(3) 규준틀(Batter Board): 수평규준틀

①	설치목적	• 건축물 각부 위치 및 높이의 기준을 표시 • 터파기폭 및 기둥 및 기초의 중심선 표시
②	설치위치	• 귀규준틀: 외벽코너 요철 부분 • 평규준틀: 내벽 간막이벽의 양끝

(4) 규준틀(Batter Board): 수직규준틀

①	설치목적	• 조적공사에서 고저 및 수직면의 기준을 삼고자 설치한다.
②	설치위치	• 건물 모서리, 교차 부분, 벽체가 긴 경우 벽체의 중간
③	사용기구	• 세로규준틀, 다림추, 수평실(실 띄우기)

(5) 기준점(Bench Mark)

①	설치목적	건축물 높낮이 기준이 되며, 기존 공작물이나 신설한 말뚝 등의 높이 기준을 표시하는 것
②	설치위치	• 지면에서 0.5~1.0m에 공사에 지장이 없는 곳에 설치 • 이동의 염려가 없는 곳에 설치 • 필요에 따라 보조기준점을 1~2개소 설치

2024 출제예상문제

01 [23①] 4점

건설공사 현장의 인근 사람들이 보기 쉬운 곳에 게시하는 공사표지판에 기입해야 하는 사항을 4가지 쓰시오.

① ②
③ ④

02 [24②] 3점

공사현장의 비산먼지의 발생을 억제하기 위해 설치하는 시설을 3가지 쓰시오.

①
②
③

03 3점

비산먼지 발생 억제를 위한 방진시설을 설치할 때 야적(분체상 물질을 야적하는 경우에 한함) 시 조치사항 3가지를 쓰시오.

①
②
③

04 [22③] 4점

가설공사에서 사용되는 수평규준틀 및 수직규준틀의 설치 목적을 쓰시오.

(1) 수평규준틀:

(2) 수직규준틀:

05 4점

다음 평면도에서 평규준틀과 귀규준틀의 개수를 구하시오.

- 귀규준틀: (　　)개소
- 평규준틀: (　　)개소

정답 및 해설

01
① 공사명
② 공사기간
③ 공사개요

02
① 방진덮개
② 방진벽, 방진망 또는 방진막
③ 이동식 살수시설

03
① 야적물질을 1일 이상 보관하는 경우 방진덮개로 덮을 것
② 야적물질의 최고저장높이의 1/3 이상의 방진벽을 설치하고, 최고저장높이의 1.25배 이상의 방진망을 설치할 것
③ 야적물질로 인한 비산먼지 발생 억제를 위하여 물을 뿌리는 시설을 설치할 것

04
(1) 건축물의 각부위치 및 높이, 기초너비를 결정하기 위하여 설치한다.
(2) 조적공사에서 고저 및 수직면의 기준을 삼고자 설치한다.

05
6, 6

2024 출제예상문제

06 [22③] 3점
조적공사에서 수직, 수평을 맞추기 위해 사용하는 기구나 설치물을 3가지 쓰시오.

① _____ ② _____ ③ _____

07 [21③, 22①] 5점
기준점(Bench Mark)의 정의 및 설치 시 주의사항을 3가지 쓰시오.
(1) 정의:

(2) 설치 시 주의사항

① _____
② _____
③ _____

08 [23①] 3점
기준점(Bench Mark) 설치 시 주의사항 3가지를 쓰시오.

① _____
② _____
③ _____

정답 및 해설

06
① 세로규준틀
② 다림추
③ 수평실

07
(1) 건축물 높낮이 기준이 되며, 기존 공작물이나 신설한 말뚝 등의 높이 기준을 표시하는 것
(2)
① 지면에서 0.5~1.0m에 공사에 지장이 없는 곳에 설치
② 이동의 염려가 없는 곳에 설치
③ 필요에 따라 보조기준점을 1~2개소 설치

08
① 지면에서 0.5~1.0m에 공사에 지장이 없는 곳에 설치
② 이동의 염려가 없는 곳에 설치
③ 필요에 따라 보조기준점을 1~2개소 설치

02 가설공사 적산사항

POINT 01 비계(Scaffolding)면적 수량산출

외줄비계	쌍줄비계	강관비계
$A = H(L + 8 \times 0.45)$	$A = H(L + 8 \times 0.9)$	$A = H(L + 8 \times 1)$

A : 비계면적(m^2)
H : 건물 높이(m)
L : 건물 외벽길이(m)

0.45 : 외벽에서 0.45m 이격
0.9 : 외벽에서 0.9m 이격
1 : 외벽에서 1m 이격

POINT 02 시멘트 창고

(1) 시멘트 창고 면적의 산출

$$A = 0.4 \times \frac{N}{n}$$

- n : 쌓기 단수($n \leq 13$)
- N : 시멘트 포대수

600포 미만	N=포대수
600포~1,800포	$N = 600$
1,800포 초과	N=포대수 $\times \frac{1}{3}$

(2) 시멘트 창고 관리방법
① 필요한 출입구 및 채광창 이외의 환기창 설치를 금지한다.
② 바닥은 지반에서 30cm 이상의 높이로 한다.
③ 반입, 반출구는 따로 두고 먼저 반입한 것을 먼저 쓴다.
④ 주위에 배수도랑을 두고 누수를 방지한다.

POINT 03 동력소 및 변전소

$$A = 3.3\sqrt{W}$$

- W : 전력용량(kWh)
- 1HP = 0.746kW

2024 출제예상문제

01 4점
다음 평면의 건물높이가 16.5m일 때 비계면적을 산출하시오. (단, 쌍줄비계로 함)

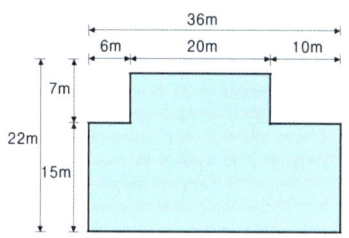

02 4점
다음 평면의 건물높이가 13.5m일 때 비계면적을 산출하시오. (단, 도면 단위는 mm이며, 비계형태는 쌍줄비계로 한다.)

03 6점
공사현장에서 필요한 시멘트 창고의 면적을 구하시오. (단, 쌓기 단수는 12단)

(1) 500포의 경우:

(2) 1,600포의 경우:

(3) 2,400포의 경우:

04 4점
시멘트 창고 관리방법 4가지를 쓰시오.
①
②
③
④

05 4점
다음과 같은 조건으로 동력소 면적을 산출하고 1개월 소요전력량을 구하시오.

조건
① 20HP 전동기 5대   ② 5HP 윈치 2대
③ 150W 전등 10개   ④ 1일 10시간씩 30일 사용

(1) 동력소 면적:

(2) 1개월 소요전력량:

정답 및 해설

01 $A = 2,032.8\text{m}^2$
$A = 16.5 \times \{(36+22) \times 2 + 8 \times 0.9\}$

02 $A = 907.2\text{m}^2$
$A = 13.5 \times \{(18+12) \times 2 + 8 \times 0.9\}$

03
(1) $A = 0.4 \times \dfrac{500}{12} = 16.67\text{m}^2$

(2) $A = 0.4 \times \dfrac{600}{12} = 20\text{m}^2$

(3) $A = 0.4 \times \dfrac{2,400 \times \frac{1}{3}}{12} = 26.67\text{m}^2$

04
① 필요한 출입구 및 채광창 이외의 환기창 설치를 금지한다.
② 바닥은 지반에서 30cm 이상의 높이로 한다.
③ 반입, 반출구는 따로 두고 먼저 반입한 것을 먼저 쓴다.
④ 주위에 배수도랑을 두고 누수를 방지한다.

05
(1) $A = 30.17\text{m}^2$
$A = 3.3\sqrt{(20 \times 0.746) \times 5 + (5 \times 0.746) \times 2 + 0.15 \times 10}$
$= 30.165\text{m}^2$

(2) 25,068kW
$[(20 \times 0.746) \times 5 + (5 \times 0.746) \times 2 + 0.15 \times 10]$
$\times 10시간 \times 30일 = 25,068\text{kW}$

03 토공사 일반사항

POINT 01 흙의 성질

(1) 흙의 3상도

3상으로 나타낸 흙의 성분	주요 지표
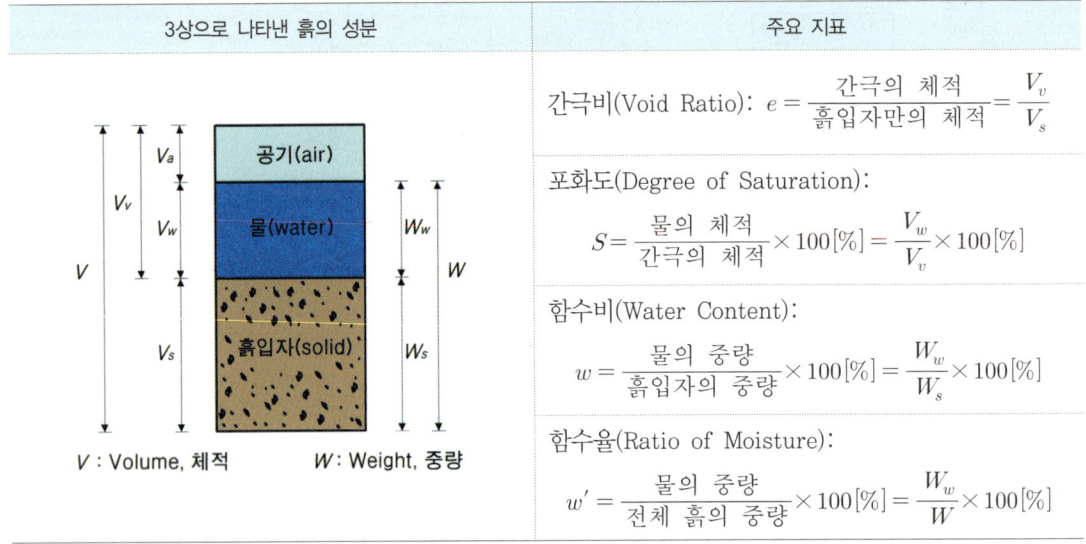	간극비(Void Ratio): $e = \dfrac{간극의\ 체적}{흙입자만의\ 체적} = \dfrac{V_v}{V_s}$ 포화도(Degree of Saturation): $S = \dfrac{물의\ 체적}{간극의\ 체적} \times 100[\%] = \dfrac{V_w}{V_v} \times 100[\%]$ 함수비(Water Content): $w = \dfrac{물의\ 중량}{흙입자의\ 중량} \times 100[\%] = \dfrac{W_w}{W_s} \times 100[\%]$ 함수율(Ratio of Moisture): $w' = \dfrac{물의\ 중량}{전체\ 흙의\ 중량} \times 100[\%] = \dfrac{W_w}{W} \times 100[\%]$

(2) 아터버그 한계(Atterberg Limits)

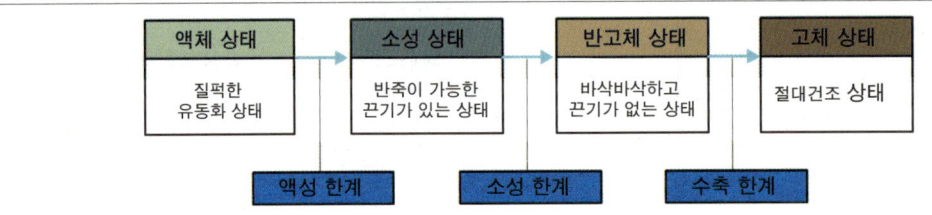

1911년 Atterberg가 창안한 함수량의 변화에 따라 변하는 흙의 컨시스턴시(Consistency)의 경계의 함수비로서, 액성한계, 소성한계, 수축한계를 총칭한다.

(3) 주요 용어정리

① 압밀침하(Consolidation Settlement): 하중이 커지면 재하판 아래의 흙이 압축되어 하중을 제거해도 압축된 부분의 침하가 남아 있는 현상
② 예민비(Sensitivity Ratio): 자연적인 점토의 강도를 이긴 점토의 강도로 나누었을 때의 비율
③ 피압수(Confined Ground Water): 지하수층의 상하에 불투수층이 존재하며, 불투수층에 의해 압력을 받고 있는 지하수
④ 휴식각(Angle of Repose): 흙을 쌓거나 깎아냈을 때 자연상태로 생기는 경사면이 수평면과 이루는 각도

2024 출제예상문제

01 6점
흙은 흙입자, 물, 공기로 구성되며, 도식화하면 다음 그림과 같다. 그림에 주어진 기호로 아래의 용어를 표기하시오.

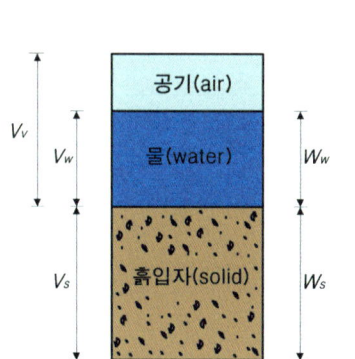

① 간극비:

② 함수비:

③ 포화도:

02 4점
다음 토질과 관계하는 자료를 참조하여 간극비와 함수율을 구하시오.

- 순토립자만의 용적 : 2㎥
- 순토립자만의 중량 : 4ton
- 물만의 용적 : 0.5㎥
- 물만의 중량 : 0.5ton
- 공기만의 용적 : 0.5㎥
- 전체흙의 용적 : 3㎥
- 전체흙의 중량 : 4.5ton

① 간극비

② 함수율

03 4점
흙의 함수량 변화와 관련하여 ( ) 안을 채우시오.

> 흙이 소성 상태에서 반고체 상태로 옮겨지는 경계의 함수비를 (①)라 하고, 액성 상태에서 소성 상태로 옮겨지는 함수비를 (②)라고 한다.

①   ②

04 4점
흙은 일반적으로 물을 포함하고 있으며 그 함수량의 변화에 따라 아래와 같이 그 성질이 변화한다. ( )속에 알맞은 표현을 쓰시오.

> 전건 상태 – (①) – 소성 상태 – (②) – 질컥한 액성의 상태

①   ②

05 4점
토질과 관련된 다음 용어를 간단히 설명하시오.
(1) 압밀

(2) 예민비

정답 및 해설

01 ① $\dfrac{V_v}{V_s}$

② $\dfrac{W_w}{W_s} \times 100 [\%]$

③ $\dfrac{V_w}{V_v} \times 100 [\%]$

02
① $e = \dfrac{V_v}{V_s} = \dfrac{0.5 + 0.5}{2} = 0.5$

② $w' = \dfrac{W_w}{W} \times 100 = \dfrac{0.5}{4.5} \times 100 = 11.11\%$

03 ① 소성한계   ② 액성한계

04 ① 소성한계   ② 액성한계

05
(1) 하중이 커지면 재하판 아래의 흙이 압축되어 하중을 제거해도 압축된 부분의 침하가 남아 있는 현상
(2) 자연적인 점토의 강도를 이긴 점토의 강도로 나누었을 때의 비율

2024 출제예상문제

06 3점

점토에 있어서 자연시료는 어느 정도의 강도가 있으나 이것의 함수율을 변화시키지 않고 이기면 약해지는 성질이 있다. 이러한 흙의 이김에 의해서 약해지는 정도를 표시하는 것을 무엇이라 하는가?

_____

07 4점

예민비(Sensitivity Ratio)의 식을 쓰고 간단히 설명하시오.

(1) 식: _____

(2) 설명:
_____
_____

08 3점

자연상태의 시료를 운반하여 압축강도를 시험한 결과 8MPa이었고, 그 시료를 이긴시료로 하여 압축강도를 시험한 결과는 5MPa이었다면 이 흙의 예민비는?

09 4점

다음 용어를 설명하시오.

(1) 압밀침하
_____
_____

(2) 피압수
_____
_____

10 4점

압밀(Consolidation)과 다짐(Compaction)의 차이점을 비교하여 설명하시오.

11 3점

( )안에 알맞은 용어를 【보기】에서 골라 쓰시오.

| 압축력 | 마찰력 | 중력 | 응집력 | 지내력 |

"흙의 휴식각이란 흙입자간의 부착력, (①)을 무시한 때, 즉 (②)만으로서 (③)에 대하여 정지하는 흙의 사면각도이다."

① _____ ② _____ ③ _____

정답 및 해설

06 예민비(Sensitivity Ratio)

07

(1) 예민비 = $\dfrac{\text{자연시료강도}}{\text{이긴시료강도}}$

(2) 점토에 있어서 자연시료는 어느 정도의 강도가 있으나 이것의 함수율을 변화시키지 않고 이기면 약해지는 정도를 표시하는 것

08 예민비 = $\dfrac{\text{자연시료강도}}{\text{이긴시료강도}} = \dfrac{8}{5} = 1.6$

09
(1) 하중이 커지면 재하판 아래의 흙이 압축되어 하중을 제거해도 압축된 부분의 침하가 남아 있는 현상
(2) 지하수층의 상하에 불투수층이 존재하며, 불투수층에 의해 압력을 받고 있는 지하수

10 압밀은 점토지반에 외력을 가하여 흙 속의 간극수를 제거하는 것을 말하며, 다짐은 사질지반에 외력이 가해져 공기가 빠지면서 압축되는 현상을 말한다.

11 ① 응집력 ② 마찰력 ③ 중력

MEMO

POINT 02 지반조사의 목적과 방법

(1) 지반조사 순서: 사전 조사 → 예비 조사 → 본 조사 → 추가 조사

(2) 지하탐사법: 터파보기(Test-Pit Digging, 시굴), 짚어보기(Sounding Rod, 탐사간), 물리적 지하탐사

(3) 보링(Boring):
지반을 천공하고 토질의 시료를 채취(Sampling, 샘플링)하여 지층의 상황을 판단하는 방법

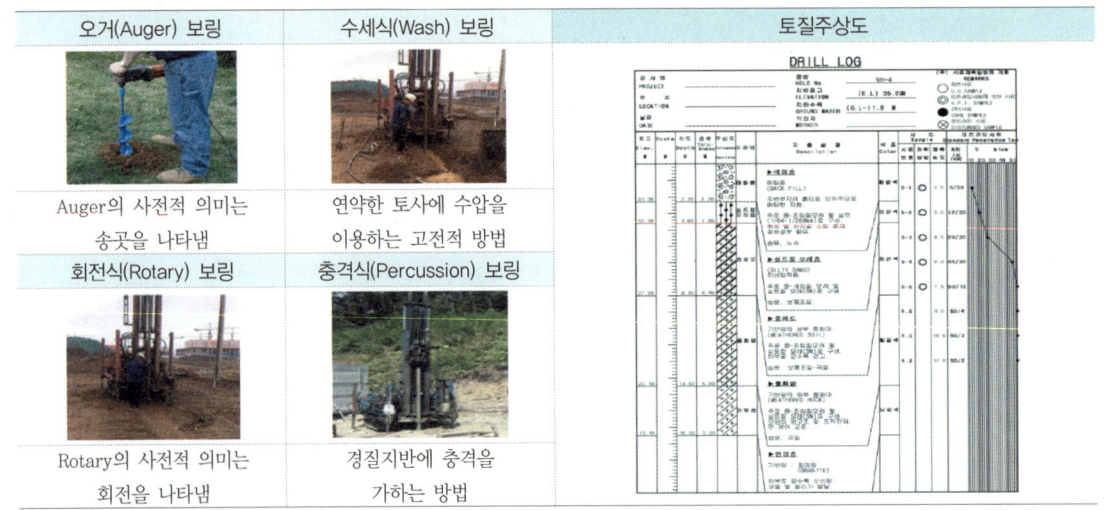

오거(Auger) 보링	수세식(Wash) 보링	토질주상도
Auger의 사전적 의미는 송곳을 나타냄	연약한 토사에 수압을 이용하는 고전적 방법	
회전식(Rotary) 보링	충격식(Percussion) 보링	
Rotary의 사전적 의미는 회전을 나타냄	경질지반에 충격을 가하는 방법	

(4) 사운딩(Sounding)시험
Rod 선단에 설치한 저항체를 땅속에 삽입하여 관입·회전·인발 등의 저항으로 토층의 성상을 탐사하는 방법

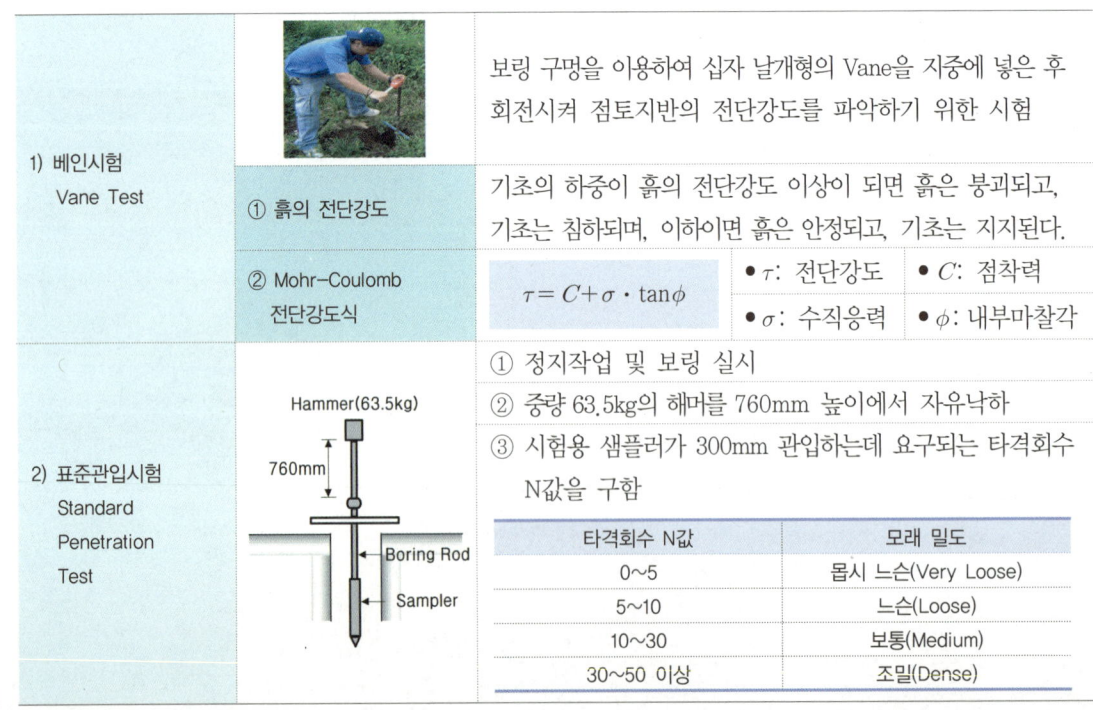

1) 베인시험 Vane Test

보링 구멍을 이용하여 십자 날개형의 Vane을 지중에 넣은 후 회전시켜 점토지반의 전단강도를 파악하기 위한 시험

① 흙의 전단강도: 기초의 하중이 흙의 전단강도 이상이 되면 흙은 붕괴되고, 기초는 침하되며, 이하이면 흙은 안정되고, 기초는 지지된다.

② Mohr-Coulomb 전단강도식
$$\tau = C + \sigma \cdot \tan\phi$$
- τ: 전단강도
- C: 점착력
- σ: 수직응력
- ϕ: 내부마찰각

2) 표준관입시험 Standard Penetration Test

① 정지작업 및 보링 실시
② 중량 63.5kg의 해머를 760mm 높이에서 자유낙하
③ 시험용 샘플러가 300mm 관입하는데 요구되는 타격회수 N값을 구함

타격회수 N값	모래 밀도
0~5	몹시 느슨(Very Loose)
5~10	느슨(Loose)
10~30	보통(Medium)
30~50 이상	조밀(Dense)

2024 출제예상문제

01 3점
큰 분류의 지반조사 순서를 알맞는 말로 써 넣으시오.
( ) – ( ) – 본 조사 – ( )

02 3점
지반조사의 방법 중 지하탐사법에 의한 것을 모두 골라 쓰시오.

① 터파보기 ② 철관 박아넣기 ③ 베인테스트
④ 탐사간 ⑤ 시료채취 ⑥ 압밀시험
⑦ 관입시험 ⑧ 하중시험 ⑨ 물리적탐사법

03 3점
보링(Boring)의 목적을 3가지 쓰시오.
①   ②
③

04 6점
보링(Boring)의 정의와 종류 4가지를 쓰시오.
(1) 정의

(2) 종류
①   ②
③   ④

05 3점
다음은 지반조사법 중 보링에 대한 설명이다. 알맞은 용어를 쓰시오.
① 비교적 연약한 토지에 수압을 이용하여 탐사
② 경질층을 깊이 파는데 이용하는 방식
③ 지층의 변화를 연속적으로 비교적 정확히 알고자 할 때 사용하는 방식

①   ②   ③

06 4점
다음 설명에 해당하는 보링 방법을 쓰시오.

① 충격날을 60~70cm 정도 낙하시키고 그 낙하충격에 의해 파쇄된 토사를 퍼내어 지층상태를 판단하는 방법
② 충격날을 회전시켜 천공하므로 토층이 흐트러질 우려가 적은 방법
③ 오거를 회전시키면서 지중에 압입, 굴착하고 여러 번 오거를 인발하여 교란시료를 채취하는 방법
④ 깊이 30m 정도의 연질층에 사용하며, 외경 50~60mm 관을 이용, 천공하면서 흙과 물을 동시에 배출시키는 방법

①   ②
③   ④

정답 및 해설

01 사전 조사, 예비 조사, 추가 조사

02 ①, ④, ⑨

03 ① 시료 채취(Sampling, 샘플링)
② 지하수위 측정
③ 토질주상도 작성

04
(1) 지반을 천공하고 토질의 시료를 채취하여 지층의 상황을 판단하는 방법
(2) ① 오우거 보링 ② 회전식 보링
③ 수세식 보링 ④ 충격식 보링

05 ① 수세식 보링 ② 충격식 보링
③ 회전식 보링

06 ① 충격식 보링 ② 회전식 보링
③ 오거 보링 ④ 수세식 보링

2024 출제예상문제

07 4점 □□□□□

보링(Boring) 중에서 수세식 보링(Wash Boring)과 회전식 보링(Rotary Boring)에 대해 설명하시오.
(1) 회전식 보링(Rotary Boring):

(2) 수세식 보링(Wash Boring):

08 4점 □□□□□

지반조사 방법 중 사운딩(Sounding)시험의 정의를 간략히 설명하고 종류를 2가지 쓰시오.
(1) 정의:

(2) 종류:
① _____ ② _____

09 4점 □□□□□

( )안의 내용을【보기】에서 고르시오.

> **보기**
> ① 지지   ② 안정   ③ 침하
> ④ 붕괴   ⑤ 안전   ⑥ 융기

전단강도란 흙에 관한 역학적 성질로서 기초의 극한 지지력을 알 수 있다. 따라서 기초의 하중이 흙의 전단강도 이상이 되면 흙은 (㉮) 되고, 기초는 (㉯) 되며, 이하이면 흙은 (㉰) 되고, 기초는 (㉱) 된다.

㉮ _____ ㉯ _____
㉰ _____ ㉱ _____

10 4점 □□□□□

흙의 전단강도 식을 쓰고 각 기호가 나타내는 것을 설명하시오.

정답 및 해설

07
(1) 연약한 토사에 수압을 이용하는 고전적 방법으로 충격날을 회전시켜 천공하므로 토층이 흐트러질 우려가 적은 방법
(2) 깊이 30m 정도의 연질층에 사용하며, 외경 50~60mm 관을 이용하여 천공하면서 흙과 물을 동시에 배출시키는 방법

08
(1) Rod 선단에 설치한 저항체를 땅속에 삽입하여서 관입, 회전, 인발 등의 저항으로 토층의 성상을 탐사하는 방법
(2) 베인시험, 표준관입시험

09 ㉮ ④ ㉯ ③ ㉰ ② ㉱ ①

10 $\tau = C + \sigma \cdot \tan\phi$
τ : 전단강도, C : 점착력
σ : 수직응력, ϕ : 내부마찰각

2024 출제예상문제

11 3점

표준관입시험 순서를 3단계로 나누어 간략하게 쓰시오.

① _____
② _____
③ _____

12 3점

표준관입시험에 대하여 서술하시오.

13 4점

현장에서 상대밀도는 표준관입시험으로 추정할 수 있다. 표준관입시험 N값에 따른 지반의 상태를 쓰시오.

타격회수 N값	모래 밀도
0~5	①
5~10	②
10~30	③
30~50 이상	④

① _____   ② _____
③ _____   ④ _____

14 4점

시험에 관계되는 것을 【보기】에서 골라 번호를 쓰시오.

> **보기**
> ① 신월 샘플링(Thin Wall Sampling)
> ② 베인시험(Vane Test)
> ③ 표준관입시험(Standard Penetration Test)
> ④ 정량분석시험(Quantitative Analysis Test)

(가) 진흙의 점착력: _____   (나) 지내력: _____
(다) 연한 점토: _____   (라) 염분: _____

정답 및 해설

11
① 정지작업 및 보링 실시
② 중량 63.5kg의 해머(Hammer)를 760mm 높이에서 자유낙하
③ 시험용 샘플러(Sampler)가 300mm 관입하는데 요구되는 타격회수 N값을 구함

12
정지작업 및 보링 실시 후 중량 63.5kg의 해머(Hammer)를 760mm 높이에서 자유낙하시켜 시험용 샘플러가 300mm 관입하는데 요구되는 타격회수 N값을 구하는 시험

13
① 몹시 느슨   ② 느슨
③ 보통   ④ 조밀

14
(가) ②   (나) ③   (다) ①   (라) ④

POINT 03 지내력(Soil Bearing Capacity)

(1) 지내력 시험

①	정의	지반면에 직접 하중을 가하여 기초 지반의 지지력을 추정하는 시험		
②	종류	평판재하시험	말뚝재하시험	말뚝박기시험

(2) 지반의 허용지내력(단위: kPa, kN/m²)

지반의 종류		장기	단기
경암반	화강암, 섬록암, 편마암, 안산암 등의 화성암 굳은 역암 등의 암반	4,000	장기×1.5
연암반	판암, 편암 등의 수성암의 암반	2,000	
	혈암, 토단반 등의 암반	1,000	
	자갈	300	
	자갈과 모래와의 혼합물	200	
	모래섞인 점토 또는 롬토	150	
	모래 또는 점토	100	

2024 출제예상문제

01 3점

지내력시험을 설명하시오.

02 4점

지내력 시험방법 2가지를 쓰시오.
① _____ ② _____

03 5점

토질 종류와 지반의 허용응력도에 관해 ( )안을 채우시오.
(1) 장기허용지내력도
 ① 경암반: (　　)KN/m² ② 연암반: (　　)KN/m²
 ③ 자갈과 모래의 혼합물: (　　)KN/m²
 ④ 모래: (　　)KN/m²
(2) 단기허용지내력도=장기허용지내력도×(　　)

04 3점

지내력이 큰 것부터 순서를 번호로 쓰시오.

① 자갈　② 자갈, 모래의 반 섞임　③ 경암반
④ 모래 섞인 진흙　⑤ 연암반　⑥ 진흙

정답 및 해설

01 지반면에 직접 하중을 가하여 기초 지반의 지지력을 추정하는 시험
02 ① 평판재하시험　② 말뚝재하시험
03 4,000, 1,000~2,000, 200, 100, 1.5
04 ③ → ⑤ → ① → ② → ④ → ⑥

POINT 04 토공사용 장비

(1) 토공사 굴착용 주요 장비

장비		특징
파워 쇼벨 (Power Shovel)		• 지반보다 높은 곳(기계의 위치보다 높은 곳)의 굴착 • 굴착높이는 1.5~3m 정도
백호 (Back Hoe)		• 기계가 서있는 위치보다 낮은 곳의 굴착 • 파는 힘이 강하여 경질지반의 굴착 및 수직굴착도 가능
클램쉘 (Clam Shell)		• 사질지반의 굴착과 좁은 곳의 수직굴착(지하연속벽 등) 및 토사채취에도 사용 • 굴착깊이는 보통 8m이고 최대 18m까지 가능

(2) 토공사 정지용 주요 장비

불도저(Bull Dozer)	스크레이퍼(Scraper)	그레이더(Grader)
	굴토, 다짐, 운반, 정지 등	정지, 배수파기 및 파이프 묻기 등

2024 출제예상문제

01 4점
다음이 설명하는 시공기계를 쓰시오.

(1)	사질지반의 굴착이나 지하연속벽, 케이슨 기초 같은 좁은 곳의 수직굴착에 사용되며, 토사채취에도 사용된다. 최대 18m 정도 깊이까지 굴착이 가능하다.
(2)	지반보다 높은 곳(기계의 위치보다 높은 곳)의 굴착에 적합한 토공장비

(1) _____ (2) _____

02 4점
다음이 설명하는 시공기계를 쓰시오.

(1)	사질지반의 굴착이나 지하연속벽, 케이슨 기초 같은 좁은 곳의 수직굴착에 사용되며, 토사채취에도 사용된다. 최대 18m 정도 깊이까지 굴착이 가능하다.
(2)	지반보다 낮은 곳(기계의 위치보다 낮은 곳)의 굴착에 적합한 토공장비

(1) _____ (2) _____

03 3점
토공사용 기계 중 정지용 기계장비의 종류 3가지를 쓰고 특성 및 용도에 대해 간단히 설명하시오.

① _____
② _____
③ _____

정답 및 해설

01
(1) 클램쉘(Clam Shell)
(2) 파워쇼벨(Power Shovel)

02
(1) 클램쉘(Clam Shell)
(2) 백호(Backhoe)

03
① 불도저: 굴토, 다짐, 운반, 정지 등
② 스크레이퍼: 굴토, 다짐, 운반, 정지 등
③ 그레이더: 정지, 배수파기 및 파이프 묻기

MEMO

04 흙막이공사 일반사항

POINT 01 흙막이(Earth Retaining) 공법 일반사항

(1) 흙파기(Excavating, 터파기) 공법
① Island Cut 공법:
  흙막이 설치 - 중앙부 굴착 - 중앙부 기초구조물 축조 - 버팀대 설치 - 주변부 흙파기 - 지하구조물 완성
② Trench Cut 공법:
  흙막이 설치 - 주변부 흙파기 - 버팀대 설치 - 주변부 기초 축조 - 중앙부 굴착 - 지하구조물 완성

(2) 흙막이벽 기본 분류

H-Pile 토류판	Sheet Pile	주열식 흙막이	Slurry Wall

(3) Sheet Pile 종류

- Larssen
- Lackawanna
- Ransom
- Terres Rouges

(4) 주열식 흙막이(SCW, CIP, MIP) 공법의 특징

- H-Pile, Sheet Pile 공법에 비해 진동 및 소음이 작다.
- 흙막이 벽체의 강성이 크다.
- 지수성(=차수성)을 기대할 수 있다.
- Slurry Wall보다 시공성과 경제성이 좋다.
- 공기단축 및 공사비가 저렴한 편이다.

2024 출제예상문제

01 3점

아일랜드컷(Island Cut) 공법을 설명하시오.

02 4점

다음 설명에 해당하는 흙파기 공법의 명칭을 쓰시오.

(1)	측벽이나 주열선 부분만을 먼저 파낸 후 기초와 지하구조체를 축조한 다음 중앙부의 나머지 부분을 파내어 지하구조물을 완성하는 공법
(2)	중앙부의 흙을 먼저 파고, 그 부분에 기초 또는 지하구조체를 축조한 후, 이를 지점으로 경사 혹은 수평 흙막이 버팀대를 가설하여 흙을 제거한 후 지하구조물을 완성하는 공법

(1)   (2)

03 4점

( ) 안에 들어갈 알맞는 내용을 순서별로 적으시오.
(1) 아일랜드 컷 공법:
    흙막이 설치 – (   ) – (   )
              – (   ) – (   )
              – 지하구조물 완성
(2) 트렌치 컷 공법:
    흙막이 설치 – (   ) – (   )
              – (   ) – (   )
              – 지하구조물 완성

04 4점

흙막이는 토질, 지하출수, 기초깊이 등에 따라 그 공법을 달리하는데 흙막이의 형식을 4가지 쓰시오.
① ②
③ ④

05 4점

철재 널말뚝(Steel Sheet Pile)의 종류를 4가지 쓰시오.
① ②
③ ④

06 4점

주열식 지하연속벽 공법의 특징을 4가지 쓰시오.
①
②
③
④

정답 및 해설

01 중앙부의 흙을 먼저 파고, 그 부분에 기초 또는 지하구조체를 축조한 후, 이를 지점으로 경사 혹은 수평 흙막이 버팀대를 가설하여 흙을 제거한 후 지하구조물을 완성하는 공법

02 (1) Trench Cut 공법
     (2) Island Cut 공법

03 (1) 중앙부 굴착, 중앙부 기초구조물 축조, 버팀대 설치, 주변부 흙파기
     (2) 주변부 흙파기, 버팀대 설치, 주변부 기초 축조, 중앙부 굴착

04 ① H-Pile 토류판 ② Sheet Pile
     ③ 주열식 흙막이 ④ Slurry Wall

05 ① Larssen ② Lackawanna
     ③ Ransom ④ Terres Rouges

06
① H-Pile, Sheet Pile 공법에 비해 진동 및 소음이 작다.
② 흙막이 벽체의 강성이 크다.
③ 지수성(=차수성)을 기대할 수 있다.
④ Slurry Wall보다 시공성과 경제성이 좋다.

POINT 02 슬러리 월(Slurry Wall, 격막벽) 공법

(1)	정의	지수벽·구조체 등으로 이용하기 위해 지하로 크고 깊은 트렌치를 굴착하여 철근망을 삽입 후 콘크리트를 타설한 Panel을 연속으로 축조해 나가는 공법
(2)	주요 특징	**장점** • 벽체의 강성 및 차수성이 크다. • 소음 및 진동이 적다. **단점** • Panel간 Joint로 수평연속성이 부족하다. • 공사비가 비교적 고가이다.
(3)	가이드 월 (Guide Wall) 역할	• 연속벽의 수직도 및 벽두께 유지 • 안정액의 수위유지, 우수침투 방지 등
(4)	안정액 (Bentonite) 기능	• 굴착벽면 붕괴 방지 • 굴착토사 분리·배출 • 부유물의 침전방지

2024 출제예상문제

01 3점
Slurry Wall 공법에 대한 다음 빈칸을 채우시오.

특수 굴착기와 공벽붕괴방지용 (①)을(를) 이용, 지중굴착하여 여기에 (②)을(를) 세우고 (③)을(를) 타설하여 연속적으로 벽체를 형성하는 공법이다. 타 흙막이 벽에 비하여 차수효과가 높으며 역타공법 적용 시 또는 인접 건축물에 피해가 예상될 때 적용하는 저소음, 저진동 공법이다.

①　　　　　② 　　　　　③

02 4점
슬러리월(Slurry wall) 공법에 대하여 서술하고, Guide Wall의 설치목적을 2가지 쓰시오.

(1) 슬러리월(Slurry wall) 공법

(2) Guide Wall 설치목적
①
②

03 [20②] 4점
슬러리월(Slurry Wall) 공법의 장점과 단점을 각각 2가지씩 쓰시오.

(1) 장점: ①
　　　　　②
(2) 단점: ①
　　　　　②

04 3점
제자리 콘크리트 말뚝을 제작하기 위하여 지반에 구멍을 판 후 벤토나이트 용액을 넣어주는 목적을 3가지 쓰시오.

①
②
③

정답 및 해설

01
① 안정액(Bentonite)
② 철근망
③ 콘크리트

02
(1) 지수벽·구조체 등으로 이용하기 위해 지하로 크고 깊은 트렌치를 굴착하여 철근망을 삽입 후 콘크리트를 타설한 Panel을 연속으로 축조해 나가는 공법
(2) ① 연속벽의 수직도 및 벽두께 유지
　　② 안정액의 수위유지, 우수침투 방지

03
(1) ① 벽체의 강성 및 차수성이 크다.
　　② 소음 및 진동이 적다.
(2) ① Panel간 Joint로 수평연속성 부족하다.
　　② 공사비가 비교적 고가이다.

04
① 굴착벽면 붕괴 방지
② 굴착토사 분리·배출
③ 부유물의 침전방지

POINT 03 어스 앵커(Earth Anchor), SPS(Strut as Permanent System)

(1) 어스 앵커(Earth Anchor)

- 흙막이 배면을 굴착 후 Anchor체를 설치하여 주변지반을 지지하는 흙막이 공법
- 버팀대가 없어 굴착공간을 넓게 활용
- 작업공간이 좁은 곳에서도 시공 가능
- 굴착공간내 가설재가 없어 대형기계의 반입 용이
- 공기단축은 용이하지만 시공 후 검사곤란

(2) SPS(Strut as Permanent System, 영구 구조물 흙막이 버팀대)

- 흙막이 버팀대(Strut)를 가설재로 사용하지 않고 굴토 중에는 토압을 지지하고, 슬래브 타설 후에는 수직하중을 지지하는 공법
- 가설지지체 설치 및 해체공정 불필요
- 작업공간의 확보 유리
- 지반의 상태와 관계없이 시공 가능
- 지상 공사와 병행이 가능하여 공기단축 가능

2024 출제예상문제

01 3점
어스 앵커(Earth Anchor) 공법에 대하여 설명하시오.

02 4점
흙막이 공사에 사용하는 어스앵커(Earth Anchor) 공법의 특징을 4가지 쓰시오.
①
②
③
④

03 3점
흙막이 버팀대(Strut)를 가설재로 사용하지 않고 굴토 중에는 토압을 지지하고, 슬래브 타설 후에는 수직하중을 지지하는 영구 구조물 흙막이 버팀대를 가리키는 용어를 쓰시오.

04 4점
SPS(Strut as Permanent System) 공법의 특징을 4가지 쓰시오.
①
②
③
④

정답 및 해설

01 흙막이 배면을 굴착 후 Anchor체를 설치하여 주변지반을 지지하는 흙막이 공법
02 ① 버팀대가 없어 굴착공간을 넓게 활용
② 작업공간이 좁은 곳에서도 시공 가능
③ 굴착공간내 가설재가 없어 대형기계의 반입 용이
④ 공기단축은 용이하지만 시공 후 검사곤란
03 SPS(Strut as Permanent System)
04 ① 가설지지체 설치 및 해체공정 불필요
② 작업공간의 확보 유리
③ 지반의 상태와 관계없이 시공 가능
④ 지상 공사와 병행이 가능하여 공기단축 가능

POINT 04 탑다운 공법(Top-Down Method, 역타 공법, 역구축 공법)

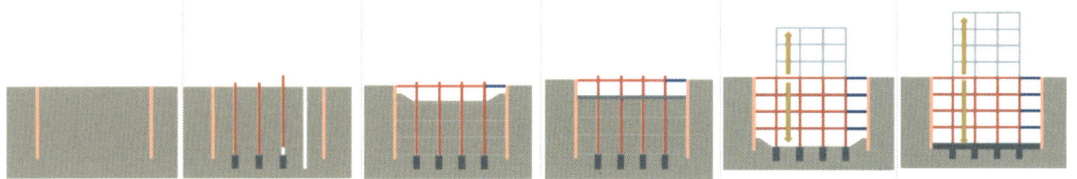

흙막이벽으로 설치한 슬러리월을 본 구조체의 벽체로 이용하고, 기둥과 기초를 시공 후 1층 슬래브를 시공하여 이를 방축널로 이용하여 지상과 지하 구조물을 동시에 축조해가는 공법

- 1층 슬래브가 먼저 타설되어 작업공간으로 활용가능
- 지상과 지하의 동시 시공으로 공기단축이 용이
- 날씨와 무관하게 공사진행이 가능
- 주변 지반에 대한 영향이 없음

2024 출제예상문제

01 3점

탑다운 공법(Top-Down Method) 공법은 지하구조물의 시공순서를 지상에서부터 시작하여 점차 깊은 지하로 진행하며 완성하는 공법으로서 여러 장점이 있다.
이 중 작업공간이 협소한 부지를 넓게 쓸 수 있는 이유를 기술하시오.

02 4점

역타설 공법(Top-Down Method)의 장점을 4가지 쓰시오.

①
②
③
④

정답 및 해설

01
1층 슬래브가 먼저 타설되어 작업공간으로 활용이 가능하기 때문이다.

02
① 1층 슬래브가 먼저 타설되어 작업공간으로 활용가능
② 지상과 지하의 동시 시공으로 공기단축이 용이
③ 날씨와 무관하게 공사진행이 가능
④ 주변 지반에 대한 영향이 없음

POINT 05 흙막이의 안정

(1) 흙막이의 안정

히빙(Heaving) 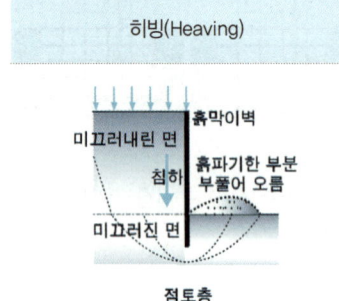	Sheet Pile 등의 흙막이 벽의 좌측과 우측의 토압의 차에 의해 흙막이벽 밑으로 흙이 미끄러져 들어오는 현상
보일링(Boiling) 	흙막이벽 뒷면 수위가 높아 지하수가 흙막이벽 밑으로 공사장 안 바닥에서 물이 솟아오르는 현상
파이핑(Piping) 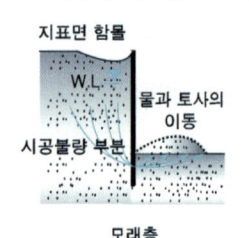	흙막이벽 부실공사로 이음새 등을 통해 공사장 내부바닥으로 물이 새어 들어오는 현상

(2) 히빙(Heaving), 보일링(Boiling) 방지대책

	히빙(Heaving)	보일링(Boiling)
①	흙막이벽의 근입장을 증가	
②	굴착 예정지역의 지반을 개량하여 전단강도증대	
③	굴착평면 규모를 축소	차수성이 강한 흙막이 시공으로 누수차단
④	배면 부분 굴착으로 지반의 중량차 감소	배수공법을 이용하여 지하수위를 저하

2024 출제예상문제

01 3점
아래 그림에서와 같이 터파기를 했을 경우, 인접 건물의 주위 지반이 침하할 수 있는 원인을 3가지 쓰시오. (단, 일반적으로 인접하는 건물보다 깊게 파는 경우)

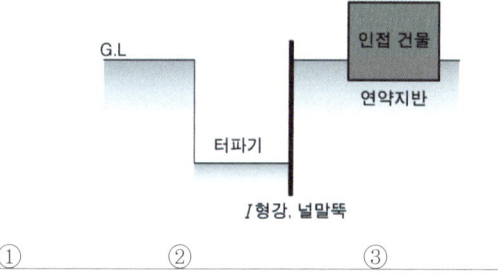

① ② ③

02 3점
다음 흙막이벽 공사에서 발생되는 현상을 쓰시오.

(1)	시트 파일 등의 흙막이벽 좌측과 우측의 토압차로서 흙막이 일부의 흙이 재하하중 등의 영향으로 기초파기 하는 공사장 안으로 흙막이벽 밑을 돌아서 미끄러져 올라오는 현상
(2)	모래질 지반에서 흙막이벽을 설치하고 기초파기 할 때의 흙막이벽 뒷면수위가 높아서 지하수가 흙막이 벽을 돌아서 지하수가 모래와 같이 솟아오르는 현상
(3)	흙막이벽의 부실공사로서 흙막이벽의 뚫린 구멍 또는 이음새를 통하여 물이 공사장 내부바닥으로 스며드는 현상

(1)　　　　　(2)　　　　　(3)

03 6점
토질과 관련된 다음 용어에 대해 설명하시오.
(1) 히빙(Heaving) 현상:

(2) 보일링(Boiling) 현상:

(3) 파이핑(Piping) 현상:

04 3점
굴착지반의 안전성에 대해 검토한 결과 히빙(Heaving)과 보일링 파괴(Bailing Failure)가 예상되는 경우 방지대책을 3가지 쓰시오.

①
②
③

정답 및 해설

01
① 히빙　② 보일링　③ 파이핑

02
(1) 히빙(Heaving)
(2) 보일링(Boiling)
(3) 파이핑(Piping)

03
(1) Sheet Pile 등의 흙막이 벽의 좌측과 우측의 토압의 차에 의해 흙막이벽 밑으로 흙이 미끄러져 들어오는 현상
(2) 흙막이벽 뒷면 수위가 높아 지하수가 흙막이벽 밑으로 공사장 안 바닥에서 물이 솟아오르는 현상
(3) 흙막이벽 부실공사로 이음새 등을 통해 공사장 내부바닥으로 물이 새어 들어오는 현상

04
① 흙막이벽의 근입장을 증가
② 배수공법을 이용하여 지하수위를 저하
③ 굴착 예정지역의 지반을 개량하여 전단강도를 크게 한다.

POINT 06 흙막이벽 주요 계측기기

명칭	주요 용도	주요 설치위치
Load Cell 하중계	하중 측정	버팀대(Strut) 양단부
Strain Gauge 변형률계	변형률 측정	버팀대(Strut) 중앙부
Extension Meter, Extensometer 지중침하계	지중 수직변위 측정	흙막이벽 배면, 인접구조물 주변
Inclinometer 경사계	지중 수평변위 측정	흙막이벽 배면
Tiltmeter 경사계	인접구조물 기울기 측정	인접구조물의 골조 또는 벽체
Pressure Cell 토압계	토압 측정	토압 측정위치의 지중에 설치
Piezometer 간극수압계	간극수압 변화 측정	흙막이벽 배면
Water Level Meter 지하수위계	지하수위 변화 측정	흙막이벽 배면
Level and Staff 레벨기	지표면 침하 및 융기 측정	–

2024 출제예상문제

01 3점

흙막이벽의 계측에 필요한 기기류를 3가지 쓰시오.
① ② ③

02 4점

흙막이벽의 계측에 필요한 기기류를 쓰시오.
(1) 수압 측정:
(2) 하중 측정:
(3) 휨변형 측정:
(4) 수평변위 측정:

03 4점

지하 토공사 중 계측관리와 관련된 항목을 골라 번호를 쓰시오.

보기	
① Strain Gauge	② Inclinometer
③ Water Level Meter	④ Level and Staff

(1) 지표면 침하측정
(2) 지중 흙막이벽 수평변위 측정
(3) 지하수위 측정
(4) 응력측정(엄지말뚝, 띠장에 작용하는 응력측정)

(1)   (2)
(3)   (4)

04 4점

다음 계측기의 종류에 맞는 용도를 골라 번호로 쓰시오.

보기	
종류	용도
(1) Piezometer	① 하중 측정
(2) Inclinometer	② 인접건물의 기울기도 측정
(3) Load Cell	③ Strut 변형 측정
(4) Extensometer	④ 지중 수평변위 측정
(5) Strain Gauge	⑤ 지중 수직변위 측정
(6) Tiltmeter	⑥ 간극수압의 변화 측정

(1)   (2)
(3)   (4)
(5)   (6)

05 4점

다음에 제시한 흙막이 구조물 계측기 종류에 적합한 설치 위치를 한 가지씩 기입하시오.
① 하중계:
② 토압계:
③ 변형률계:
④ 경사계:

정답 및 해설

01 ① 하중계(Load Cell)
② 변형률계(Strain Gauge)
③ 지중침하계(Extension Meter)

02 (1) 간극수압계(Piezometer)
(2) 하중계(Load Cell)
(3) 변형률계(Strain Gauge)
(4) 경사계(Inclinometer)

03 (1) ④ (2) ② (3) ③ (4) ①

04 (1) ⑥ (2) ④ (3) ① (4) ⑤
(5) ③ (6) ②

05 ① 버팀대(Strut) 양단부
② 토압 측정위치의 지중에 설치
③ 버팀대(Strut) 중앙부
④ 인접구조물의 골조 또는 벽체

05 토공사 적산사항

POINT 01 토공사용 기계의 작업능력

Shovel 계열의 굴삭기계 시간당 시공량	Bulldozer 굴삭기계 시간당 시공량
$Q = \dfrac{3{,}600 \times q \times k \times f \times E}{Cm}$ (m³/hr)	$Q = \dfrac{60 \times q \times f \times E}{Cm}$ (m³/hr)

- Q : 시간당 작업량(m³/hr)
- q : 버킷 용량(m³)   • k : 버킷계수
- f : 토량환산계수   • E : 작업효율
- Cm : 1회 사이클 타임(sec)

- Q : 시간당 작업량(m³/hr)
- q : 삽날 용량(m³)
- f : 토량환산계수   • E : 작업효율
- Cm : 1회 사이클 타임(min)

POINT 02 독립기초 터파기

(1) 터파기량(m³), 되메우기량(m³), 잔토처리량(m³)

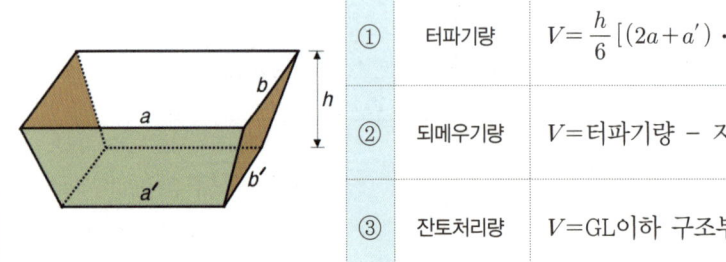

①	터파기량	$V = \dfrac{h}{6}[(2a+a') \cdot b + (2a'+a) \cdot b']$
②	되메우기량	V = 터파기량 − 지중구조부 체적
③	잔토처리량	V = GL이하 구조부체적 × 토량환산계수(L)

(2) 토량환산계수

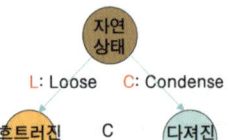

L: Loose   C: Condense

- 자연상태의 토량 × L = 흐트러진 상태의 토량
- 자연상태의 토량 × C = 다져진 상태의 토량
- 다져진 상태의 토량 = 흐트러진 상태의 토량 × $\dfrac{C}{L}$

출제예상문제 2024

01 4점
Power Shovel의 시간당 작업량을 산출하시오.

- $q = 1.26m^3$
- $k = 0.8$
- $f = 0.7$
- $E = 0.86$
- $Cm = 40\text{sec}$

02 4점
파워쇼벨의 1시간당 추정 굴착작업량을 산출하시오.

- $q = 0.8m^3$
- $k = 0.8$
- $f = 1.28$
- $E = 0.83$
- $Cm = 40\text{sec}$

03 4점
파워쇼벨의 1시간당 추정 굴착작업량을 산출하시오.

- $q = 0.8m^3$
- $k = 0.8$
- $f = 0.7$
- $E = 0.83$
- $Cm = 40\text{sec}$

04 4점
토량 2,000m³, 2대의 불도저가 삽날용량 0.6m³, 토량환산계수 0.7, 작업효율 0.9, 1회 사이클시간 15분일 때 작업완료시간을 계산하시오.

05 4점
흐트러진 상태의 흙 10m³를 이용하여 10m²의 면적에 다짐 상태로 50cm 두께를 터돋우기 할 때 시공완료된 다음의 흐트러진 상태의 토량을 산출하시오. (단, 이 흙의 $L = 1.2$, $C = 0.9$이다.)

06 4점
흐트러진 상태의 흙 30m³를 이용하여 30m²의 면적에 다짐 상태로 60cm 두께를 터돋우기 할 때 시공완료된 다음의 흐트러진 상태의 토량을 산출하시오. (단, 이 흙의 $L = 1.2$, $C = 0.9$이다.)

정답 및 해설

01 $Q = 54.61\ m^3/hr$
$Q = \dfrac{3{,}600 \times 1.26 \times 0.8 \times 0.7 \times 0.86}{40} = 54.613$

02 $Q = 61.19\ m^3/hr$
$Q = \dfrac{3{,}600 \times 0.8 \times 0.8 \times 1.28 \times 0.83}{40} = 61.194$

03 $Q = 33.47\ m^3/hr$
$Q = \dfrac{3{,}600 \times 0.8 \times 0.8 \times 0.7 \times 0.83}{40} = 33.465$

04 661.38 hr
(1) $Q = \dfrac{60 \times 0.6 \times 0.7 \times 0.9}{15} = 1.512$
(2) $\dfrac{2{,}000}{1.512 \times 2\text{대}} = 661.376$

05 $3.33m^3$
(1) 다져진 상태의 토량
$= 10 \times \dfrac{0.9}{1.2} = 7.5$
(2) 다져진 상태의 남는 토량
$= 7.5 - (10 \times 0.5) = 2.5$
(3) 흐트러진 상태의 토량
$= 2.5 \times \dfrac{1.2}{0.9} = 3.333$

06 $6m^3$
(1) 다져진 상태의 토량
$= 30 \times \dfrac{0.9}{1.2} = 22.5$
(2) 다져진 상태의 남는 토량
$= 22.5 - (30 \times 0.6) = 4.5$
(3) 흐트러진 상태의 토량
$= 4.5 \times \dfrac{1.2}{0.9} = 6$

2024 출제예상문제

07 9점

다음 조건으로 요구하는 산출량을 구하시오.
(단, $L=1.3$, $C=0.9$)

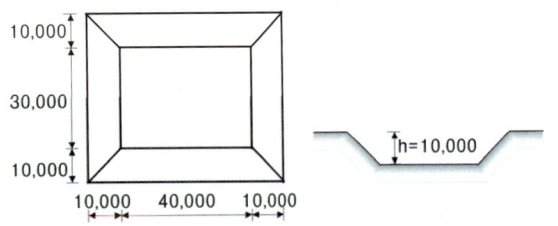

(1) 터파기량을 산출하시오.

(2) 운반대수를 산출하시오.
   (운반대수는 1대, 적재량은 12m³)

(3) 5,000m²의 면적을 가진 성토장에 성토하여 다짐할 때 표고는 몇 m인지 구하시오. (비탈면은 수직으로 가정한다.)

08 6점

터파기한 흙이 12,000m³(자연상태 토량, $L=1.25$), 되메우기를 5,000m³으로 하고, 잔토처리를 8톤 트럭으로 운반시 트럭에 적재할 수 있는 운반토량과 차량 대수를 구하시오. (단, 암반 부피에 대한 중량은 1,800kg/m³)

(1) 8톤 덤프트럭에 적재할 수 있는 운반토량

(2) 8톤 덤프트럭의 대수

09 4점

3m³의 모래를 운반하려고 한다. 소요인부수를 구하시오. (단, 질통의 무게 50kg, 상하차시간 2분, 운반거리 240m, 평균운반속도 60m/min, 모래의 단위용적중량 1,600kg/m³, 1일 8시간 작업하는 것으로 가정한다.)

정답 및 해설

07
(1) 20,333.33m³

$$V = \frac{10}{6}[(2 \times 60 + 40) \times 50 + (2 \times 40 + 60) \times 30]$$
$$= 20,333.333$$

(2) 2,203대

$$\frac{20,333.33 \times 1.3}{12} = 2,202.777$$

(3) 3.66m

$$\frac{20,333.33 \times 0.9}{5,000} = 3.659$$

08
(1) $\frac{8t}{1.8t/m^3} = 4.444$ ∴ 4.44m³

(2) $\frac{(12,000 - 5,000)m^3 \times 1.25 \times 1.8t/m^3}{8t}$
$= 1,968.75$
∴ 1,969대

09 2인
(1) 운반할 모래의 총중량:
   $3m^3 \times 1,600kg/m^3 = 4,800kg$
(2) 운반 질통 회수:
   $4,800kg \div 50kg = 96$회
(3) 질통 한 번 왕복 소요시간:
   $(240m \div 60m/분) \times 2(왕복) + 2(상하차)$
   $= 10$분
(4) 소요인원수:
   $(96회 \times 10분) \div 60분 \div 8시간 = 2$인

2

지정 및 기초공사

01 지정 및 기초공사 : 일반사항

02 지정 및 기초공사 : 적산사항

01 지정 및 기초공사 일반사항

POINT 01 말뚝 일반사항

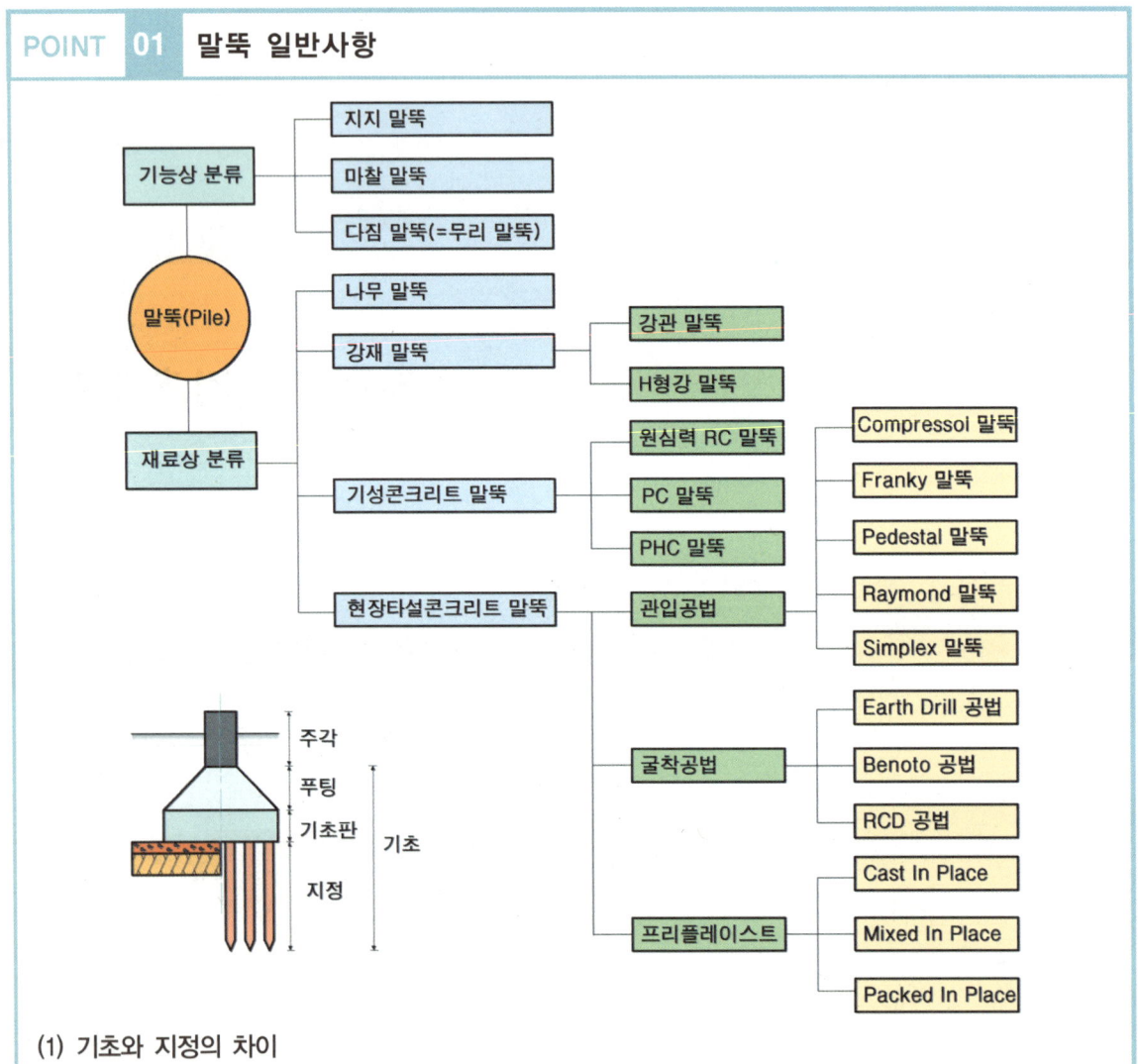

(1) 기초와 지정의 차이
① 기초: 건축물의 최하부에서 건축물의 하중을 지반에 안전하게 전달시키는 구조부
② 지정: 기초판을 지지하기 위해서 그 아래에 설치하는 버림콘크리트, 잡석, 말뚝 등

(2) 말뚝의 중심간격
기성콘크리트말뚝을 타설할 때 그 중심간격은 말뚝지름의 2.5배 이상 또한 750mm 이상으로 한다.

(3) 강재말뚝
① 특징: 지지력이 크고 이음이 안전, 상부구조와의 결합이 용이, 운반 및 시공이 용이
② 부식방지법: 도장법, 전기방식법, 부식예상두께를 감안하여 미리 두께를 증가시킴

2024 출제예상문제

01 4점

기초와 지정의 차이점을 기술하시오.

(1) 기초

(2) 지정

02 4점

( )안에 숫자를 기입하시오.

> 기성콘크리트 말뚝을 타설할 때 그 중심간격은 말뚝지름의 ( )배 이상 또한 ( )mm 이상으로 한다.

03 3점

강관말뚝 지정의 특징을 3가지만 쓰시오.

① _____
② _____
③ _____

04 4점

강재말뚝의 부식을 방지하기 위한 방법을 2가지 쓰시오.

① _____
② _____

05 5점

제자리콘크리트 말뚝시공 종류명을 5가지 쓰시오.

① _____ ② _____ ③ _____
④ _____ ⑤ _____

정답 및 해설

01
(1) 건축물의 최하부에서 건축물의 하중을 지반에 안전하게 전달시키는 구조부
(2) 기초판을 지지하기 위해서 그 아래에 설치하는 버림콘크리트, 잡석, 말뚝 등

02
2.5, 750

03
① 지지력이 크고 이음이 안전
② 상부구조와의 결합이 용이
③ 운반 및 시공이 용이

04
① 도장법
② 전기방식법

05
① Compressol
② Franky
③ Pedestal
④ Raymond
⑤ Simplex

POINT 02 기초의 안정, 지반개량공법

(1) 부력을 받은 지하구조물의 부상 방지대책

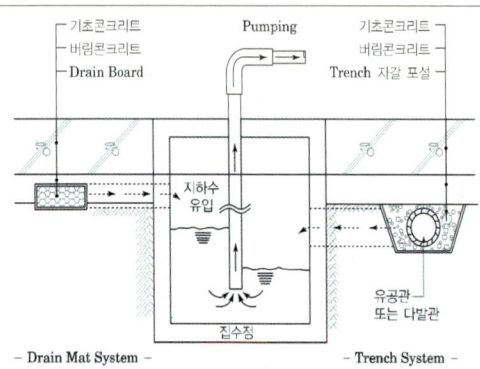

- 차수용 흙막이나 차수공법 등을 사용하여 물을 차단
- 유입 지하수를 강제로 Pumping 하여 외부로 배수
- 구조물의 자중을 증대시켜 부력에 대항하게 함
- Rock Anchor 공법 등 지반정착 공법을 사용

(2) 사질 지반개량공법
① 진동다짐공법(Vibro Floatation)   ② 다짐모래말뚝(Vibro Compozer)
③ 동다짐공법(Dynamic Compaction)   ④ 폭파다짐공법, 전기충격공법

(3) 점토질 지반개량공법
① 치환공법: 연약층의 흙을 양질의 흙으로 교체하는 방법
② 동결공법: 지반에 파이프를 박고 액체질소나 프레온가스를 주입하여 지하수를 동결시켜 차단
③ 선행재하공법: 구조물에 상당하는 무게를 미리 연약지반위에 일정기간 방치하여 연약지반을 압밀시키는 것

(4) 지반개량공법 중 대표적인 탈수법

①	웰 포인트 (Well Point)	• 사질 지반의 대표적인 탈수공법 • 직경 약 20cm 특수 파이프를 상호 2m 내외 간격으로 관입하여 모래를 투입한 후 진동다짐하여 탈수통로를 형성하는 공법
②	샌드 드레인 (Sand Drain)	• 점토질 지반의 대표적인 탈수공법 • 지반에 지름 40~60cm의 구멍을 뚫고 모래를 넣은 후, 성토 및 기타 하중을 가하여 점토질 지반을 압밀시키는 공법
③	페이퍼 드레인 (Paper Drain)	샌드 드레인(Sand Drain) 공법과 원리는 같지만 모래 대신 합성수지로 된 카드보드(Card Board)를 지반에 삽입
④	생석회 말뚝 (Chemico Pile)	지반 내에 생석회(CaO)에 의한 말뚝을 설치하여 흙을 고결화시켜 연약지반의 강화를 도모하는 공법

출제예상문제 2024

01 4점
지하구조물은 지하수위에서 구조물 밑면까지의 깊이만큼 부력을 받아 건물이 부상하게 되는데, 이것에 대한 방지대책을 4가지 기술하시오.

①
②
③
④

02 3점
지반개량공법에 대한 설명이다. 올바른 용어를 채우시오.

> 연약층의 흙을 양질의 흙으로 교체하는 방법을 ( )공법, 지반에 파이프를 박고 액체질소나 프레온가스를 주입하여 지하수를 동결시켜 차단하는 것을 ( )공법, 구조물에 상당하는 무게를 미리 연약지반 위에 일정 기간 방치하여 연약지반을 압밀시키는 것을 ( )공법이라고 한다.

03 3점
연약지반 개량공법을 3가지만 쓰시오.

(1)   (2)
(3)

04 4점
지반개량공법 중 탈수공법의 종류를 4가지 쓰시오.

①   ②
③   ④

05 4점
지반개량공법 중 다음 토질에 적당한 대표적인 탈수공법을 각각 1가지씩 쓰시오.

① 사질토: ② 점성토:

06 4점
다음이 설명하는 지반탈수공법의 명칭을 쓰시오.

(1) 점토질지반의 대표적인 탈수공법으로서 지반에 지름 40~60cm의 구멍을 뚫고 모래를 넣은 후, 성토 및 기타 하중을 가하여 점토질 지반을 압밀함으로써 탈수하는 공법을 무슨 공법이라고 하는가?

(2) 사질지반의 대표적인 탈수공법으로서 직경 약 20cm 특수파이프를 상호 2m 내외 간격으로 관입하여 모래를 투입한 후 진동다짐하여 탈수통로를 형성시켜서 탈수하는 공법을 무슨 공법이라고 하는가?

(1)   (2)

정답 및 해설

01
① 차수용 흙막이나 차수공법 등을 사용하여 물을 차단
② 유입 지하수를 강제로 Pumping 하여 외부로 배수
③ 구조물의 자중을 증대시켜 부력에 대항하게 함
④ Rock Anchor 공법 등 지반정착공법을 사용

02
치환, 동결, 선행재하

03
(1) 치환공법
(2) 동결공법
(3) 선행재하공법

04
① 웰 포인트
② 샌드 드레인
③ 페이퍼 드레인
④ 생석회 말뚝

05
① 웰 포인트
② 샌드 드레인

06
(1) 샌드 드레인
(2) 웰 포인트

POINT 03   부등침하, 언더피닝(Under Pinning)

(1) 부등침하(Differential Settlement, Uneven Settlement, 부동침하)

연약층	경사 지반	이질 지층	낭떠러지	증축
지하수위 변경	지하 구멍	메운땅 흙막이	이질 지정	일부 지정

①	상부구조에 대한 대책	• 건물의 경량화 및 중량 분배를 고려 • 건물의 길이를 작게 하고 강성을 높일 것 • 인접 건물과의 거리를 멀게 할 것
②	하부구조에 대한 대책	• 마찰말뚝을 사용하고 서로 다른 종류의 말뚝 혼용을 금지 • 지하실 설치: 온통기초(Mat Foundation)가 유효 • 기초 상호간을 연결: 지중보 또는 지하연속벽 시공 • 언더피닝(Under Pinning) 공법의 적용

(2) 언더피닝(Under Pinning)

①	정의	기존 건축물의 기초를 보강하거나 새로운 기초를 설치하여 기존 건축물을 보호하는 보강공사 방법
②	공법의 종류	• 이중널말뚝박기 공법 • 현장타설콘크리트말뚝 공법 • 강재말뚝 공법 • 약액주입 공법

2024 출제예상문제

01 4점

건물의 부동침하를 방지하기 위한 기초구조물과 상부구조물에 대한 대책을 각각 2가지씩 쓰시오.

(1) 기초구조물에 대한 대책
① _____
② _____

(2) 상부구조물에 대한 대책
① _____
② _____

02 4점

기초구조물의 부동침하 방지대책을 4가지만 적으시오.
① _____
② _____
③ _____
④ _____

03 4점

기초의 부동침하는 구조적으로 문제를 일으키게 된다. 이러한 기초의 부동침하를 방지하기 위한 대책 중 기초구조 부분에 처리할 수 있는 사항을 4가지 기술하시오.
① _____
② _____
③ _____
④ _____

04 4점

언더피닝 공법을 시행하는 목적과 그 공법의 종류를 2가지 쓰시오.

(1) 목적:
_____
_____

(2) 공법의 종류:
① _____ ② _____

05 4점

지하구조물 축조 시 인접구조물의 피해를 막기 위해 실시하는 언더피닝(Under Pinning) 공법의 종류를 4가지 적으시오.
① _____ ② _____
③ _____ ④ _____

06 4점

언더피닝(Under Pinning) 공법을 적용해야 하는 경우를 2가지 쓰시오.
① _____
② _____

정답 및 해설

01
(1) ① 마찰말뚝을 사용하고 서로 다른 종류의 말뚝 혼용을 금지
② 지하실 설치: 온통기초가 유효
(2) ① 건물의 경량화 및 중량 분배를 고려
② 건물의 길이를 작게 하고 강성을 높일 것

02 ① 마찰말뚝을 사용하고 서로 다른 종류의 말뚝 혼용을 금지
② 지하실 설치: 온통기초가 유효
③ 기초 상호간을 연결
④ 언더피닝 공법의 적용

03 ① 마찰말뚝을 사용하고 서로 다른 종류의 말뚝 혼용을 금지
② 지하실 설치: 온통기초가 유효
③ 기초 상호간을 연결
④ 언더피닝 공법의 적용

04
(1) 기존 건축물의 기초를 보강하거나 새로운 기초를 설치하여 기존 건축물을 보호하는 보강공사 방법
(2) ① 이중널말뚝박기 공법
② 현장타설콘크리트말뚝 공법

05 ① 이중널말뚝박기 공법
② 현장타설콘크리트말뚝 공법
③ 강재말뚝 공법
④ 약액주입 공법

06 (1) 기존 건축물의 기초를 보강할 때
(2) 새로운 기초를 설치하여 기존 건축물을 보호해야 할 때

02 지정 및 기초공사 적산 사항

POINT 01 온통기초 터파기량, 되메우기량, 잔토처리량

①	터파기량	$V = L_x \times L_y \times H$
②	되메우기량	$V = $ 터파기량 $-$ 지중구조부 체적
③	잔토처리량	$V = $ GL이하 구조부체적 $\times$ 토량환산계수(L)

2024 출제예상문제

01 9점

다음 그림과 같은 온통기초에서 터파기량, 되메우기량, 잔토처리량을 산출하시오.
(단, 토량환산계수 $L = 1.3$으로 한다.)

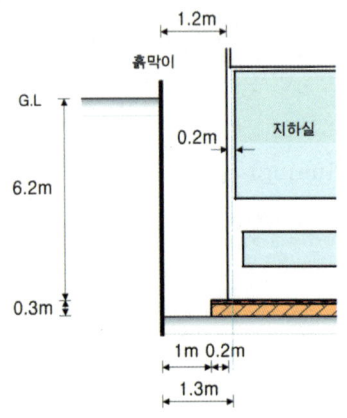
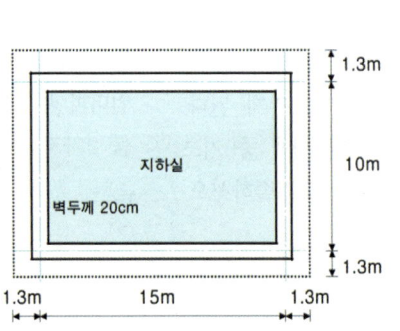

(1) 터파기량:

(2) 되메우기량:

(3) 잔토처리량:

정답 및 해설

01 (1) $1,441.44\text{m}^3$ (2) 430.58m^3 (3) $1,314.12\text{m}^3$

(1) $V = (15 + 1.3 \times 2) \times (10 + 1.3 \times 2) \times 6.5 = 1,441.44$

(2) ① GL 이하의 구조부체적
$[0.3 \times (15 + 0.3 \times 2) \times (10 + 0.3 \times 2)]$
$+ [6.2 \times (15 + 0.1 \times 2) \times (10 + 0.1 \times 2)] = 1,010.86$

② 되메우기량 : $1,441.44 - 1,010.86 = 430.58$

(3) $1,010.86 \times 1.3 = 1,314.12$

POINT 02 독립기초

(1) 터파기량, 되메우기량, 잔토처리량

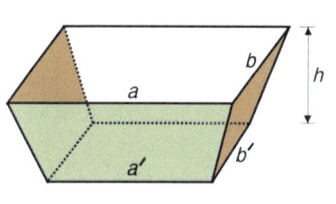

①	터파기량	$V = \dfrac{h}{6}[(2a+a') \cdot b + (2a'+a) \cdot b']$
②	되메우기량	V = 터파기량 − 지중구조부 체적
③	잔토처리량	V = GL이하 구조부체적 × 토량환산계수(L)

(2) 콘크리트량

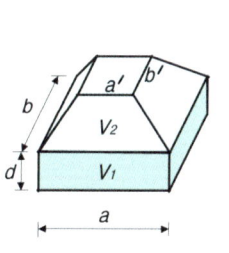

①	기초판	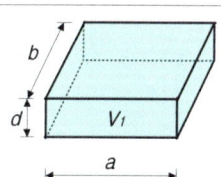	$V_1 = a \times b \times d$
②	푸팅		$V_2 = \dfrac{h}{6}[(2a+a') \cdot b + (2a'+a) \cdot b']$

(3) 거푸집량

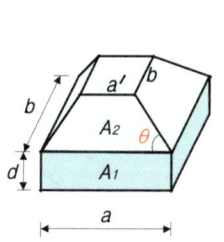

①	기초판	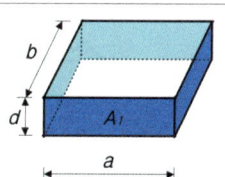	$A_1 = 2(a+b) \times d$
②	푸팅	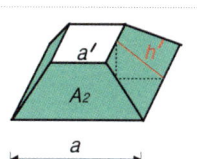	$A_2 = \left(\dfrac{a+a'}{2}\right) \times h' \times 4$면

직각삼각형을 기준으로 밑변 : 높이 = 2 : 1 미만이면 경사면 거푸집은 계산하지 않는다.

(4) 철근량: 철근 1개의 길이를 기초판 1변의 길이와 같게 산출

2024 출제예상문제

01 6점

다음 기초공사에 소요되는 터파기량(m^3), 되메우기량(m^3), 잔토처리량(m^3)을 산출하시오. (단, 토량환산계수는 $L=1.2$)

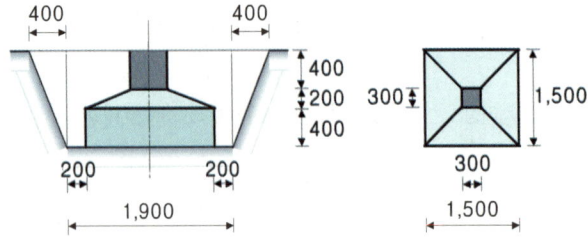

(1) 터파기량:

(2) 되메우기량:

(3) 잔토처리량:

02 6점

다음 도면의 철근콘크리트 독립기초 2개소 시공에 필요한 다음 소요 재료량을 정미량으로 산출하시오.

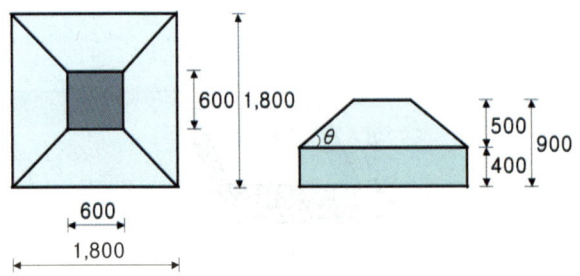

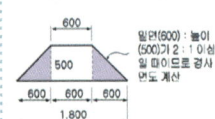

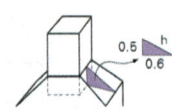

(1) 콘크리트량:

(2) 거푸집량:

정답 및 해설

01 (1) $5.34m^3$　(2) $4.22m^3$　(3) $1.35m^3$

(1) $V = \dfrac{1}{6}[(2 \times 2.7 + 1.9) \times 2.7 + (2 \times 1.9 + 2.7) \times 1.9] = 5.343$

(2) ① 기초구조부 체적: $1.5 \times 1.5 \times 0.4 + \dfrac{0.2}{6}[(2 \times 1.5 + 0.3) \times 1.5$
　　　$+ (2 \times 0.3 + 1.5) \times 0.3] + 0.3 \times 0.3 \times 0.4 = 1.122 m^3$
② 되메우기량: $5.343 - 1.122 = 4.221$

(3) $1.122 \times 1.2 = 1.346$

02 (1) $4.15m^3$　(2) $13.26m^2$

(1) $1.8 \times 1.8 \times 0.4 + \dfrac{0.5}{6}[(2 \times 1.8 + 0.6) \times 1.8$
　　$+ (2 \times 0.6 + 1.8) \times 0.6] = 2.076 \times 2개소 = 4.152$

(2) $[1.8 \times 0.4 \times 4면] + \left[\dfrac{1.8 + 0.6}{2} \times \sqrt{0.6^2 + 0.5^2} \times 4면\right]$
　　$= 6.628 \times 2개소 = 13.256$

2024 출제예상문제

03 6점

다음 기초에 소요되는 철근, 콘크리트, 거푸집의 정미량을 산출하시오. (단, 이형철근 D16의 단위중량은 1.56kg/m, D13의 단위중량은 0.995kg/m)

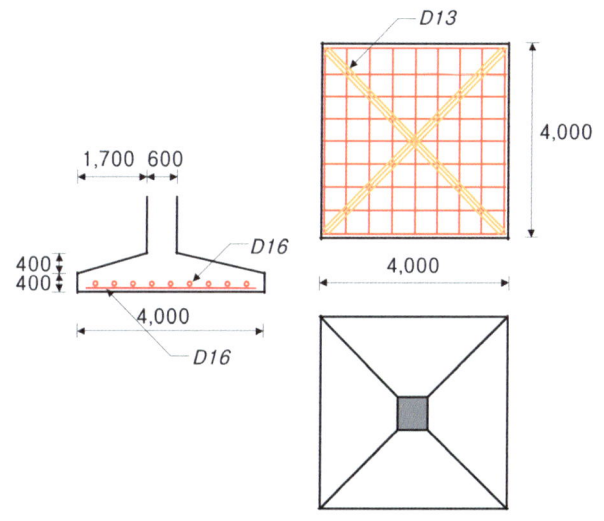
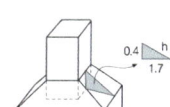

(1) 철근량:

(2) 콘크리트량:

(3) 거푸집량:

정답 및 해설

03 (1) 146.09kg　(2) 8.90m³　(3) 6.4m²

(1) ① 주근(D16) $[(9개 \times 4m) + (9개 \times 4m)] \times 1.56 = 112.32$
　　② 대각선근(D13) $[4\sqrt{2} \times 6개] \times 0.995 = 33.771$
　　③ 총철근량 $112.32 + 33.771 = 146.091$

(2) $4 \times 4 \times 0.4 + \dfrac{0.4}{6}[(2 \times 4 + 0.6) \times 4 + (2 \times 0.6 + 4) \times 0.6]$
　　$= 8.901$

(3) $4 \times 0.4 \times 4 = 6.4$

POINT 03 줄기초

(1) 터파기량, 되메우기량, 잔토처리량

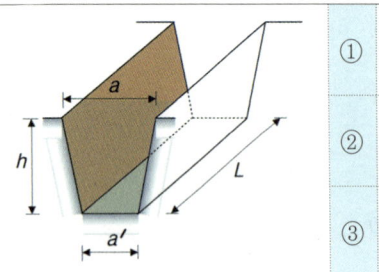

①	터파기량	$V = \left(\dfrac{a+a'}{2}\right) \times h \times L$
②	되메우기량	$V =$ 터파기량 $-$ 지중구조부 체적
③	잔토처리량	$V =$ GL이하 구조부체적 $\times$ 토량환산계수(L)

(2) 콘크리트량(V), 거푸집량(A)

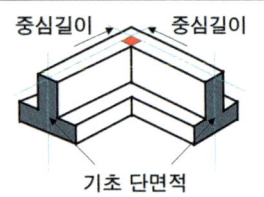

①	외벽기초	• $V =$ 기초 단면적 $\times$ 중심길이 • $A =$ 중심길이 기초판 및 기초벽 옆면적 $\times$ 2면

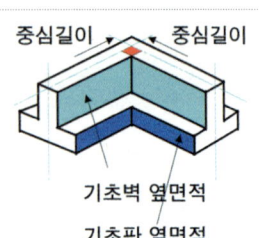

②	내벽기초	• $V =$ 기초 단면적 $\times$ 안목길이 • $A =$ 안목길이 기초판 및 기초벽 옆면적 $\times$ 2면

(3) 철근량: 철근 1개의 길이를 기초판 1변의 길이와 같게 산출

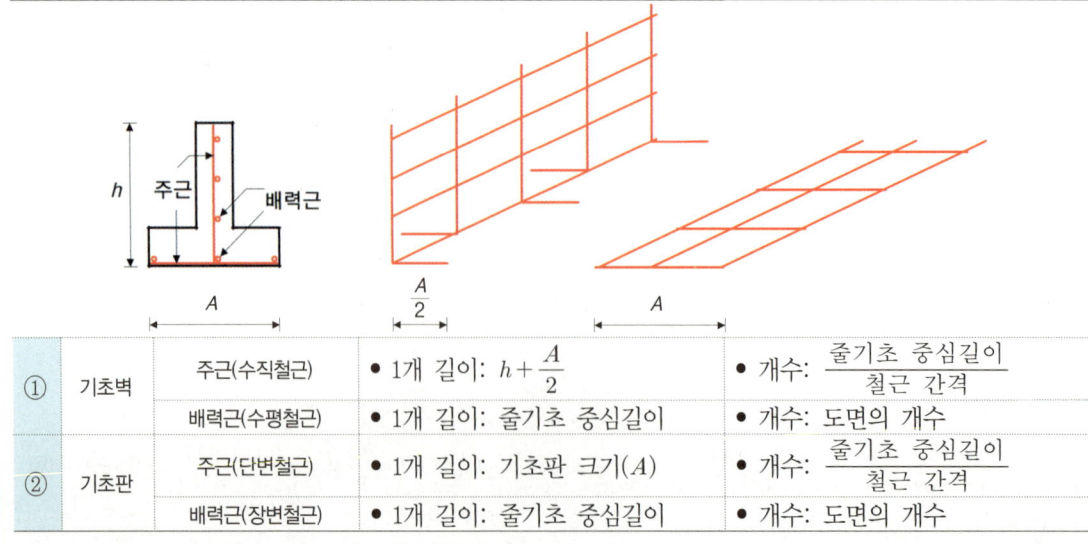

①	기초벽	주근(수직철근)	• 1개 길이: $h + \dfrac{A}{2}$	• 개수: $\dfrac{\text{줄기초 중심길이}}{\text{철근 간격}}$
		배력근(수평철근)	• 1개 길이: 줄기초 중심길이	• 개수: 도면의 개수
②	기초판	주근(단변철근)	• 1개 길이: 기초판 크기(A)	• 개수: $\dfrac{\text{줄기초 중심길이}}{\text{철근 간격}}$
		배력근(장변철근)	• 1개 길이: 줄기초 중심길이	• 개수: 도면의 개수

2024 출제예상문제

01 4점

그림과 같은 줄기초를 터파기 할 때 필요한 6톤 트럭의 필요 대수를 구하시오.
(단, 흙의 단위중량 1,600kg/m³이며, 흙의 할증 25%를 고려한다.)

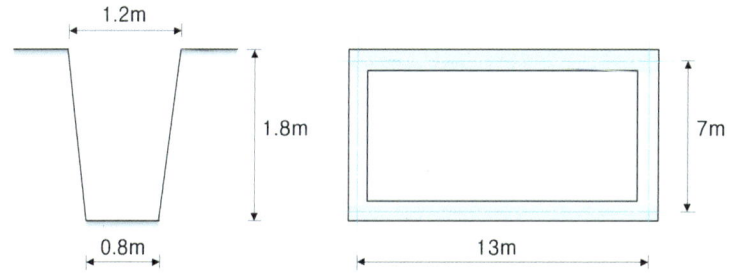

(1) 토량: (2) 운반대수:

02 6점

그림과 같은 줄기초의 길이가 150m일 때 기초콘크리트량, 철근량 및 거푸집량을 산출하시오.
(단, D13은 0.995kg/m, D10은 0.56kg/m 이며, 이음길이는 무시하고 정미량으로 할 것)

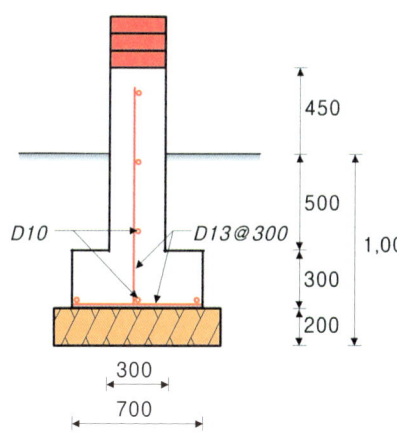

(1) 콘크리트량:

(2) 철근량(기초판):

(3) 거푸집량:

정답 및 해설

01 (1) 토량: $V = \dfrac{1.2 + 0.8}{2} \times 1.8 \times (13+7) \times 2 = 72\text{m}^3$

(2) 운반대수: $\dfrac{72 \times 1.25 \times 1.6}{6} = 24$대

02 (1) 74.25m³   (2) 1,650.54kg   (3) 375.99m²

(1) 콘크리트량
① 기초판: $0.7 \times 0.3 \times 150 = 31.5$
② 기초벽: $0.3 \times 0.95 \times 150 = 42.75$
∴ $31.5 + 42.75 = 74.25$

(2) 철근량(기초판)
① 기초판: ・D13: $(150 \div 0.3 + 1) \times 0.7 = 350.7$
           ・D10: $3 \times 150 = 450$
② 기초벽: ・D13: $(150 \div 0.3 + 1) \times (1.25 + 0.35) = 801.6$
           ・D10: $3 \times 150 = 450$
③ 총 철근량
  $(350.7 + 801.6) \times 0.995 + (450 + 450) \times 0.56 = 1,650.54$

(3) 거푸집량
$[(0.3 + 0.5 + 0.45) \times 150 \times 2\text{면}]$
$+ [(0.7 \times 0.3 + 0.3 \times 0.95) \times 2\text{면}] = 375.99$

3

철근콘크리트공사

01 철근공사

02 거푸집공사

03 콘크리트 재료

04 콘크리트 시공, 각종 콘크리트

05 콘크리트 비파괴검사, 보수 및 보강, 적산사항

01 철근공사

POINT 01 철근공사 일반사항(Ⅰ)

(1) 현장으로 반입된 철근의 대표적 재료시험:
   인장강도 시험, 굽힘 시험

(2) 철근의 응력-변형도 곡선

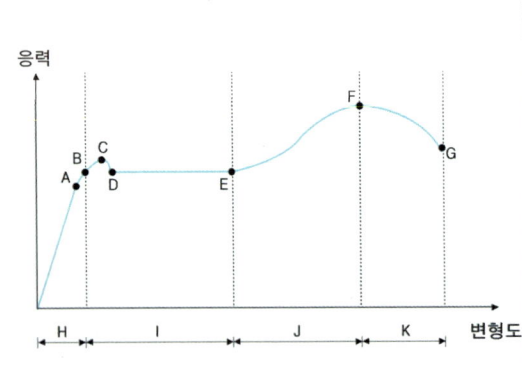

A: 비례한계점	B: 탄성한계점
C: 상(위)항복점	D: 하(위)항복점
E: 변형도경화(개시)점	F: 극한강도점
G: 파괴점	
H: 탄성영역	I: 소성영역
J: 변형도경화영역	K: 파괴(Necking)영역

【B, C, D를 하나의 포인트로 설정하여 항복강도점으로 할 수 있다.】

| 항복비(Yield Strength Ratio) | 강재가 항복에서 파단에 이르기까지를 나타내는 기계적 성질의 지표로서, 인장강도에 대한 항복강도의 비 |

2024 출제예상문제

01 2점

현장으로 반입된 철근은 시험편을 채취한 후 시험을 하여야 하는데, 그 시험의 종류를 2가지 쓰시오.

① _____ ② _____

02 3점

강재의 항복비(Yield Strength Ratio)를 설명하시오.

_____

정답 및 해설

01
① 인장강도 시험
② 굽힘 시험

02
강재가 항복에서 파단에 이르기까지를 나타내는 기계적 성질의 지표로서, 인장강도에 대한 항복강도의 비

출제예상문제

03 4점

철근의 응력-변형도 곡선과 관련하여 각각이 의미하는 용어를【보기】에서 골라 번호로 쓰시오.

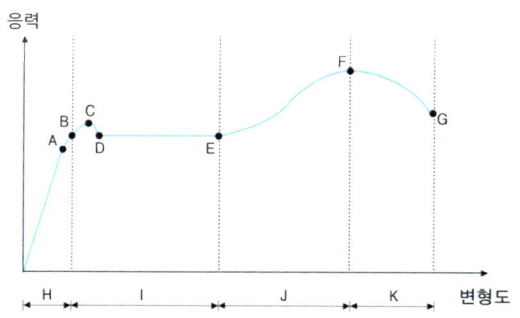

보기
① 네킹영역 ② 하위항복점 ③ 극한강도점
④ 변형도경화점 ⑤ 소성영역 ⑥ 비례한계점
⑦ 상위항복점 ⑧ 탄성한계점 ⑨ 파괴점
⑩ 탄성영역 ⑪ 변형도경화영역

A:_____ B:_____ C:_____
D:_____ E:_____ F:_____
G:_____ H:_____ I:_____
J:_____ K:_____

04 4점

철근의 응력-변형률 곡선에서 해당하는 4개의 주요 영역과 5개의 주요 포인트에 관련된 용어를 쓰시오.

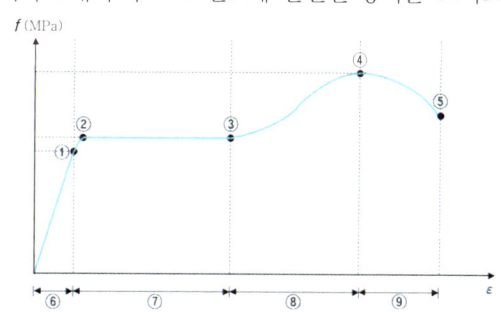

① _____ ② _____ ③ _____

④ _____ ⑤ _____ ⑥ _____

⑦ _____ ⑧ _____ ⑨ _____

정답 및 해설

03
A: ⑥   B: ⑧   C: ⑦
D: ②   E: ④   F: ③
G: ⑨   H: ⑩   I: ⑤
J: ⑪   K: ①

04
① 비례한계점
② 항복강도점
③ 변형도경화점
④ 극한강도점
⑤ 파괴점
⑥ 탄성영역
⑦ 소성영역
⑧ 변형도경화영역
⑨ 파괴영역

POINT 02 철근공사 일반사항(Ⅱ)

(1) 철근콘크리트용 봉강(Steel Bars for Concrete Reinforced) 【KS D 3504】

일반용					용접용		특수내진용			
SD300	SD400	SD500	SD600	SD700	SD400W	SD500W	SD400 S	SD500 S	SD600 S	SD700 S
녹색	황색	흑색	회색	하늘색	백색	분홍색	보라색	적색	청색	주황

표시방법	① SD(Steel Deformed bar)와 하부항복점 또는 항복강도의 최소치로 표기
	② W(Weldable): 용접용, S(Seismic): 특수내진용 표기를 이어서 사용

(2) 이형봉강의 모양, 치수, 길이 허용차

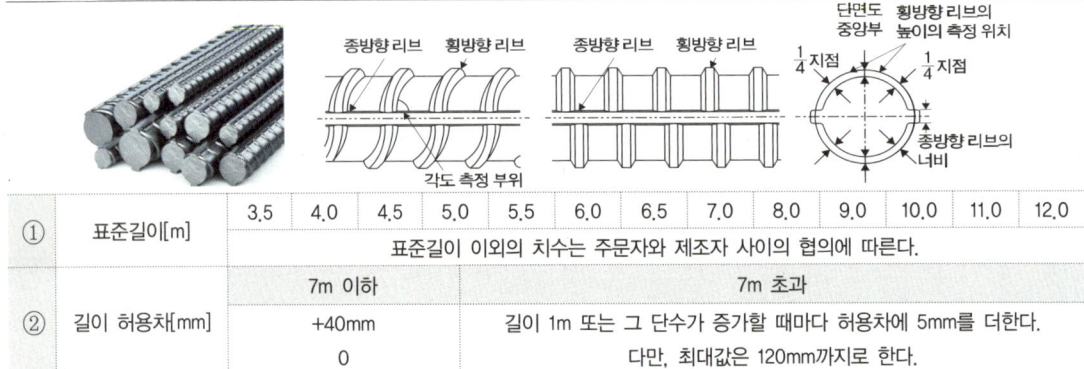

①	표준길이[m]	3.5	4.0	4.5	5.0	5.5	6.0	6.5	7.0	8.0	9.0	10.0	11.0	12.0
		표준길이 이외의 치수는 주문자와 제조자 사이의 협의에 따른다.												

②	길이 허용차[mm]	7m 이하	7m 초과
		+40mm 0	길이 1m 또는 그 단수가 증가할 때마다 허용차에 5mm를 더한다. 다만, 최대값은 120mm까지로 한다.

(3) 제품 1개마다의 표시

①	원산지	KR: 원산지가 대한민국이라는 표시 [한국=KR, 일본=JP, 중국=CN, 대만=TW 등]	
②	KH(가칭, 假稱) ➡ 생산회사	국내의 제강사	DH: 대한제강, DK: 동국제강, HK: 한국제강, 한국철강, HS: 현대제철, HY: 환영제강, YK: YK스틸
③	19	철근 직경이 19mm라는 표시	D10, D13, D16, D19, D22, D25, D29, D32, D35, D38, D41, D43, D51, D57
④	5	항복강도 $F_y = 500\text{MPa}$	
⑤	S	S는 Seismic의 약자로 내진, 용접용 철근인 경우는 W가 표시되고, 일반용 철근은 이 표시가 없다.	

POINT 02 철근공사 일반사항(Ⅱ)

(4) 구조용 압연강재

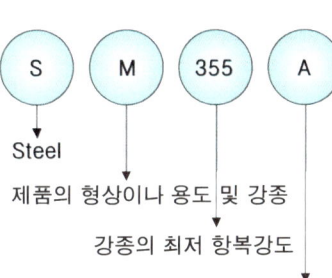

- 첫 번째 문자 S는 Steel을 의미한다.
- 두 번째 문자는 제품의 형상이나 용도 및 강종을 나타낸다.
- 세 번째 숫자는 각 강종의 항복강도(N/mm^2, MPa), 재료의 종류 또는 번호를 표시한다.
- 마지막의 A는 충격흡수에너지에 의한 강재의 품질을 의미하며 A ➡ B ➡ C ➡ D 순으로 A보다는 D가 충격특성이 향상되는 고품질의 강을 의미한다. 특히 C, D 강재는 저온에서 사용되는 구조물과 취성파괴가 문제가 되는 특수한 부위에 사용된다.

종류의 기호[KS D 3503]	적용
SS235	강판, 강대, 평강 및 봉강
SS275, SS315	강판, 강대, 형강, 평강 및 봉강
SS410, SS450	두께 40mm 이하의 강판, 강대, 형강, 평강 및 지름, 변 또는 맞변거리 40mm 이하의 봉강
SS550	두께 40mm 이하의 강판, 강대, 평강

강대(鋼帶): 띠 모양으로 만든 강철판

종류의 기호[KS D 3515]	적용두께[mm]
SM275A, SM275B, SM275C, SM275D	강판, 강대, 형강 및 평강 200 이하
SM355A, SM355B, SM355C, SM355D	강판, 강대, 형강 및 평강 200 이하
SM420A, SM420B, SM420C, SM420D	강판, 강대, 형강 및 평강 200 이하
SM460B, SM460C	강판, 강대 및 형강 100 이하

종류의 기호[KS D 3861]	적용두께[mm]
SN275A, SN275B, SN275C	강판, 강대 및 평강 6이상 100 이하
SN355B, SN355C	강판, 강대 및 평강 6이상 100 이하
SN460B, SN460C	강판, 강대 및 형강 100 이하

주문자와 제조자 사이의 협정에 따라서 초음파탐상시험을 한 강판 및 평강에는 "-UT"의 기호를 붙여서 표시한다.
【적용 예: SN275B-UT, SN355C-UT】

2024 출제예상문제

01 [24②] 3점 ☐☐☐☐☐

철근콘크리트 보강에 사용하는 이형봉강의 용도를 【보기】에서 골라 구분하시오.

보기
SD300, SD400, SD500, SD600, SD700, SD400W, SD500W, SD400S, SD500S, SD600S, SD700S

(1)	일반용
(2)	용접용
(3)	특수내진용

02 [24②] 3점 ☐☐☐☐☐

철근(Steel Bars)의 종류에 따른 단면의 색깔을 【보기】에서 골라 쓰시오.

보기
녹색, 황색, 흑색, 회색, 하늘색, 백색, 분홍색, 보라색, 적색, 청색, 주황색

(1)	SD400
(2)	SD500W
(3)	SD700S

03 3점 ☐☐☐☐☐

특수 내진용 철근(Steel Bars)의 종류에 따른 단면의 색깔을 【보기】에서 골라 쓰시오.

보기
녹색, 황색, 흑색, 회색, 하늘색, 백색, 분홍색, 보라색, 적색, 청색, 주황색

(1)	SD400S
(2)	SD500S
(3)	SD600S

04 [24③] 3점 ☐☐☐☐☐

다음은 일반구조용압연강재에 대한 설명이다. 해당 설명에 알맞은 것을 【보기】에서 골라 번호로 쓰시오

보기
① SS235 ② SS275 ③ SS315 ④ SS450 ⑤ SS550

(1)	강판, 강대, 평강 및 봉강에 적용
(2)	두께 40mm 이하의 강판, 강대, 형강, 평강 및 지름, 변 또는 맞변거리 40mm 이하의 봉강에 적용
(3)	두께 40mm 이하의 강판, 강대, 평강에 적용

정답 및 해설

01
(1) SD300, SD400, SD500, SD600, SD700
(2) SD400W, SD500W
(3) SD400S, SD500S, SD600S, SD700S

02
① 황색 ② 분홍색 ③ 주황색

03
① 보라색 ② 적색 ③ 청색

04
(1) ①
(2) ④
(3) ⑤

2024 출제예상문제

05 4점 ☐☐☐☐

강재의 종류 중 SM355에서 SM의 의미와 355가 의미하는 바를 각각 쓰시오.

(1) SM : _____

(2) 355 : _____

【참고: 주요 구조용 강재의 명칭】

① SS : Steel Structure(일반구조용 압연강재)
② SM : Steel Marine(용접구조용 압연강재)
③ SMA : Steel Marine Atmosphere
  (용접구조용 내후성 열간압연강재)
④ SN : Steel New(건축구조용 압연강재)
⑤ FR : Fire Resistance(건축구조용 내화강재)

정답 및 해설

05
(1) 용접구조용 압연강재
(2) 항복강도 $F_y = 355\text{MPa}$

POINT 03 철근공사 일반사항(Ⅲ)

(1) 표준갈고리(Standard Hook) 설치 위치

①	원형철근
②	스터럽
③	띠철근
④	굴뚝 철근
⑤	기둥 및 보의 돌출부 철근(지중보 제외)

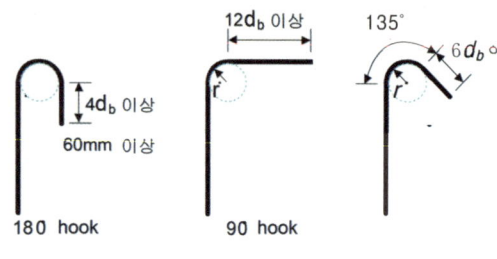

(2) 철근의 정착위치

① 기둥 주근: 기초 또는 바닥판
② 보 주근: 기둥 또는 큰 보
③ 보 밑 기둥이 없을 때: 보 상호간
④ 바닥 철근: 보 또는 벽체
⑤ 벽 철근: 기둥, 보, 바닥판
⑥ 지중보 주근: 기초 또는 기둥

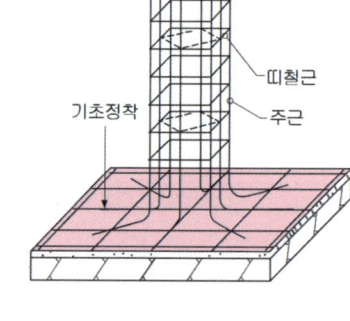

(3) 철근의 기본 이음

겹침이음

용접이음

기계식 이음

(4) 철근의 이음위치 선정 시 주의사항

① 큰 응력을 받는 곳을 피한다.
② 한 곳에서 철근 수의 1/2 이상을 집중시키지 않고 엇갈려 잇는다.

2024 출제예상문제

01 3점

철근의 단부에 갈고리(Hook)를 만들어야 하는 철근을 모두 골라 번호를 쓰시오.

보기
① 원형철근   ② 스터럽   ③ 띠철근
④ 지중보 돌출부 부분의 철근   ⑤ 굴뚝의 철근

02 4점

기둥 주근은 (   ), 큰보의 주근은 (   ), 작은보 주근은 (   ), 직교하는 단부 보 하부에 기둥이 없을 때 보 상호간, 바닥철근은 보 또는 (   )에 정착한다. (   )에 알맞은 것을 【보기】에서 골라 쓰시오.

보기
① 벽체   ② 기초   ③ 큰보   ④ 기둥   ⑤ 지중보

03 [23③] 4점

철근의 정착위치를 【보기】에서 골라 번호로 쓰시오.

보기
① 기초   ② 기둥   ③ 보   ④ 벽   ⑤ 바닥

(1)	보의 주근
(2)	바닥의 주근
(3)	벽의 주근
(4)	지중보 주근

04 3점

철근의 이음방법에는 콘크리트와의 부착력에 의한 (①) 외에 (②) 또는 연결재를 사용한 (③)이 있다.

①
②
③

05 3점

철근배근 시 철근이음 방식 3가지를 쓰시오.

①
②
③

06 [21①] 4점

철근공사에서 철근의 이음위치 선정 시 주의사항을 2가지 쓰시오.

①
②

정답 및 해설

01
①, ②, ③, ⑤

02
기초, 기둥, 큰보, 벽체

03
(1) ②, ③
(2) ③, ④
(3) ②, ③, ⑤
(4) ①, ②

04, 05
① 겹침 이음
② 용접 이음
③ 기계식 이음

06
① 큰 응력을 받는 곳을 피한다.
② 한 곳에서 철근 수의 1/2 이상을 집중시키지 않고 엇갈려 잇는다.

POINT 04 철근공사 일반사항(Ⅳ)

(1) 피복두께

도해	프리스트레스하지 않는 현장치기 콘크리트		기준
(Stirrup, Cover Thickness 그림)	수중에서 치는 콘크리트		100mm
	흙에 접하여 콘크리트를 친 후 영구히 흙에 묻혀 있는 콘크리트		75mm
	흙에 접하거나 옥외의 공기에 직접 노출되는 콘크리트	D19 이상의 철근	50mm
		D16 이하의 철근, 지름 16mm 이하의 철선	40mm
	옥외의 공기나 흙에 직접 접하지 않는 콘크리트	슬래브, 벽체 D35 초과	40mm
		슬래브, 벽체 D35 이하	20mm
		보, 기둥	40mm

➡ 피복두께: 콘크리트 표면에서 가장 근접한 철근표면까지 거리
➡ 피복의 목적:
 내구성(철근의 방청),
 내화성,
 부착력 확보,
 소요강도 확보

※ 보, 기둥의 경우 $f_{ck} \geq 40\text{MPa}$일 때 피복두께를 10mm 저감시킬 수 있다.

(2) 철근 간격

①	유지 목적	• 콘크리트 유동성 확보	• 소요강도 확보	• 재료분리 방지
②	건축구조기준		보	기둥
			• 25mm 이상 • 주철근 공칭직경 이상	• 40mm 이상 • 주철근 공칭직경 × 1.5 이상
			• 굵은골재 최대치수의 $\frac{4}{3}$배 이상	

(3) 철근 부식에 대한 방청상 유효한 조치
① 에폭시 코팅 철근 사용
② 철근 표면에 아연도금 처리
③ 골재에 제염제 혼입
④ 콘크리트에 방청제 혼입

2024 출제예상문제

01 [21③] 5점

피복두께의 정의와 유지목적을 3가지 쓰시오.
(1) 정의:

(2) 유지목적
①
②
③

02 [23①] 4점

철근콘크리트조 건축물에서 철근에 대한 콘크리트의 피복두께를 유지하여야 하는 목적 4가지를 쓰시오.

①
②
③
④

03 [23②] 4점

프리스트레스하지 않는 현장치기 콘크리트의 피복두께에 관한 규정이다. 각각에 해당하는 피복두께를 숫자로 쓰시오.

구 분		피복두께 (단위: mm)
수중에서 치는 콘크리트		①
흙에 접하여 콘크리트를 친 후 영구히 흙에 묻혀 있는 콘크리트		②
흙에 접하거나 옥외의 공기에 직접 노출되는 콘크리트	D19 이상의 철근	③
	D16 이하 철근, 지름 16mm 이하의 철선	④

① _____ ② _____ ③ _____ ④ _____

04 [24③] 5점

철근의 피복두께에 대한 내용 중 물음에 답하시오.
(1) 피복두께의 정의를 쓰시오.

(2) 빈칸에 알맞은 콘크리트 피복두께의 수치를 쓰시오.

옥외의 공기나 흙에 직접 접하지 않는 콘크리트		피복두께 (단위: mm)
슬래브, 벽체, 장선	D35 초과 철근	①
	D35 이하 철근	②
보, 기둥		③
쉘, 절판 부재		20

① _____ ② _____ ③ _____

정답 및 해설

01
(1) 콘크리트 표면에서 가장 근접한 철근 표면까지의 거리
(2) ① 내구성 확보
② 내화성 확보
③ 부착력 확보

02
① 내구성 확보
② 내화성 확보
③ 부착력 확보
④ 소요강도 확보

03
① 100 ② 75 ③ 50 ④ 40

04
(1) 콘크리트 표면에서 가장 근접한 철근 표면까지의 거리
(2) ① 40 ② 20 ③ 40

2024 출제예상문제

05 3점

철근콘크리트공사를 하면서 철근간격을 일정하게 유지하는 이유를 3가지 쓰시오.

① _____
② _____
③ _____

06 4점

철근콘크리트 구조에서 보의 주근으로 4-D25를 1단 배열 시 보폭의 최소값을 구하시오.

피복두께 40mm, 굵은골재 최대치수 18mm, 스터럽 D13

07 4점

콘크리트 내의 철근의 내구성에 영향을 주는 부식방지를 억제할 수 있는 방법을 4가지 쓰시오.

① _____
② _____
③ _____
④ _____

08 4점

콘크리트 배합시 잔골재를 세척해사로 사용했을 때 콘크리트의 염화물 함량을 측정한 결과 염소이온량이 $0.3\text{kg/m}^3 \sim 0.6\text{kg/m}^3$ 이었다. 이 때 철근콘크리트의 철근 부식방지에 따른 유효한 대책을 4가지 쓰시오.

① _____
② _____
③ _____
④ _____

09 4점

염분을 포함한 바다모래를 골재로 사용하는 경우 철근 부식에 대한 방청상 유효한 조치를 4가지 쓰시오.

① _____
② _____
③ _____
④ _____

정답 및 해설

05
① 콘크리트 유동성 확보
② 소요강도 확보
③ 재료분리 방지

06
(1) 주철근 순간격: ①, ②, ③ 중 큰 값
 ① 25mm   ② 1.0 × 25 = 25mm
 ③ $\frac{4}{3} \times 18 = 24\text{mm}$
(2) $b = 40 \times 2 + 13 \times 2 + 25 \times 4 + 25 \times 3$
  $= 281\text{mm}$

07, 08, 09
① 에폭시 코팅 철근 사용
② 철근 표면에 아연도금 처리
③ 골재에 제염제 혼입
④ 콘크리트에 방청제 혼입

MEMO

02 거푸집공사

POINT 01 거푸집 측압

(1) 거푸집 측압(Lateral Pressure)
➡ 콘크리트구조에서 응고되지 않은 타설 중의 콘크리트가 거푸집에 작용하는 압력

(2) 거푸집 측압에 영향을 주는 요소

①	거푸집	• 거푸집의 수평단면이 클수록, 강성(剛性)이 클수록 측압이 크다.
		• 거푸집의 수밀성이 좋을수록, 투수성이 작을수록 측압이 크다.
		• 거푸집 표면이 평활하면 타설시 마찰계수가 작게 되어 측압이 크다.
②	콘크리트	• 콘크리트의 배합이 부배합일수록, 비중이 클수록 측압이 크다.
		• 타설속도가 빠를수록, 타설시 높은 곳에서 많은 양을 낙하시킬 경우 측압이 크다.
		• 슬럼프(Slump)가 클수록, 다짐이 충분할수록 측압이 크다.
③	그 밖의 요소	• 온도가 낮을수록 측압이 크고, 습도가 높을수록 측압이 크다.
		• 철골 또는 철근량이 많을수록 측압이 작다.
		• 시멘트량이 많을수록, 응결이 느린 시멘트를 사용할 경우 측압이 크다.

(3) 콘크리트 헤드(Concrete Head): 타설된 콘크리트 윗면으로부터 최대 측압면까지의 거리

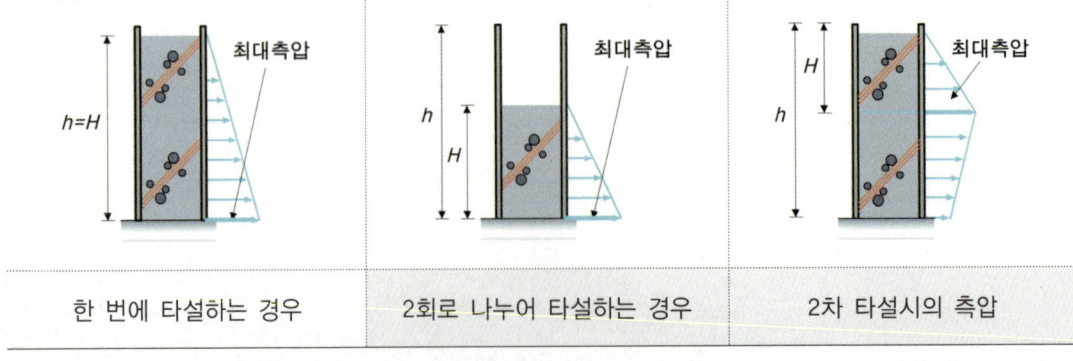

| 한 번에 타설하는 경우 | 2회로 나누어 타설하는 경우 | 2차 타설시의 측압 |

2024 출제예상문제

01 [21①] 6점

콘크리트를 타설할 때 거푸집 측압에 영향을 주는 요소와 이를 설명한 우측의 내용 중 올바로 설명한 내용을 번호로 쓰시오.

(1)	Concrete 타설속도	① 타설속도가 빠를수록 측압이 작다. ② 타설속도가 빠를수록 측압이 크다.
(2)	컨시스턴시	① 슬럼프가 클수록 측압이 크다. ② 슬럼프가 클수록 측압이 작다.
(3)	시멘트량	① 시멘트량이 많을수록 측압이 작다. ② 시멘트량이 많을수록 측압이 크다.
(4)	거푸집 투수성	① 투수성이 클수록 측압이 작다. ② 투수성이 클수록 측압이 크다.
(5)	거푸집 수평단면	① 수평단면이 클수록 측압이 작다. ② 수평단면이 클수록 측압이 크다.
(6)	거푸집 강성	① 강성이 클수록 측압이 작다. ② 강성이 클수록 측압이 크다.

02 [21③, 24①] 3점

거푸집 측압에 영향을 주는 요소와 콘크리트 측압에 미치는 영향을 (예시)와 같이 작성하시오.

요소별 항목	콘크리트 측압에 미치는 영향
(예시) 콘크리트 타설속도	콘크리트 타설속도가 빠를수록 측압이 크다.
① 거푸집의 강성	
② 거푸집의 투수성	
③ 거푸집의 수평단면	

03 [24②] 4점

거푸집 측압에 대해 크다/작다 중에서만 골라서 다음 괄호 안에 적으시오.

(1) 거푸집의 투수성이 클수록 측압이 (   ).

(2) 콘크리트의 타설속도가 빠를수록 측압이 (   ).

(3) 배합이 부배합일수록 측압이 (   ).

(4) 콘크리트의 비중이 작을수록 측압이 (   ).

정답 및 해설

01
(1) ② (2) ① (3) ②
(4) ① (5) ② (6) ②

02
① 거푸집의 강성이 클수록 측압이 크다.
② 거푸집의 투수성이 클수록 측압이 작다.
③ 거푸집의 수평단면이 클수록 측압이 크다.

03
① 작다
② 크다
③ 크다
④ 작다

2024 출제예상문제

04 [23②] 4점 ☐☐☐☐☐

거푸집 측압에 영향을 주는 요소는 여러 가지가 있지만, 건축현장의 콘크리트 부어넣기 과정에서 거푸집 측압에 영향을 줄 수 있는 요인을 4가지 쓰시오.

① _____
② _____
③ _____
④ _____

05 3점 ☐☐☐☐☐

콘크리트 헤드(Concrete Head)를 설명하시오.

06 4점 ☐☐☐☐☐

다음의 첫 번째 그림을 참조하여 콘크리트 측압의 변화를 2회로 나누어 타설하는 경우와 2차 타설시의 측압으로 구분하여 도시하시오. (단, 최대측압 부분은 굵은선으로 표시하시오.)

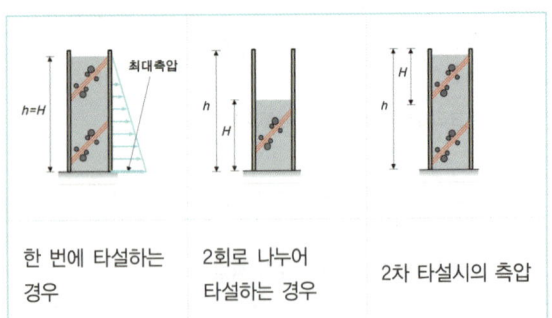

07 4점 ☐☐☐☐☐

다음이 설명하는 용어를 쓰시오.

(1)	보나 트러스 등에서 그의 정상적 위치 또는 형상으로부터 상향으로 구부려 올리는 것이나 구부려 올린 크기
(2)	거푸집의 일부로 소정의 형상과 치수의 콘크리트가 되도록 고정 또는 지지하기 위한 지주

【참고: 거푸집 관련용어】

(1)	솟음 (Camber, 캠버)	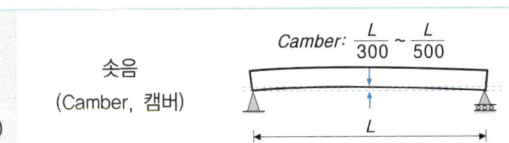
	보나 트러스 등에서 그의 정상적 위치 또는 형상으로부터 상향으로 구부려 올리는 것이나 구부려 올린 크기	
(2)	동바리 (Timbering)	
	거푸집의 일부로 소정의 형상과 치수의 콘크리트가 되도록 고정 또는 지지하기 위한 지주	
(3)	토핑 콘크리트 (Topping Concrete)	
	바닥판의 높이를 조절하거나 하중을 균일하게 분포시킬 목적으로 프리스트레스 또는 기성콘크리트 바닥판 위에 타설하는 현장치기콘크리트	

정답 및 해설

04
① 콘크리트 타설속도 ② 콘크리트 타설높이
③ 거푸집 투수성   ④ 거푸집 강성

05
타설된 콘크리트 윗면으로부터 최대 측압면까지의 거리

06
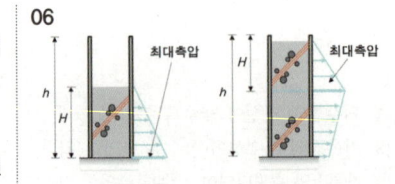

07
(1) 솟음(Camber, 캠버)
(2) 동바리(Timbering)

MEMO

POINT 02 거푸집 품질검사, 해체시기

(1) 거푸집 및 동바리의 품질검사

항목	시험 및 검사방법	시기, 횟수	판정기준
거푸집, 동바리의 재료 및 체결재의 종류, 재질, 형상치수	외관 검사	거푸집, 동바리 조립 전	지정한 품질 및 치수의 것일 것
동바리의 배치	외관 검사 및 스케일에 의한 측정	동바리 조립 후	경화한 콘크리트 부재는 거푸집의 허용오차규정에 적합할 것
조임재의 위치 및 수량	외관 검사 및 스케일에 의한 측정	콘크리트 타설 전	
거푸집의 형상치수 및 위치	스케일에 의한 측정	콘크리트 타설 전 및 타설 도중	
거푸집과 최외측 철근과의 거리	스케일에 의한 측정		철근피복 허용오차 규정에 적합할 것

(2) 콘크리트의 압축강도를 시험할 경우 거푸집널의 해체시기

부재		콘크리트 압축강도
기초, 보, 기둥, 벽 등의 측면		5MPa 이상
슬래브 및 보의 밑면, 아치내면	단층구조인 경우	설계기준압축강도의 2/3배 이상 또한, 최소 14MPa 이상
	다층구조인 경우	설계기준압축강도 이상 (필러 동바리 구조를 이용할 경우는 구조계산에 의해 기간을 단축할 수 있음. 단, 이 경우라도 최소강도는 14MPa 이상으로 함)

(3) 콘크리트의 압축강도를 시험하지 않을 경우 거푸집널의 해체시기(기초, 기둥, 벽, 보 등의 측면)

시멘트 종류 평균 기온	조강포틀랜드시멘트	보통포틀랜드시멘트 고로슬래그시멘트(1종) 플라이애시시멘트(1종) 포틀랜드포졸란시멘트(1종)	고로슬래그시멘트(2종) 플라이애시시멘트(2종) 포틀랜드포졸란시멘트(2종)
20℃ 이상	2일	4일	5일
20℃ 미만 ~ 10℃ 이상	3일	6일	8일

출제예상문제

01 [22①] 4점

거푸집 및 동바리의 품질검사에 관한 내용이다. 빈 칸에 알맞은 검사시기 및 횟수를 【보기】에서 골라 번호로 쓰시오.

항목	시험 및 검사방법	시기, 횟수
거푸집, 동바리의 재료 및 체결재의 종류, 재질, 형상치수	외관 검사	(1)
동바리의 배치	외관 검사 및 스케일에 의한 측정	(2)
조임재의 위치 및 수량	외관 검사 및 스케일에 의한 측정	(3)
거푸집의 형상치수 및 위치	스케일에 의한 측정	(4)
거푸집과 최외측 철근과의 거리	스케일에 의한 측정	

보기
① 거푸집, 동바리 조립 전
② 동바리 조립 후
③ 콘크리트 타설 전
④ 콘크리트 타설 전 및 타설 도중

(1) _____ (2) _____ (3) _____ (4) _____

02 [22②] 5점

거푸집 및 동바리의 품질검사에 관한 내용이다. 빈 칸에 알맞은 시험 및 검사방법을 【보기】에서 골라 번호로 쓰시오.

항목	시험 및 검사방법	시기, 횟수
거푸집, 동바리의 재료 및 체결재의 종류, 재질, 형상치수	(1)	거푸집, 동바리 조립 전
동바리의 배치	(2)	동바리 조립 후
조임재의 위치 및 수량	(3)	콘크리트 타설 전
거푸집의 형상치수 및 위치	(4)	콘크리트 타설 전 및 타설 도중
거푸집과 최외측 철근과의 거리	(5)	

보기
① 외관 검사
② 스케일에 의한 측정
③ 외관 검사 및 스케일에 의한 측정

(1) _____ (2) _____ (3) _____ (4) _____ (5) _____

정답 및 해설

01
(1) ①
(2) ②
(3) ③
(4) ④

02
(1) ①
(2) ③
(3) ③
(4) ②
(5) ②

2024 출제예상문제

03 [22①] 3점

거푸집의 존치기간을 결정하기 위하여 콘크리트의 압축강도 시험을 하는 경우 다음 ( ) 안에 알맞은 수치를 적으시오.

부재		콘크리트의 압축강도
확대기초, 보, 기둥, 벽 등의 측면		(①)MPa 이상
슬래브 및 보의 밑면, 아치 내면	단층구조의 경우	설계기준 압축강도의 (②)배 이상 또한, (③)MPa 이상
	다층구조인 경우	설계기준 압축강도 이상

①   ②   ③

04 [21②, 21③] 4점

거푸집 존치기간에 관한 사항이다. 빈칸에 알맞은 일수를 기입하시오. (단, 콘크리트의 압축강도를 시험하지 않을 경우 거푸집널의 해체 시기이며 기초, 보, 기둥 및 벽의 측면의 경우)

시멘트 종류 평균 기온	조강포틀랜드시멘트	보통포틀랜드시멘트
20℃ 이상	(①)일	(②)일
20℃ 미만 10℃ 이상	(③)일	(④)일

①   ②   ③   ④

정답 및 해설

03
(1) 5
(2) 2/3
(3) 14

04
(1) 2
(2) 4
(3) 3
(4) 6

MEMO

POINT 03 시스템(System) 거푸집

(1) 벽체 전용 시스템(System) 거푸집

①	대표적인 종류	갱 폼(Gang Form)	클라이밍 폼(Climbing Form)	슬라이딩 폼(Sliding Form)

		장점	단점
②	갱 폼 (Gang Form)	• 조립 및 해체작업 생략 • 노동력 절감 및 공기단축 • 처짐이 작고 안정성 우수 • 재사용에 대한 전용성능 우수	• 초기투자비가 재래식보다 높음 • 운반시 대형의 양중장비 필요 • 제작 및 조립시간이 필요 • 복잡한 건물형상에 불리
③	슬립폼 (Slip Form)	• 거푸집을 연속으로 이동시키면서 콘크리트 타설을 하여 시공이음 없는 균일한 시공이 가능한 거푸집으로 슬라이딩폼(Sliding Form) 이라고도 한다. • 수직(Silo, 곡물창고, 코어부, 굴뚝, 교각, 원자로격납용기) 및 수평(하천라이닝, 수로, 지중샤프트, 고속도로 포장 등)으로 연속된 구조물 설치 시 사용한다.	

(2) 바닥 전용, 벽체+바닥 시스템(System) 거푸집

①	트래블링 폼 (Traveling Form)	트래블러(Traveler)라고 하는 장치를 이용하여 수평으로 이동이 가능한 대형 시스템화 거푸집으로 터널이나 지하철공사 등에 적용된다.
②	터널 폼 (Tunnel Form)	한 구획 전체의 벽판과 바닥판을 ㄱ자형 또는 ㄷ자형으로 짜는 거푸집
③	플라잉 폼 (Flying Form, Table Form)	• 가설발판의 설치가 필요 없으므로 공기단축 • 전용횟수(30~40회)가 많아 경제적 • 서포트(Support) 수량이 감소된다.
④	와플 폼 (Waffle Form)	무량판 구조에서 2방향 장선바닥판 구조가 가능하도록 된 특수상자 모양의 기성재 거푸집

POINT 03 시스템(System) 거푸집

(3) 알루미늄 거푸집

장점	• 골조의 수직·수평 정밀도가 우수하고 면처리 작업이 감소된다. • 거푸집 해체 시 안정성이 향상되고 소음이 감소한다.
단점	• 초기 투자비용이 과다하고, 자재의 정밀성으로 생산성이 저하된다. • 유경험 기능공이 부족하고 작업 적용범위에 제한을 받는다.

(4) 무지주(Non Support) 공법: 지주 없이 수평지지보를 걸쳐 거푸집을 지지

보우빔(Bow Beam)	길이조절 불가능
페코빔(Pecco Beam)	길이조절 가능

2024 출제예상문제

01 [24③] 4점
건설현장에서 콘크리트 타설 시 형상과 치수를 유지하거나 콘크리트 품질을 확보하기 위하여 거푸집을 사용한다. 거푸집은 용도에 따라 바닥전용, 벽체전용, 벽체와 바닥전용 시스템(Ststem) 거푸집 등으로 분류할 수 있는데 이 중 벽체전용 거푸집의 종류를 【보기】에서 골라 번호로 쓰시오.

보기
① 갱폼 ② 클라이밍폼 ③ 슬라이딩폼 ④ 슬립폼
⑤ 트래블링폼 ⑥ 터널폼 ⑦ 플라잉폼 ⑧ 와플폼

02 [21③, 22③] 3점, 4점
시공이 빠르고 이음이 없는 수밀한 콘크리트 구조물을 완성할 수 있는 벽체전용 System 거푸집의 종류를 4가지 쓰시오.

① ②
③ ④

03 [23②] 4점
갱폼(Gang Form)의 장점 4가지를 쓰시오.

① ②
③ ④

정답 및 해설

01
①, ②, ③, ④

02
① 갱 폼
② 클라이밍 폼
③ 슬라이딩 폼
④ 슬립 폼

03
① 조립 및 해체작업 생략
② 노동력 절감 및 공기단축
③ 처짐이 작고 안정성 우수
④ 재사용에 대한 전용성능 우수

2024 출제예상문제

04 [22②] 4점
대형 시스템 거푸집 중에서 갱폼(Gang Form)의 장·단점을 각각 2가지씩 쓰시오.

(1) 장점
① _____
② _____

(2) 단점
① _____
② _____

05 6점
다음의 거푸집 공법을 설명하시오.
(1) 슬립폼(Slip Form):

(2) 트래블링폼(Traveling Form):

(3) 터널 폼(Tunnel Form):

06 3점
시스템 거푸집 중에서 플라잉 폼(Flying Form)의 장점을 3가지 쓰시오.
① _____
② _____
③ _____

07 4점
알루미늄 거푸집을 일반합판 거푸집과 비교하여 골조품질과 거푸집 해체 작업 시 발생될 수 있는 장점에 대하여 설명하시오.
(1) 골조품질:

(2) 해체작업:

08 4점
무지주공법의 수평지지보에 대하여 간단히 설명하고, 종류를 2가지 쓰시오.
(1) 설명:

(2) 종류: ① _____ ② _____

정답 및 해설

04
(1) ① 조립 및 해체작업 생략
　　② 노동력 절감 및 공기단축
(2) ① 초기투자비가 재래식보다 높음
　　② 운반시 대형의 양중장비 필요

05
(1) 거푸집을 연속으로 이동시키면서 콘크리트 타설을 하므로 시공이음 없는 균일한 시공이 가능한 거푸집

(2) 트래블러(Traveler)라고 하는 장치를 이용하여 수평으로 이동이 가능한 대형 시스템화 거푸집으로 터널이나 지하철공사 등에 적용

(3) 한 구획 전체의 벽판과 바닥판을 ㄱ자형 또는 ㄷ자형으로 짜는 거푸집

06
① 가설발판의 설치가 필요 없으므로 공기단축
② 전용횟수(30~40회)가 많아 경제적
③ 서포트(Support) 수량이 감소된다.

07
① 골조의 수직·수평 정밀도가 우수하고 면처리 작업이 감소된다.
② 거푸집 해체 시 안정성이 향상되고 소음이 감소한다.

08
(1) 지주 없이 수평지지보를 걸쳐 거푸집을 지지
(2) ① 보우빔
　　② 페코빔

2024 출제예상문제

09 4점

다음 설명과 같은 거푸집을 아래의 【보기】에서 골라 번호로 쓰시오.

보기
① 슬라이딩폼(Sliding Form) ② 데크플레이트(Deck Plate)
③ 트래블링폼(Traveling Form) ④ 와플폼(Waffle Form)

(1)	무량판 구조에서 2방향 장선 바닥판 구조가 가능하도록 된 특수상자 모양의 기성재 거푸집
(2)	대형 시스템화 거푸집으로서 한 구간 콘크리트 타설 후 다음 구간으로 수평이동이 가능한 거푸집
(3)	유닛(Unit) 거푸집을 설치하여 요크(York)로 거푸집을 끌어올리면서 연속해서 콘크리트를 타설 가능한 수직활동 거푸집
(4)	아연도 철판을 절곡 제작하여 거푸집으로 사용하며, 콘크리트 타설 후 마감재로 사용하는 철판

10 4점

다음에서 설명하는 거푸집의 명칭을 쓰시오.

(1)	무량판 구조에서 2방향 장선 바닥판 구조가 가능하도록 된 특수상자 모양의 기성재 거푸집
(2)	대형 시스템화 거푸집으로서 한 구간 콘크리트 타설 후 다음 구간으로 수평이동이 가능한 거푸집
(3)	유닛(Unit) 거푸집을 설치하여 요크(York)로 거푸집을 끌어올리면서 연속해서 콘크리트를 타설 가능한 수직활동 거푸집
(4)	아연도 철판을 절곡 제작하여 거푸집으로 사용하며, 콘크리트 타설 후 마감재로 사용하는 철판

(1) _____ (2) _____
(3) _____ (4) _____

정답 및 해설

09
(1) ④
(2) ③
(3) ①
(4) ②

10
(1) 와플폼(Waffle Form)
(2) 트래블링폼(Traveling Form)
(3) 슬라이딩폼(Sliding Form)
(4) 데크플레이트(Deck Plate)

POINT 04 거푸집 부속재료

(1)	스페이서 (Spacer, 간격재)		철근의 피복두께를 유지하기 위해 벽이나 바닥 철근에 대어주는 것
(2)	세퍼레이터 (Separater, 격리재)		벽거푸집이 오므라드는 것을 방지하고 간격을 유지하기 위한 격리재
(3)	폼타이 (Form Tie, 긴결재)		거푸집의 간격을 유지하며 벌어지는 것을 막는 긴장재
(4)	칼럼 밴드 (Column Band)		기둥 거푸집의 고정 및 측압 버팀용으로 주로 합판 거푸집에서 사용되는 것
(5)	박리제 (Form Oil)		거푸집의 탈형과 청소를 용이하게 만들기 위해 합판 거푸집 표면에 바르는 것
(6)	와이어 클리퍼 (Wire Cliper)		거푸집 긴장철선을 콘크리트 경화 후 절단하는 절단기
(7)	인서트 (Insert)		콘크리트에 달대와 같은 설치물을 고정하기 위해 매입하는 철물

2024 출제예상문제

01 [23③] 3점
거푸집과 관련된 다음 설명에 해당하는 용어의 명칭을 쓰시오.

(1) 거푸집 상호 간의 간격을 유지하는 것

(2) 철근과 거푸집의 간격을 일정하게 유지시키는 것

(3) 거푸집을 고정하여 작업 중의 콘크리트 측압을 최종적으로 부담하는 것

03 [24①] 3점
다음 용어를 설명하시오. (단, 긴결재와 격리재의 차이점이 드러나도록 서술하시오.)

(1) 긴결재(Form Tie):

(2) 격리재(Seperator):

(3) 박리제(Form Oil):

02 4점
다음 설명이 의미하는 거푸집 관련 용어를 쓰시오.

(1) 철근의 피복두께를 유지하기 위해 벽이나 바닥 철근에 대어 주는 것

(2) 벽 거푸집 간격을 일정하게 유지하여 격리와 긴장재 역할을 하는 것

(3) 기둥 거푸집의 고정 및 측압 버팀용으로 주로 합판 거푸집에서 사용되는 것

(4) 거푸집의 탈형과 청소를 용이하게 만들기 위해 합판거푸집 표면에 미리 바르는 것

04 [24③] 3점
거푸집의 부속재료 중 간격재(Spacer)와 격리재(Separater)의 용도별 차이점에 대하여 설명하시오

정답 및 해설

01
(1) 격리재(Seperator)
(2) 스페이서(Spacer)
(3) 긴결재(Form Tie)

02
(1) 스페이서 (2) 세퍼레이터
(3) 칼럼밴드 (4) 박리제

03
(1) 거푸집을 고정하여 작업 중의 콘크리트 측압을 최종적으로 부담하는 것
(2) 거푸집 상호 간의 간격을 유지하는 것
(3) 거푸집의 탈형과 청소를 용이하게 만들기 위해 합판거푸집 표면에 미리 바르는 것

04
격재는 철근의 피복두께를 유지하기 위해 벽이나 바닥 철근에 대어주는 것이고, 격리재는 벽거푸집이 오므라드는 것을 방지하고 간격을 유지하기 위한 것이다.

POINT 05 철근과 거푸집의 시공순서

(1)	RC 건축물의 철근 조립순서	기초철근 ➡ 기둥철근 ➡ 벽철근 ➡ 보철근 ➡ 바닥철근
(2)	RC 기초 철근 조립순서	거푸집 위치 먹줄치기 ➡ 철근간격 표시 ➡ 직교철근 배근 ➡ 대각선 철근 배근 ➡ 스페이서 설치 ➡ 기둥 주근 설치
(3)	RC 거푸집 조립순서	기둥 ➡ 보받이 내력벽 ➡ 큰 보 ➡ 작은 보 ➡ 바닥 ➡ 외벽
(4)	RC 1개층 시공순서	기초 및 기초보 옆 거푸집 설치 ⬇ 기초판, 기초보 철근 배근 ⬇ 기둥철근 기초에 정착 ⬇ 기초판 및 기초보 콘크리트 치기 ⬇ 기둥철근 배근 ⬇ 벽 내부 거푸집 및 기둥 거푸집 설치 ⬇ 벽 철근 배근 ⬇ 벽 외부 거푸집 설치 ⬇ 보 및 바닥판 거푸집 설치 ⬇ 보 및 바닥판 철근 배근 ⬇ 콘크리트 치기

2024 출제예상문제

01 [24②] 3점
일반적인 철근콘크리트(RC) 건축물의 철근 조립순서를 【보기】에서 골라 쓰시오.

보기
① 기둥철근 ② 기초철근 ③ 보철근
④ 바닥철근 ⑤ 벽철근   ⑥ 계단철근

02 4점
철근콘크리트 구조에서 기초 철근의 조립 순서를 기호로 나열하시오.

보기
① 직교철근 배근   ② 거푸집 위치 먹줄치기
③ 대각선 철근 배근 ④ 철근간격 표시
⑤ 기둥 주근 설치   ⑥ 스페이서 설치

03 4점
철근콘크리트 공사에서 형틀(거푸집) 가공조립은 정밀하고 견고하게 조립되어야 설계도 형상에 의하여 콘크리트 구조체를 형성할 수 있다. 【보기】의 구조부위별 거푸집 조립 작업순서에 맞게 그 기호순으로 나열하시오.

보기
① 보받이 내력벽 ② 외벽
③ 기둥   ④ 큰 보
⑤ 바닥   ⑥ 작은 보

04 5점
RC조 지상 1층 건축물의 골조공사에 관한 사항이다. 시공순서를 【보기】에서 골라 기호를 쓰시오.

보기
① 기둥철근 기초에 정착
② 보 및 바닥판 철근 배근
③ 기둥철근 배근
④ 벽 내부 거푸집 및 기둥 거푸집 설치
⑤ 콘크리트 치기
⑥ 벽 철근 배근
⑦ 기초판, 기초보 철근 배근
⑧ 보 및 바닥판 거푸집 설치
⑨ 기초판 및 기초보 콘크리트 치기
⑩ 기초 및 기초보 옆 거푸집 설치
⑪ 벽 외부 거푸집 설치

정답 및 해설

01
② ➡ ① ➡ ⑤ ➡ ③ ➡ ④ ➡ ⑥

02
② ➡ ④ ➡ ① ➡ ③ ➡ ⑥ ➡ ⑤

03
③ ➡ ① ➡ ④ ➡ ⑥ ➡ ⑤ ➡ ②

04
⑩ ➡ ⑦ ➡ ① ➡ ⑨ ➡ ③ ➡ ④ ➡ ⑥ ➡ ⑪ ➡ ⑧ ➡ ② ➡ ⑤

03 콘크리트 재료

POINT 01 시멘트(Cement): 시멘트의 종류

- 시멘트
  - 포틀랜드 시멘트
    - 1종: 보통 포틀랜드 시멘트
    - 2종: 중용열 포틀랜드 시멘트
    - 3종: 조강 포틀랜드 시멘트
    - 4종: 저열 포틀랜드 시멘트
    - 5종: 내황산염 포틀랜드 시멘트
  - 혼합 시멘트
    - 고로 슬래그(Slag) 시멘트
    - 플라이애시(Fly Ash) 시멘트
    - 실리카(Sillica) 시멘트
  - 특수 시멘트
    - 알루미나(Alumina) 시멘트
    - 초속경 시멘트
    - 팽창(=무수축) 시멘트
    - 백색 시멘트

조강시멘트: 긴급공사, 한중공사

백색시멘트: 미장재료, 인조석 원료

중용열시멘트: 대단면 구조재, 방사성 차단물

2024 출제예상문제

01 [23①, 24①] 3점, 5점
KS L 5201에서 규정하는 포틀랜드시멘트(Portland Cement)의 종류 5가지를 쓰시오.

① _____
② _____
③ _____
④ _____
⑤ _____

02 3점
혼합시멘트의 종류에 대한 명칭 3가지를 쓰시오.

① _____
② _____
③ _____

03 3점
다음 설명에 해당하는 시멘트 종류를 고르시오.

보기

조강 시멘트, 실리카 시멘트, 내황산염 시멘트,
백색 시멘트, 중용열 시멘트, 콜로이드 시멘트,
고로슬래그 시멘트

(1)	조기강도가 크고 수화열이 많으며 저온에서 강도의 저하율이 낮다. 긴급공사, 한중공사에 사용된다.
(2)	석탄 대신 중유를 원료로 쓰며, 제조 시 산화철분이 섞이지 않도록 주의한다. 미장재, 인조석 원료에 사용된다.
(3)	내식성이 좋으며 발열량 및 수축률이 작다. 대단면 구조재, 방사성 차단물에 주로 사용된다.

정답 및 해설

01
① 보통포틀랜드시멘트
② 중용열 포틀랜드시멘트
③ 조강포틀랜드시멘트
④ 저열포틀랜드시멘트
⑤ 내황산염포틀랜드시멘트

02
① 고로슬래그시멘트
② 플라이애시시멘트
③ 실리카시멘트

03
(1) 조강시멘트
(2) 백색시멘트
(3) 중용열시멘트

POINT 02 시멘트(Cement) 일반사항

(1) 시멘트 주요 화합물

①	C_2S(규산2석회)	4주 이후의 장기강도에 기여
②	C_3S(규산3석회)	4주 이전의 조기강도에 기여
③	C_3A(알루민산3석회)	수화작용이 가장 빠르다.($C_3A > C_3S > C_4AF > C_2S$)
④	C_4AF(알루민산철4석회)	수화작용이 느리고 강도에 영향이 거의 없다.

(2) 시멘트 재료시험

①	비중시험	• 시멘트 비중: $G = \dfrac{W}{V_2 - V_1}$
②	분말도 시험	• 블레인(Blaine) 공기투과장치에 의한 방법 • 표준체(Testing Sieve)에 의한 방법
③	응결시간측정 시험	• 길모아(Gillmore)침에 의한 방법 • 비카트(Vicat)침에 의한 방법 • 시멘트 응결과 관련된 주요 요소 ➡ C_3A가 많을수록 응결이 빠르다. ➡ 온도가 높고 습도가 낮을수록 응결이 빠르다. ➡ 시멘트 분말도가 크면 응결이 빠르다.
④	안정성 시험	• 오토클레이브(Autoclave) 팽창도 시험 • 팽창도 = $\dfrac{\text{늘어난 길이} - \text{처음 길이}}{\text{처음 길이}} \times 100\%$

2024 출제예상문제

01 5점
시멘트 주요 화합물을 4가지 쓰고, 그 중 28일 이후 장기강도에 관여하는 화합물을 쓰시오.

(1) 주요 화합물
① _____ ② _____
③ _____ ④ _____

(2) 콘크리트 28일 이후의 장기강도에 관여하는 화합물
_____

02 4점
시멘트 성능을 파악하기 위한 재료시험 방법의 종류를 4가지 쓰시오.

① _____ ② _____
③ _____ ④ _____

03 [22②] 3점
포틀랜트 시멘트의 품질시험에 관한 항목이다. 각 항목에 알맞는 시험방법을 1가지씩 쓰시오.

| (1) 분말도 시험 | (2) 응결 시험 | (3) 안정성 시험 |

04 2점
시멘트 분말도 시험법을 2가지 쓰시오.

① _____ ② _____

05 4점
건설공사 현장에 시멘트가 반입되었다. 특기시방서에 시멘트 비중이 3.10 이상으로 규정되어 있다고 할 때, 루샤델리 비중병을 이용하여 KS 규격에 의거 시멘트 비중을 시험한 결과에 대해 시멘트의 비중을 구하고, 자재품질 관리상 합격여부를 판정하시오.

【비중 시험결과】
- 실험에 사용한 시멘트량은 100g
- 비중병에 광유를 채웠을 때 최초 눈금은 0.5cc, 광유에 시멘트를 넣은 후의 눈금은 32.2cc

(1) 비중:

(2) 판정:

06 4점
KS 규격상 시멘트의 오토클레이브 팽창도는 0.80% 이하로 규정되어 있다. 반입된 시멘트의 안정성 시험 결과가 다음과 같다고 할 때 팽창도 및 합격여부를 판정하시오.

【안정성 시험결과】
- 시험전 시험체의 유효표점길이 254mm
- 오토클레이브 시험 후 시험체의 길이 255.78mm

(1) 팽창도:

(2) 판정:

정답 및 해설

01
(1) ① C_2S(규산2석회)
    ② C_3S(규산3석회)
    ③ C_3A(알루민산3석회)
    ④ C_4AF(알루민산철4석회)
(2) C_2S(규산2석회)

02
① 비중시험   ② 분말도 시험
③ 응결시간측정 시험   ④ 안정성 시험

03
(1) 블레인(Blaine) 공기투과장치에 의한 방법
(2) 길모아(Gillmore)침에 의한 방법
(3) 오토클레이브(Autoclave) 팽창도 시험

04
① 표준체에 의한 방법
② 블레인 공기투과장치에 의한 방법

05
(1) 비중: $G = \dfrac{100}{32.2 - 0.5} = 3.15$
(2) 판정: 3.15 ≥ 3.10이므로 합격

06
(1) $\dfrac{255.78 - 254}{254} \times 100 = 0.70\%$
(2) 0.70% ≤ 0.80% 이므로 합격

POINT 03 골재 일반사항

(1) 골재의 분류

①	천연골재	하천, 바다, 산림, 육상 등지에서 채취하며 자연작용에 의하여 만들어진 골재로서 화산 분출에서 생성된 경석을 포함한다.
②	부순골재	천연암석과 공사장에서 나온 자갈 등을 파쇄기를 이용하여 파쇄한 골재를 말한다.
③	고로슬래그골재	제철소에서 선철을 제조하는 과정에서 발생되는 용융상태의 고온 슬래그를 물, 공기 등으로 급랭하여 입상화한 것이다.
④	순환골재	폐콘크리트로부터 재활용처리를 거쳐 생산된 골재로서 국가에서 제시한 품질기준을 만족시키는 골재

(2) 골재의 요구조건 및 공칭 최대치수, 구조물의 종류에 따른 최대치수

①	실적률(%) = $\dfrac{단위용적질량}{절건밀도} \times 100$ 공극률(%) = 100 − 실적률	• 표면이 거칠고 둥근 모양일 것 • 단단하고 강한 것(시멘트페이스트 이상) • 운모가 함유되지 않은 것	• 입도분포가 양호한 것 • 마모에 대한 저항성이 큰 것 • 내화성이 있는 것
②	공칭 최대치수	• 거푸집 양 측면 사이의 최소 거리의 1/5 • 슬래브 두께의 1/3 • 개별 철근, 다발철근, 긴장재 또는 덕트 사이 최소 순간격의 3/4	최솟값
③	구조물의 종류에 따른 최대치수	• 일반 콘크리트	20mm 또는 25mm
		• 무근 콘크리트	40mm
		• 단면이 큰 콘크리트	40mm (단, 부재 최소치수의 1/4 이하)

(3) 골재의 함수상태

• 절건상태	110℃ 정도에서 24시간 이상 골재를 건조시킨 상태
• 기건상태	골재 내부에 약간의 수분이 있는 대기 중의 건조상태
• 습윤상태	골재 입자의 내부에 물이 채워져 있고, 표면에도 물이 부착되어 있는 상태
• 표면수량	골재의 표면에 묻어 있는 수량

POINT 03 골재 일반사항

(4) 알칼리골재반응

①	정의	시멘트의 알칼리 성분과 골재의 실리카(Silica) 성분이 반응하여 수분을 지속적으로 흡수팽창하는 현상
②	대책	• 알칼리 함량 0.6% 이하의 시멘트 사용 • 알칼리골재반응에 무해한 골재 사용 • 양질의 혼화재(고로 Slag, Fly Ash 등) 사용

 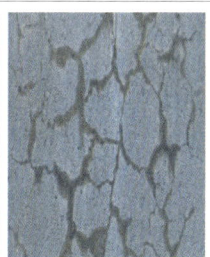

2024 출제예상문제

01 [22①] 4점

다음 설명에 해당되는 골재를 【보기】에서 골라 쓰시오.

보기
경량골재, 부순골재, 혼합골재, 순환골재, 동슬래그골재, 천연골재(자연골재), 재생골재, 고로슬래그골재

(1)	하천, 바다, 산림, 육상 등지에서 채취하며 자연작용에 의하여 만들어진 골재로서 화산분출에서 생성된 경석을 포함한다.
(2)	천연암석과 공사장에서 나온 자갈 등을 파쇄기를 이용하여 파쇄한 골재를 말한다.
(3)	제철소에서 선철을 제조하는 과정에서 발생되는 용융상태의 고온 슬래그를 물, 공기 등으로 급랭하여 입상화한 것이다.
(4)	폐콘크리트로부터 재활용처리를 거쳐 생산된 골재로서 국가에서 제시한 품질기준을 만족시키는 골재

02 [22③] 5점

콘크리트에 사용되는 골재의 요구성능 5가지를 쓰시오.

①
②
③
④
⑤

정답 및 해설

01
(1) 천연골재
(2) 부순골재
(3) 고로슬래그골재
(4) 순환골재

02
① 표면이 거칠고 둥근 모양일 것
② 입도분포가 양호한 것
③ 단단하고 강한 것
④ 마모에 대한 저항성이 큰 것
⑤ 운모가 함유되지 않은 것

2024 출제예상문제

03 [23①] 5점
굵은골재의 공칭 최대치수는 다음 값을 초과하지 않아야 한다. ( )안에 적당한 수치를 기재하시오.

(1)	거푸집 양 측면 사이의 최소 거리의 ( )
(2)	슬래브 두께의 ( )
(3)	개별철근, 다발철근, 긴장재 또는 덕트 사이 최소 순간격의 ( )

04 [23②] 3점
다음에 해당되는 콘크리트에 사용되는 굵은골재의 최대 치수를 기재하시오.

(1)	일반 콘크리트	20mm 또는 ( )mm
(2)	무근 콘크리트	( )mm
(3)	단면이 큰 콘크리트	( )mm (단, 부재 최소치수의 1/4 이하)

05 3점
다음이 설명하는 용어를 쓰시오.

(1)	골재 입자의 내부에 물이 채워져 있고, 표면에도 물이 부착되어 있는 상태
(2)	110℃ 정도에서 24시간 이상 골재를 건조시킨 상태
(3)	골재 내부에 약간의 수분이 있는 대기 중의 건조상태

06 [22③] 4점
골재의 함수율에 관한 다음 내용에 적합한 것을 【보기】에서 골라 번호로 쓰시오.

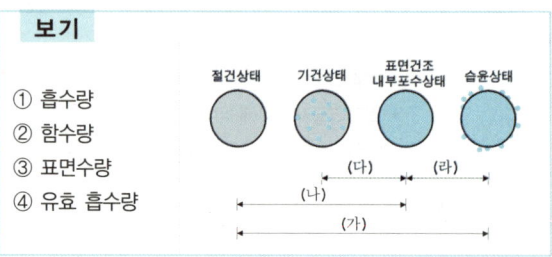

보기
① 흡수량
② 함수량
③ 표면수량
④ 유효 흡수량

(가)   (나)   (다)   (라)

07 [22②] 4점
알칼리 골재반응의 정의와 방지대책 3가지를 쓰시오.
(1) 정의 :

(2) 방지대책 :
①
②
③

정답 및 해설

03
(1) 1/5 (2) 1/3 (3) 3/4

04
(1) 25 (2) 40 (3) 40

05
(1) 습윤상태 (2) 절건상태 (3) 기건상태

06
(가) ② (나) ① (다) ④ (라) ③

07
(1) 시멘트의 알칼리 성분과 골재의 실리카 성분이 반응하여 수분을 지속적으로 흡수팽창하는 현상
(2) ① 알칼리 함량 0.6% 이하의 시멘트 사용
② 알칼리골재반응에 무해한 골재 사용
③ 양질의 혼화재(고로 Slag, Fly Ash 등) 사용

MEMO

POINT 04 혼화재료: 혼화재(混和在), 혼화제(混和濟)

(1) 혼화재(混和在)

①	정의	시멘트량의 5% 이상이 사용되어 배합계산에 포함되는 재료		
②	종류	• 고로 슬래그 (Hot Furnace Slag)	철을 생산하는 용광로 속에서 철광석 중 암석성분이 녹아 쇳물 위에 떠 있게 되는데, 이것을 흘러내리게 하여 물로 급격히 냉각시킴으로써 작은 모래입자 모양으로 만든 것	
		• 실리카퓸 (Silica Fume)	전기로에서 페로실리콘 등 규소합금 제조과정 중 부산물로 생성되는 매우 미세한 입자로써 고강도콘크리트 제조 시 사용되는 이산화규소(SiO_2)를 주성분으로 하는 혼화재	
		• 플라이애시 (Fly Ash)	화력발전소에서 석탄 연소시 굴뚝을 통해 날아가는 재(Ash)를 전기 집진장치로 포집한 것이며, 천연적으로 발생되는 포졸란(Pozzolan)과 유사한 성질을 가지고 있는 재료	
			• 시공연도 개선	• 수밀성 향상
			• 재료분리 감소	• 초기강도 감소, 장기강도 증진

(2) 혼화제(混和濟)

①	정의	시멘트량의 1% 전후로 사용하는 약품적 성질만 가지고 있는 재료		
②	AE제 (Air Entraining Agent)	분리저감제, 표면활성제 등으로 호칭되며 콘크리트 내부에 미세한 기포를 균등히 발생시키는 대표적인 혼화제이다.		
			• 단위수량 감소	• 재료분리 감소
			• 동결융해저항성 증대	• 워커빌리티(Workability) 개선
③	주요 용도별 구분	• 단위수량, 단위시멘트량의 감소		감수제, AE감수제
		• 콘크리트의 유동성 증대		유동화제
		• 응결경화시간의 조절		지연제, 촉진제(염화칼슘), 급결제
		• 건조수축 감소, 무수축 Mortar 제조		팽창제
		• 염화물에 의한 강재의 부식억제		방청제

2024 출제예상문제

01 [22①] 5점

혼화제와 혼화재의 차이점을 설명하고 혼화제의 종류를 3가지 쓰시오.

(1) 차이점:

(2) 혼화제의 종류

① _____ ② _____ ③ _____

02 [22②] 4점

콘크리트에 사용되는 여러 혼화재료의 사용목적을 1가지씩 기재하시오.

(1) 염화칼슘:

(2) 플라이애쉬:

(3) 유동화제:

(4) 팽창제:

03 [21④] 4점

플라이애시 시멘트의 특징을 4가지 쓰시오.

①
②
③
④

04 [21②, 24②] 4점

AE제 사용 시 장점 4가지를 쓰시오.

①
②
③
④

05 [23②] 4점

콘크리트용 혼화제(混和劑) 중 AE제의 장점을 4가지 쓰시오.

①
②
③
④

정답 및 해설

01
(1) 혼화재는 시멘트량의 5% 이상이 사용되어 배합계산에 포함되는 재료이고, 혼화제는 시멘트량의 1% 전후로 약품적 성질만 가지고 있는 재료이다.
(2)
① AE제   ② 유동화제   ③ 방청제

02
(1) 응결경화촉진   (2) 시공연도 개선
(3) 유동성 증진   (4) 건조수축 감소

03
① 시공연도 개선
② 수밀성 향상
③ 재료분리 감소
④ 초기강도 감소 및 장기강도 증진

04, 05
① 단위수량 감소
② 재료분리 감소
③ 동결융해저항성 증대
④ 워커빌리티(Workability) 개선

2024 출제예상문제

06 [22③] 4점

다음이 설명하는 콘크리트 혼화제의 종류를 【보기】에서 골라 쓰시오.

보기
AE제, 유동화제, 기포제, 방청제, 지연제, 증점제, 응결촉진제, 분리저감제

(1)	배합이나 굳은 후의 콘크리트 품질에 큰 영향을 미치지 않고 미리 비빈 콘크리트에 첨가하여 콘크리트의 유동성을 증대 시키기 위하여 사용하는 혼화제
(2)	레미콘 장거리 운반 시 혹은 매스콘크리트에서 Cold Joint 방지목적으로 사용하는 혼화제
(3)	철근의 부식방지 목적, 해사를 사용할 때 사용하거나 염분을 함유한 흙에 접할 때 사용한다.
(4)	아직 굳지 않는 콘크리트의 재료분리 저항성을 증가시키는 작용을 하는 혼화제

07 [23①] 4점

다음은 혼화제의 종류에 대한 설명이다. 설명이 뜻하는 혼화제의 명칭을 쓰시오.

(1)	콘크리트의 움직이는 성질을 일시적으로 증가시키는 혼화제
(2)	염화물 등으로 인한 철근이 부식되는 것을 방지하기 위하여 사용되는 혼화제
(3)	콘크리트 타설 시 콜드조인트 등을 방지하기 위하여 사용되는 혼화제
(4)	콘크리트의 시공성을 높이고 재료분리 등을 방지하기 위하여 사용되는 혼화제

08 [24③] 4점

혼화제(混和劑)란 시멘트량의 1% 전후로 약품적 성질만 가지고 있는 재료를 말한다. 설명에 해당되는 혼화제의 종류를 【보기】에서 골라 적으시오.

보기			
AE제	고성능감수제	방청제	팽창제
촉진제	기포제	발포제	고로슬래그미분말

(1)	저탄소콘크리트의 제조에 사용되며 성분이 시멘트와 유사하고 그 자체로는 수경성이 없지만 시멘트와 같은 알칼리 자극제를 이용하면 수경성으로 변화하여 경화하는 재료
(2)	공기 연행제로서 미세한 기포를 고르게 분포시키는 재료
(3)	소요의 워커빌리티를 얻기 위해 필요한 단위 수량을 감소시키고 유동성을 증진시킬 목적으로 사용하는 재료
(4)	염화물에 대한 철근의 부식을 억제하는 재료

정답 및 해설

06
(1) 유동화제
(2) 지연제
(3) 방청제
(4) 분리저감제

07
(1) 유동화제
(2) 방청제
(3) 응결지연제
(4) AE제

08
(1) 고로슬래그미분말
(2) AE제
(3) 고성능감수제
(4) 방청제

MEMO

POINT 05 아직 굳지 않은 콘크리트의 성질

(1) 아직 굳지 않은 콘크리트의 성질

①	반죽질기(Consistency)	단위수량에 의해 변화하는 콘크리트 유동성의 정도
②	시공연도(Workability)	반죽질기에 의한 작업의 난이도 정도 및 재료분리에 저항하는 정도
③	성형성(Plasticity)	거푸집 등의 형상에 순응하여 채우기 쉽고, 분리가 일어나지 않은 성질
④	마감성(Finishability)	골재의 최대치수에 따르는 표면정리의 난이정도, 마감작업의 용이성

(2) 시공연도(Workability) 및 반죽질기(Consistency) 측정방법

슬럼프(Slump) 시험	흐름(Flow) 시험	비비(Vee Bee) 시험

(3) 슬럼프(Slump) 시험

①	시험순서	• 슬럼프 콘(Cone)을 평판 중앙에 놓고 콘 체적의 1/3만큼 시료를 채운다.		
		• 다짐막대(Tamper)로 25회 다진다.		
		• 2회 반복 후 윗면을 고른다.		
		• 콘을 들어올려 시료의 높이를 5mm 단위로 측정하여 300mm 높이에서 뺀 수치가 슬럼프값이 된다.		
		• 슬럼프 콘에 콘크리트를 채우기 시작하고 나서 슬럼프콘의 들어올리기를 종료할 때까지의 시간은 3분 이내로 한다.		
②	슬럼프 손실 (Slump Loss, 슬럼프 저하)	시간의 경과에 따른 콘크리트 반죽질기의 감소현상		
		주요 원인	• 콘크리트 수화작용	• 여름철 수분의 증발
			• 운반시간이 긴 경우	• 타설시간이 긴 경우

2024 출제예상문제

01 [21①] 4점
다음의 우측 항목에서 설명하고 있는 굳지 않은 콘크리트와 관련된 적절한 용어를 좌측 항목에 기재하시오.

(1)	단위수량에 의해 변화하는 콘크리트 유동성의 정도, 혼합물의 묽기 정도
(2)	작업의 난이도를 의미함, 정량적으로 표시할 수 없음
(3)	거푸집 등의 형상에 순응하여 채우기 쉽고, 재료분리가 일어나지 않는 성질로서 거푸집에 잘 채워질 수 있는지의 난이정도
(4)	골재의 최대치수에 따르는 표면정리의 난이정도, 마감작업의 용이성을 나타내는 성질

02 [24①] 4점
다음의 우측 항목에서 설명하고 있는 굳지 않은 콘크리트와 관련된 적절한 용어를 좌측 항목에 기재하시오.

(1)	단위수량에 의해 변화하는 콘크리트 유동성의 정도, 혼합물의 묽기 정도
(2)	거푸집 등의 형상에 순응하여 채우기 쉽고, 재료분리가 일어나지 않는 성질로서 거푸집에 잘 채워질 수 있는지의 난이정도
(3)	골재의 최대치수에 따르는 표면정리의 난이정도, 마감작업의 용이성을 나타내는 성질
(4)	펌프 시공 콘크리트의 경우 펌프에 콘크리트가 잘 밀려 나가는 정도

03 [24①] 4점
굳지 않은 콘크리트의 성질과 관련된 다음의 용어를 간단히 설명하시오.
(1) 플라스티시티(Plasticity):

(2) 워커빌리티(Workability):

04 [21②] 5점
워커빌리티의 정의와 시험법 3가지를 쓰시오.
(1) 정의:

(2) 시험법:
① _____
② _____
③ _____

정답 및 해설

01
(1) 반죽질기 (2) 시공연도
(3) 성형성   (4) 마감성

02
(1) 반죽질기 (2) 성형성
(3) 마감성   (4) 압송성

03
① 거푸집 등의 형상에 순응하여 채우기 쉽고, 분리가 일어나지 않은 성질
② 반죽질기에 의한 작업의 난이도 정도 및 재료분리에 저항하는 정도

04
(1) 반죽질기에 의한 치어붓기 난이도 정도 및 재료분리에 저항하는 정도
(2) ① 슬럼프(Slump)시험
    ② 흐름(Flow)시험
    ③ 비비(Vee Bee)시험

2024 출제예상문제

05 [23③] 3점 ☐☐☐☐☐

슬럼프콘(Slump Cone)에 관한 시험방법에 대한 내용 중 빈칸에 알맞은 숫자를 기입하시오.

> 슬럼프 콘에 시험하려는 콘크리트를 채운 후 (   )회 타격하여 (   )분 간 굳히고 빼냈을 때 낮아지는 높이를 (   )mm 단위로 측정한다.

06 [23③] 3점 ☐☐☐☐☐

콘크리트 슬럼프 저하(Slump Loss)의 원인을 3가지 쓰시오.

① _____
② _____
③ _____

정답 및 해설

05
25, 3, 5

06
(1) 콘크리트 수화작용
(2) 여름철 수분의 증발
(3) 운반시간이 긴 경우

04 콘크리트 시공, 각종 콘크리트

POINT 01 콘크리트 비빔, 운반, 타설

(1) 용어 정의

①	다시비빔(Remixing)	응결이 시작되지 않은 콘크리트를 다시 비비는 것
②	되비빔(Retempering)	응결이 시작된 콘크리트를 다시 비비는 것
③	헛응결(False Set)	시멘트에 물을 주입하면 10~20분 정도에 굳어졌다가 다시 묽어지고 이후 순조롭게 경화되는 현상
④	블리딩(Bleeding)	콘크리트 타설 시 아직 굳지 않은 콘크리트에서 물이 윗면에 솟아오르는 현상
⑤	레이턴스(Laitance)	블리딩 수의 증발에 따라 콘크리트면에 침적된 백색의 미세 물질
⑥	탄산화 (Carbonation, 중성화)	$Ca(OH)_2 + CO_2 \rightarrow CaCO_3 + H_2O$ 대기 중의 탄산가스의 작용으로 콘크리트 내 수산화칼슘이 탄산칼슘으로 변하면서 알칼리성을 소실하는 현상 ➡ 철근 부식, 강도 저하, 내구성 저하

(2) 각종 계량장치

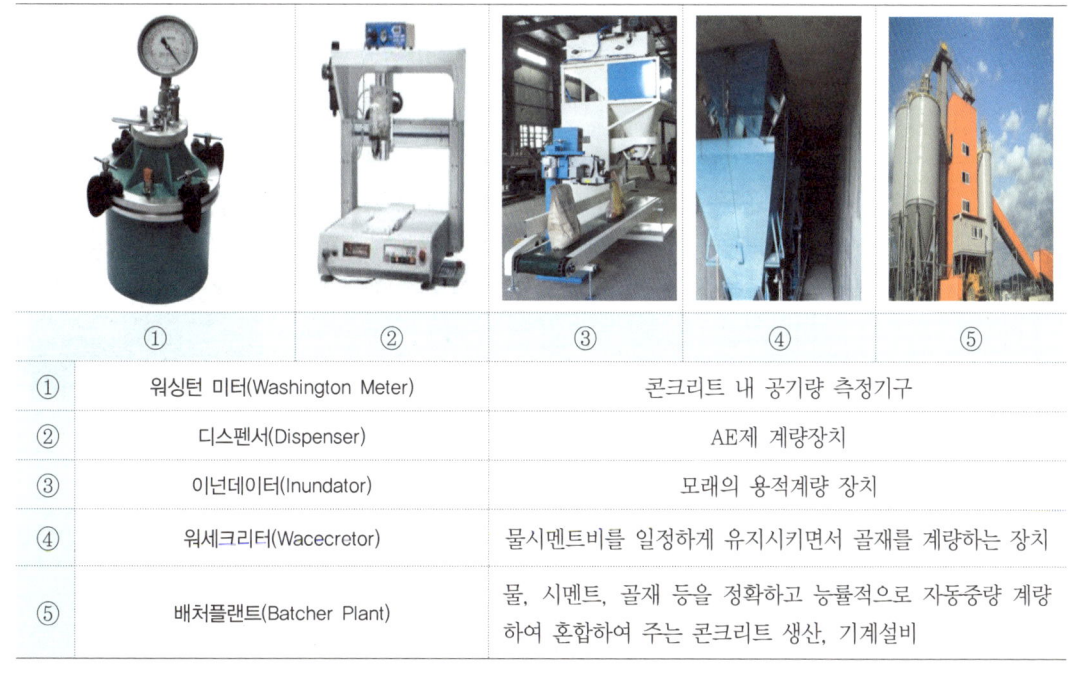

| | ① | ② | ③ | ④ | ⑤ |

①	워싱턴 미터(Washington Meter)	콘크리트 내 공기량 측정기구
②	디스펜서(Dispenser)	AE제 계량장치
③	이넌데이터(Inundator)	모래의 용적계량 장치
④	워세크리터(Wacecretor)	물시멘트비를 일정하게 유지시키면서 골재를 계량하는 장치
⑤	배처플랜트(Batcher Plant)	물, 시멘트, 골재 등을 정확하고 능률적으로 자동중량 계량하여 혼합하여 주는 콘크리트 생산, 기계설비

POINT 01 콘크리트 비빔, 운반, 타설

콘크리트 펌프 압송방식

콘크리트 펌프의 형식은 가설장치에 따라 정치식(定置式)과 트럭 탑재식(搭載式)으로 분류하며, 압송방식에 따라 피스톤(Piston) 방식과 짜내기(Sqeeze, 스퀴즈) 방식으로 분류된다.

(3)

	장점	
		• 기계화 시공에 따른 노동력 절감
		• 타설작업의 기동성 및 연속성 확보
		• 운반성능 및 작업능률의 향상

	단점	
		• 펌프 압송거리 및 높이의 제한
		• 압송관의 폐색(閉塞, 펌프가 막히는 현상) 발생 우려
		• 수송관이 중량이고 진동발생

콘크리트 타설 시 현장 가수로 인한 문제점

(4)
- 콘크리트 강도저하
- 내구성, 수밀성 저하
- 재료분리 및 블리딩 현상 증가
- 건조수축 및 침강균열 증가

재료분리

(5)

원인	방지대책
• 물시멘트비 과다	• 물시멘트비를 작게 한다.
• 굵은골재 최대치수가 클 때	• 잔골재율을 증가시킨다.
• 골재의 비중 차이	• AE제, 포졸란의 사용

이어치기

(6)

이어치기 위치	수직 ➡ 보, 슬래브, 벽	수평 ➡ 기둥, 벽	축에 직각 ➡ 아치
시간간격의 한도	외기온 25℃ 미만 ➡ 150분		25℃ 이상 ➡ 120분

2024 출제예상문제

01 3점
콘크리트 비빔과 관련된 다음 용어에 대해 설명하시오.
(1) 다시비빔(Remixing):

(2) 되비빔(Retempering):

(3) 헛응결(False Set)

02 4점
다음의 용어를 설명하시오.
(1) 블리딩(Bleeding)

(2) 레이턴스(Laitance)

03 [22④] 2점
다음이 설명하는 현상을 쓰시오.

> 경화한 콘크리트는 시멘트의 수화생성물질로서 수산화석회를 유리하여 강알칼리성을 나타내고 수산화석회는 시간의 경과와 함께 콘크리트의 표면으로부터 공기중의 탄산가스 영향을 받아서 서서히 탄산석회로 변화하여 알칼리성을 소실하는 현상

04 4점
다음 설명에 알맞는 용어를 【보기】에서 골라 번호로 쓰시오.

> 보기
> • 탄산화의 정의: 대기 중의 탄산가스의 작용으로 콘크리트 내 수산화칼슘이 탄산칼슘으로 변하면서 알칼리성을 소실하는 현상
> • 반응식: $Ca(OH)_2 + CO_2 \rightarrow CaCO_3 + H_2O$

【구조체에 미치는 영향】

①
②
③

정답 및 해설

01
(1) 응결이 시작되지 않은 콘크리트를 다시 비비는 것
(2) 응결이 시작된 콘크리트를 다시 비비는 것
(3) 시멘트에 물을 주입하면 10~20분 정도에 굳어졌다가 다시 묽어지고 이후 순조롭게 경화되는 현상

02
(1) 콘크리트 타설시 아직 굳지 않은 콘크리트에서 물이 윗면에 솟아오르는 현상
(2) 블리딩 수의 증발에 따라 콘크리트면에 침적된 백색의 미세 물질

03
탄산화

04
① 철근 부식
② 강도 저하
③ 내구성 저하

2024 출제예상문제

05 4점

다음 설명에 알맞는 용어를 【보기】에서 골라 번호로 쓰시오.

보기
① 디스펜서   ② 이넌데이트
③ 숏크리트   ④ 컨시스턴시
⑤ 워세크리터 ⑥ 레이턴스

(1)	물시멘트비를 일정하게 유지 시키면서 골재를 계량하는 장치
(2)	모래의 용적계량 장치
(3)	모르타르를 압축공기로 분사하여 바르는 콘크리트 시공방법
(4)	콘크리트를 부어넣은 후 블리딩 수의 증발에 따라 그 표면에 나오는 미세한 물질

06 2점

콘크리트 펌프의 압송방식 종류를 2가지 쓰시오.

① _____ ② _____

07 4점

콘크리트 타설시 현장 가수로 인한 문제점을 4가지 쓰시오.

① _____
② _____
③ _____
④ _____

08 4점

다음의 재료분리의 원인과 방지대책을 간단히 서술하시오.

(1) 원인
① 물시멘트비:

② 굵은골재 최대치수:

(2) 방지대책
① 혼화제 2개: _____, _____

② 잔골재율:

09 4점

다음이 괄호 안에 알맞은 수치를 쓰시오.

이어치기 시간이란 1층에서 콘크리트 타설, 비비기부터 시작해서 2층에 콘크리트를 마감하는 데까지 소요되는 시간이다. 계속 타설 중의 이어치기 시간간격의 한도는 외기온이 25℃ 미만일 때는 ( )분, 25℃ 이상에서는 ( )분으로 한다.

정답 및 해설

05
(1) ⑤ (2) ② (3) ③ (4) ⑥

06
① 피스톤(Piston) 압송식
② 짜내기(Squeeze) 방식

07
① 콘크리트 강도저하
② 내구성, 수밀성 저하
③ 재료분리 및 블리딩 현상 증가
④ 건조수축 및 침강균열 증가

08
(1) ① 물시멘트비 과다
    ② 굵은골재 최대치수가 클 때
(2) ① AE제, 포졸란
    ② 잔골재율을 증가시킨다.

09
① 150   ② 120

MEMO

POINT 02 조인트(Joint), 다짐(Tamping), 양생(Curing)

(1) 계획되지 않은 조인트

콜드 조인트 (Cold Joint)	콘크리트 타설온도가 25℃ 이상에서 2시간 이상, 25℃ 미만에서 2.5시간이 지난 후 이어치기할 때 콘크리트가 일체화되지 않아 발생하는 계획되지 않은 줄눈	
피해 영향	• 콘크리트 경화 후 균열발생 • 누수(漏水)에 의한 철근의 부식 • 마감재의 균열발생 • 구조물의 내구성 저하	
방지대책	• 이어치기 시간 준수 • 적절한 응결지연제 사용	• 철저한 타설계획에 의한 타설구획 설정 • 콘크리트 표면의 습윤 유지

(2) 계획된 조인트

① 조절줄눈(Control Joint)
② 미끄럼줄눈(Sliding Joint)
③ 시공줄눈(Construction Joint)
④ 신축줄눈(Expansion Joint)
⑤ 지연줄눈(Delay Joint, 수축대)

①	균열을 전체 단면 중의 일정한 곳에만 일어나도록 유도하는 줄눈으로 수축줄눈(Contraction Joint)이라고도 한다.
②	슬래브나 보가 단순지지 방식이고, 직각방향에서의 하중이 예상될 때 미끄러질 수 있게 한 줄눈
③	콘크리트 작업관계로 경화된 콘크리트에 새로 콘크리트를 타설할 경우 발생하는 계획된 줄눈
④	온도변화에 따른 팽창·수축 또는 부등침하·진동 등에 의해 균열이 예상되는 위치에 설치하는 줄눈
⑤	• 미경화 콘크리트의 건조수축에 의한 균열을 감소시킬 목적으로 구조물의 일정 부위를 남겨 놓고 콘크리트를 타설한 후 초기건조수축이 완료되면 나머지 부분을 타설할 목적으로 설치하는 줄눈 • 100m가 넘는 장 Span의 구조물에 신축줄눈(Expansion Joint)을 설치하지 않고, 건조수축을 감소시킬 목적으로 설치하는 줄눈

POINT 02 조인트(Joint), 다짐(Tamping), 양생(Curing)

		다짐(Tamping)
(3)	정의	콘크리트 타설 후 틈이 없고 밀실하게 하여 콘크리트 표면에 하자를 방지하는 행위로 손다짐, 진동다짐, 거푸집두드림 등이 있다.
	진동기 (Vibrator)	   봉상(막대식, 꽂이식) 진동기 / 표면 진동기 / 거푸집 진동기 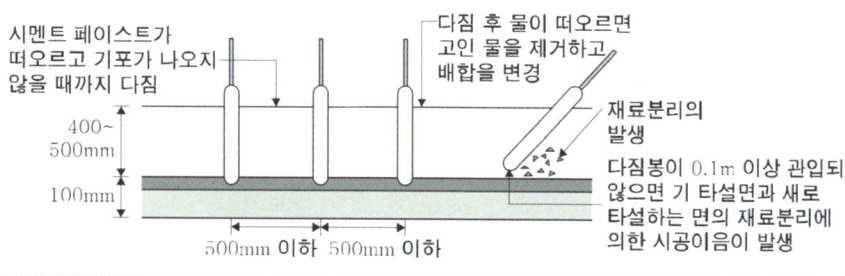 ① 진동기를 과도하게 사용할 경우에는 재료분리 현상이 생기고, AE콘크리트의 경우 공기량이 많이 감소한다. ② 진동기 효과가 큰 콘크리트: 빈배합 된비빔 ➡ 빈배합 묽은비빔 ➡ 부배합 묽은비빔

		양생(Curing)
(4)	정의	   콘크리트 타설 후 수화작용을 충분히 발휘시킴과 동시에 건조 및 외력에 의한 균열발생을 예방하고 오손, 변형, 파손 등으로부터 콘크리트를 보호하는 것
	종류	• 습윤양생 • 증기양생 • 전기양생 • 피막양생 • 단열보온양생 • 가열보온양생

2024 출제예상문제

01 [21③] 4점

다음 설명에 해당하는 줄눈(Joint)을 쓰시오.

①	콘크리트 시공과정 중 휴식시간 등으로 응결하기 시작한 콘크리트에 새로운 콘크리트를 이어칠 때 일체화가 저해되어 생기게 되는 줄눈
②	콘크리트를 한 번에 계속하여 부어 나가지 못하는 곳에 발생하는 줄눈
③	건축물의 온도변화에 의한 신축팽창, 부동침하 등에 의하여 발생하는 건축물의 불규칙 균열을 한 곳에 집중시키도록 고려되는 줄눈
④	지반 등 안정된 위치에 있는 바닥판이 수축에 의하여 표면에 균열이 생길 수 있는데 이것을 막기 위하여 설치하는 줄눈

① _____ ② _____
③ _____ ④ _____

02 [24①] 4점

콜드 죠인트(Cold Joint)를 설명하고 구조체에 생기는 영향을 쓰시오.

(1) 설명:

(2) 구조체에 생기는 영향:
① _____
② _____

03 [23③] 4점

콘크리트 시공과정 중에서 발생할 수 있는 콜드조인트(Cold Joint)와 시공줄눈(Construction Joint)의 차이점을 비교하여 설명하시오.

04 [22①] 4점

콘크리트 균열의 원인을 재료상의 원인과 시공상의 원인으로 분류하여 【보기】에서 골라 번호로 쓰시오.

보기
① 시멘트의 이상응결
② 혼화재료의 불균질한 분산
③ 펌프 압송 시 시멘트량, 수량의 증량
④ 콘크리트의 건조수축
⑤ 초기양생 시 급격한 건조
⑥ 골재에 포함되어 있는 염화물

(1) 재료상의 원인: _____

(2) 시공상의 원인: _____

정답 및 해설

01
① 콜드 죠인트
② 시공줄눈
③ 신축줄눈
④ 조절줄눈

02
(1) 콘크리트 타설온도가 25℃ 이상에서 2시간 이상, 25℃ 미만에서 2.5시간이 지난 후 이어치기할 때 콘크리트가 일체화되지 않아 발생하는 계획되지 않은 줄눈
(2) ① 누수의 원인이 되고 강도상 취약한 부분이 된다.
② 내구성을 저하시킨다.

03
콜드 죠인트는 콘크리트를 이어치기할 때 콘크리트가 일체화되지 않아 발생하는 계획되지 않은 Joint이고, 시공줄눈은 콘크리트 작업관계로 경화된 콘크리트에 새로 콘크리트를 타설할 경우 발생하는 계획된 Joint이다.

04
(1) ①, ④, ⑥ (2) ②, ③, ⑤

2024 출제예상문제

05 3점
굳지 않은 콘크리트 다지기 방법 3가지 쓰시오.

① ② ③

06 3점
콘크리트 다짐에 이용되는 진동기의 종류를 쓰시오.

① ② ③

07 3점
다음 설명에 적합한 진동기의 명칭을 쓰시오.

(1)	콘크리트에 꽂아서 사용하여 진동에 의해 콘크리트를 액상화 시키므로 다짐 효과가 크다.
(2)	거푸집을 진동시키는 것으로 얇은 벽이나 공장제작 콘크리트에서 사용된다.
(3)	타설된 콘크리트 위를 다짐하는 용도로 사용된다.

(1) (2) (3)

08 3점
꽂이식 진동기의 효과가 가장 잘 발휘될 수 있는 것부터 【보기】에서 골라 순서대로 번호를 쓰시오.

보기
① 빈배합 묽은비빔   ② 부배합 묽은 비빔   ③ 빈배합 된비빔

09 [24③] 2점
콘크리트를 양생하는 이유 2가지를 쓰시오.

①
②

10 4점
콘크리트 양생방법의 종류를 4가지 쓰시오.

① ②
③ ④

정답 및 해설

05
① 손 다짐
② 진동 다짐
③ 거푸집 두드림

06
① 봉상 진동기
② 거푸집 진동기
③ 표면 진동기

07
(1) 봉상(막대식) 진동기
(2) 거푸집 진동기
(3) 표면 진동기

08
③ ➡ ① ➡ ②

09
① 콘크리트 타설 후 수화작용을 충분히 발휘시킴과 동시에 건조 및 외력에 의한 균열발생을 예방
② 오손, 변형, 파손 등으로부터 콘크리트를 보호

10
① 습윤양생   ② 증기양생
③ 전기양생   ④ 피막양생

POINT 03 레디믹스트 콘크리트

(1) 레디믹스트 콘크리트(Ready Mixed Concrete, 레미콘)

①	정의	배처플랜트(Batcher Plant)를 갖춘 공장에서 생산되어 운반차에 의해 구입자에게 공급되는 굳지 않은 콘크리트 비빔시간 → 적재시간 → 주행시간 → 대기시간 → 타설시간
②	레미콘 공장을 현장에서 선정할 때 고려해야 할 유의사항	• 현장까지의 운반시간 및 배출시간 • 콘크리트 제조능력 • 레미콘 운반차 대수
③	운반방식	• Central Mixed : 믹싱 플랜트 고정믹서로 비빔이 완료된 것을 Truck Agitator로 운반하는 것 • Shrink Mixed : 믹싱 플랜트 고정믹서에서 어느 정도 비빈 것을 Truck Mixer에 실어 운반 도중 완전히 비비는 것 • Transit Mixed : Truck Mixer에 모든 재료가 공급되어 운반 도중에 비벼 지는 것

(2) 표시

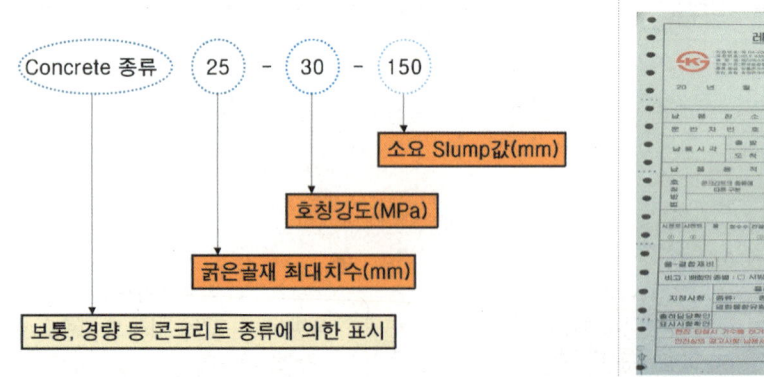
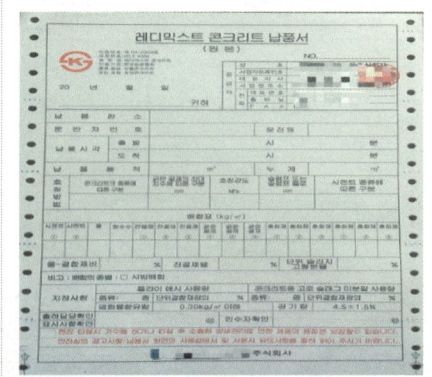

Concrete 종류 — 25 — 30 — 150

- 소요 Slump값(mm)
- 호칭강도(MPa)
- 굵은골재 최대치수(mm)
- 보통, 경량 등 콘크리트 종류에 의한 표시

【※ 콘크리트 배합시 레디믹스트콘크리트 배합표에 보통 골재는 표면건조포화상태의 질량, 인공경량골재는 절대건조상태의 질량을 표시한다. 물결합재의 경우는 혼화재를 사용할 때 물에 대한 시멘트와 혼화재의 질량 백분율로 계산하여 고려한다.】

POINT 03 레디믹스트 콘크리트

(3) 관련 주요규정 [KCS 14 20 00, KS F 4009]

①	콘크리트 받아들이기 품질 검사사항	• 슬럼프(Slump)	• 슬럼프 플로(Slump Flow)	• 공기량	• 온도
		➡ 최초 1회 시험을 실시하고, 이후 압축강도 시험용 공시체 채취시 및 타설 중에 품질변화가 인정될 때 실시			
		• 단위용적질량	• 염화물 함유량	• 배합	• 펌퍼빌리티
②	공기량 허용오차	• 보통 콘크리트: 4.5%±1.5%		• 경량 콘크리트: 5.5%±1.5%	
③	강도시험	콘크리트의 강도시험 횟수는 450m³를 1로트(lot)로 하여 150m³당 1회의 비율로 한다.			

2024 출제예상문제

01 3점
콘크리트 공사 시 레미콘 공장에서 현장타설까지의 진행 순서를 【보기】에서 골라 번호로 쓰시오.

보기
① 비빔시간 ② 대기시간 ③ 주행시간
④ 타설시간 ⑤ 적재시간

---

02 3점
레미콘 공장을 현장에서 선정할 때 고려해야 할 유의사항을 3가지 쓰시오.

①
②
③

03 3점
레미콘 비비기와 운반방식에 따른 종류의 설명이다. 적합한 운반방식의 명칭을 쓰시오.

(1)	트럭믹서에 모든 재료가 공급되어 운반 도중에 비벼지는 것
(2)	믹싱플랜트 고정믹서에서 어느 정도 비빈 것을 트럭믹서에 실어 운반 도중 완전히 비비는 것
(3)	믹싱플랜트 고정믹서로 비빔이 완료된 것을 트럭 에지테이터로 운반하는 것

(1)
(2)
(3)

정답 및 해설

01
① ➡ ⑤ ➡ ③ ➡ ② ➡ ④

02
① 현장까지의 운반시간 및 배출시간
② 콘크리트 제조능력
③ 레미콘 운반차 대수

03
(1) 트랜시트 믹스트 콘크리트
(2) 쉬링크 믹스트 콘크리트
(3) 센트럴 믹스트 콘크리트

2024 출제예상문제

04 [23②] 5점 ☐☐☐☐☐

레디믹스트 콘크리트(Ready Mixed Concrete)의 정의를 쓰고, 지문에서 설명하는 종류를 【보기】에서 골라 번호로 쓰시오.

> **보기**
> ① 센트럴 믹스트 콘크리트
> ② 트랜시트 믹스트 콘크리트
> ③ 쉬링크 믹스트 콘크리트

(1) 정의:

(2) 종류

(가)	트럭믹서에 모든 재료가 공급되어 운반 도중에 비벼지는 것
(나)	믹싱플랜트 고정믹서에서 어느 정도 비빈 것을 트럭믹서에 실어 운반 도중 완전히 비비는 것
(다)	믹싱플랜트 고정믹서로 비빔이 완료된 것을 트럭에지테이터로 운반하는 것

05 4점 ☐☐☐☐☐

Remicon(보통 - 25 - 24 - 150)의 현장도착 시 송장 표기에 대해 각각 의미하는 내용을 간단히 쓰시오.

(1)	보통
(2)	25
(3)	24
(4)	150

06 [23③] 3점 ☐☐☐☐☐

다음 빈칸에 알맞은 콘크리트 강도의 명칭을 쓰시오.

> (①)강도는 콘크리트 부재 설계 시 기준이 되는 강도로서 재령 28일 압축강도를 의미한다.
> (②)강도는 콘크리트 재료를 배합하여 강도를 결정하는 경우 목표로 삼는 압축강도로서 시방서 및 책임기술자가 승인하는 압축강도이다.
> (③)강도는 레디믹스트콘크리트(Ready Mixed Concrete)를 주문할 때 사용하는 압축강도로서 (①)강도에 타설 후 28일간 평균온도에 따른 보정강도를 보탠 강도이다.

① _____ ② _____ ③ _____

정답 및 해설

04
(1) 배치플랜트를 갖춘 공장에서 생산되어 운반차에 의해 구입자에게 공급되는 굳지 않은 콘크리트
(2) (가) ② (나) ③ (다) ①

05
(1) 콘크리트의 종류에 따른 구분
(2) 굵은골재 최대치수 25mm
(3) 호칭강도 24MPa
(4) 슬럼프 또는 슬럼프 플로 150mm

06
① 설계기준
② 배합
③ 호칭

2024 출제예상문제

07 3점
레디믹스트콘크리트 배합에 대한 내용 중 빈칸에 알맞은 용어를 쓰시오.

> 콘크리트 배합시 레디믹스트콘크리트 배합표에 보통골재는 (　　　)상태의 질량, 인공경량골재는 (　　　)상태의 질량을 표시한다. (　　　)의 경우는 혼화재를 사용할 때로 물에 대한 시멘트와 혼화재의 질량 백분율로 계산하여 고려한다.

08 3점
Ready Mixed Concrete가 현장에 도착하여 타설될 때 시공자가 현장에서 일반적으로 행하여야 하는 품질관리 항목을 【보기】에서 모두 골라 기호로 쓰시오.

> **보기**
> ① Slump 시험
> ② 물의 염소이온량 측정
> ③ 골재의 반응성
> ④ 공기량 시험
> ⑤ 압축강도 측정용 공시체 제작
> ⑥ 시멘트의 알칼리량

09 [24②] 5점
레디믹스트콘크리트의 받아들이기 품질검사 항목을 5가지 쓰시오.

① _____ ② _____
③ _____ ④ _____
⑤ _____

10 3점
다음 설명을 읽고 (　) 안에 들어갈 알맞는 말을 쓰시오.

> KS F 4009 규정에 의한 레디믹스트 콘크리트의 강도는 (①) 시험결과에 의하여 검사 로트(Lot)의 합격여부가 결정되며, 사용콘크리트의 시험횟수는 타설일마다 1회 이상 또는 (②)㎥ 마다 1회로 규정되어 있으며, 보통 1검사 로트는 (③)㎥ 정도이다.

① _____ ② _____ ③ _____

정답 및 해설

07
표면건조포화, 절대건조, 물결합재

08
①, ④, ⑤

09
① 굳지 않은 콘크리트의 상태
② 슬럼프
③ 슬럼프 플로
④ 공기량
⑤ 온도

10
① 압축강도
② 150
③ 450

POINT 04 한중콘크리트(Cold Weather Concrete)

(1) 적용 범위

타설일의 일평균기온이 4℃ 이하 또는 콘크리트 타설 완료 후 24시간 동안 일최저기온 0℃ 이하가 예상되는 조건이거나 그 이후라도 초기 동해 위험이 있는 경우 한중콘크리트로 시공하여야 한다.

(2) 양생(Curing)

①	급열 양생 (Heat Curing)	양생기간 중 어떤 열원을 이용하여 콘크리트를 가열하는 양생
②	단열 양생 (Insulating Curing)	단열성이 높은 재료로 콘크리트 주위를 감싸 시멘트의 수화열을 이용하여 보온하는 양생
③	피복 양생 (Surface Covered Curing)	시트(Sheet) 등을 이용하여 콘크리트의 표면 온도를 저하시키지 않는 양생
④	현장봉함 양생 (Sealed Curing at Job Site)	콘크리트가 기온이 변화함에 따라 콘크리트의 표면에서 물의 출입이 없는 상태를 유지한 공시체의 양생

(3) 시공 일반

① 한중 콘크리트에는 공기연행콘크리트를 사용하는 것을 원칙으로 한다.

② 단위수량은 초기동해 저감 및 방지를 위하여 소요의 워커빌리티를 유지할 수 있는 범위 내에서 되도록 적게 정하여야 한다.

③ 물-결합재비는 원칙적으로 60 % 이하로 하여야 한다.

④ 재료를 가열할 경우, 물 또는 골재를 가열하는 것으로 하며, 시멘트는 어떠한 경우라도 직접 가열할 수 없다. 골재의 가열은 온도가 균등하게 되고 또 건조되지 않는 방법을 적용하여야 한다.

⑤ 소요 압축강도가 얻어질 때까지 콘크리트의 온도를 5℃ 이상으로 유지하여야 하며, 또한 소요 압축강도에 도달한 후 2일간은 구조물의 어느 부분이라도 0℃ 이상이 되도록 유지하여야 한다.

한중콘크리트의 양생 종료 때의 소요 압축강도의 표준(MPa)	단면(mm)		
	300 이하	300 초과, 800 이하	800 초과
(1) 계속해서 또는 자주 물로 포화되는 부분	15	12	10
(2) 보통의 노출상태에 있고 (1)에 속하지 않는 부분	5	5	5

2024 출제예상문제

01 [23②] 3점

한중콘크리트에 관한 설명이다. ( )안을 채우시오.

> 한중콘크리트는 일평균 기온이 (①)℃ 이하의 동결위험이 있는 기간에 타설하는 콘크리트를 말하며, 물시멘트비(W/C)는 (②)% 이하로 하고 동결위험을 방지하기 위해 (③)를 사용해야 한다.

① _____ ② _____ ③ _____

02 [23③] 4점

한중콘크리트에 관한 설명이다. ( )안을 채우시오.

> - 한중콘크리트는 ( )를 사용하는 것을 원칙으로 하며, 단위수량은 콘크리트의 소요성능이 얻어지는 범위 내에서 될 수 있는 한 ( ) 한다.
> - 물시멘트비는 원칙적으로 ( )% 이하로 하고 일평균기온 ( )℃ 이하의 동결위험이 있는 기간에 사용한다.

03 [22②] 4점

한중기 콘크리트에 대한 다음 【보기】의 내용이 맞으면 ○, 틀리면 X로 표시하시오.

(1)	물-결합재비는 원칙적으로 60% 이하로 사용한다.
(2)	단위수량은 콘크리트의 소요성능이 얻어지는 범위 내에서 될 수 있는 한 크게 한다.
(3)	AE제, AE감수제 및 고성능 AE감수제 중 어느 한 종류는 반드시 사용한다.
(4)	재료를 가열하는 경우, 물을 가열하는 것을 원칙으로 하며, 시멘트는 어떤 방법에 의해서도 가열해서는 안 되고, 골재는 직접 불꽃에 대어 가열해서는 안 된다.

04 [23③] 4점

한중콘크리트의 양생방법에 대한 설명이다. 【보기】에서 골라 번호로 쓰시오.

> **보기**
> ① 급열 양생(Heat Curing)
> ② 단열 양생(Insulating Curing)
> ③ 피복 양생(Surface Covered Curing)
> ④ 현장봉함 양생(Sealed Curing at Job Site)

(1)	단열성이 높은 재료로 콘크리트를 감싸 시멘트의 수화열로 보온하는 방법
(2)	콘크리트 공시체를 봉투 등을 사용하여 대기와의 접촉을 차단하는 방법
(3)	시트 등을 사용하여 콘크리트의 표면온도를 저하시키지 않도록 하는 방법
(4)	양생기간 중 열원을 사용하여 콘크리트의 온도를 높이는 방법

05 [22④, 24②] 3점, 4점

한중콘크리트 초기 양생(Curing)의 목적을 설명하고 양생방법을 3가지 쓰시오.

(1) 목적:

(2) 종류:

① _____ ② _____ ③ _____

정답 및 해설

01
① 4℃ ② 60 ③ 공기연행제(AE제)

02
AE제(AE감수제, 고성능 AE감수제), 적게, 60, 4

03
(1) ○ (2) X (3) ○ (4) ○

04
(1) ② (2) ④ (3) ③ (4) ①

05
(1) 콘크리트 타설 후 수화작용을 충분히 발휘시킴과 동시에 건조 및 외력에 의한 균열발생을 예방하고 오손, 변형, 파손 등으로부터 콘크리트를 보호
(2) ① 급열 양생 ② 단열 양생 ③ 피복 양생

POINT 05 각종 콘크리트

(1)	서중콘크리트 (Hot Weather Concrete)	일평균기온이 25℃를 초과하는 기온에 타설하는 콘크리트로서 지연형감수제를 사용하는 등의 일반적인 대책을 강구한 경우라도 타설온도 35℃ 이하에서 90분 이내에 타설한다.	
(2)	매스콘크리트 (Mass Concrete)	보통 부재 단면 최소치수 80cm(하단이 구속된 경우에는 50cm) 이상, 콘크리트 내외부 온도차가 25℃ 이상으로 예상되는 콘크리트 **수화열 저감을 위한 대책** • 단위시멘트 사용량을 가능한 작게 한다. • 수화열이 낮은 중용열시멘트를 사용한다. • 골재나 물을 냉각시켜 사용한다. • 프리쿨링, 파이프쿨링에 의해 온도를 제어한다.	
(3)	수밀콘크리트	콘크리트 자체 밀도를 높여 특히 수밀성이 높고 투수성이 작은 콘크리트로서 배합은 콘크리트의 소요품질이 얻어지는 범위 내에서 단위수량 및 물결합재비를 가급적 작게 하고, 단위굵은골재량은 가급적 크게 한다.	

물결합재비	Slump값	공기량
50% 이하	180mm 이하 (타설이 용이한 경우 120mm 이하)	4% 이하

(4)	프리스트레스트 콘크리트 (Pre-Stressed Concrete)	외력에 대한 응력을 소정한도까지 상쇄할 수 있도록 PC강재에 의해 미리 압축력을 주어 인장응력을 증가시킨 콘크리트	
(5)	프리팩트콘크리트 (Prepacked Concrete, 프리플레이스트 콘크리트, Preplaced Concrete)	거푸집 안에 미리 굵은 골재를 채워 넣은 후 그 공극 속으로 특수한 모르타르를 주입하여 만든 콘크리트	
(6)	저탄소 콘크리트 (Low Carbon Concrete)	시멘트 대체 혼화재로서 플라이애시 및 콘크리트용 고로슬래그 미분말을 결합재로 대량 치환하여 제조된 콘크리트 중 치환율이 50% 이상, 70% 이하인 콘크리트	

POINT 05 각종 콘크리트

(7)	고강도콘크리트 (High Strength Concrete)		설계기준압축강도가 보통중량콘크리트에서 40MPa 이상, 경량골재 콘크리트에서 27MPa 이상인 경우의 콘크리트	
		폭렬 (Explosive Fracture)	화재 시 급격한 고온에 의해 내부 수증기압이 발생하고, 이 수증기압이 콘크리트의 인장강도보다 크게 되면 콘크리트 부재 표면이 심한 폭음과 함께 박리 및 탈락하는 현상	
		재료 및 배합	단위수량을 작게 한다.	단위시멘트량을 작게 한다.
			잔골재량을 작게 한다.	슬럼프치를 작게 한다.

2024 출제예상문제

01 [21②] 4점

다음이 설명하는 콘크리트의 명칭을 쓰시오.

① 보통 부재단면 최소치수가 80cm 이상(하단이 구속된 경우에는 50cm 이상), 콘크리트 내외부 온도차가 25℃ 이상으로 예상되는 콘크리트

② 거푸집 안에 미리 굵은 골재를 채워 넣은 후 그 공극 속으로 특수한 모르타르를 주입하여 만든 콘크리트

③ 콘크리트의 인장응력이 생기는 부분에 미리 압축력을 주어 콘크리트의 인장강도를 증가시켜 휨저항을 크게 한 콘크리트

④ 일평균 기온이 25℃를 초과하는 경우에 적용하는 콘크리트

① _____ ② _____
③ _____ ④ _____

02 [22②] 4점

다음이 설명하는 콘크리트의 명칭을 쓰시오.

① 보통 부재단면 최소치수가 커서 수화열이내부에 축적되어 콘크리트 온도가 상승하고 균열이 발생하기 쉬워서 균열 발생에 대하여 주의가 필요한 콘크리트

② 거푸집 안에 미리 굵은 골재를 채워 넣은 후 그 공극 속으로 특수한 모르타르를 주입하여 만든 콘크리트

③ 외력에 대한 응력을 소정한도까지 상쇄할 수 있도록 PC강재에 의해 미리 압축력을 주어 인장응력을 증가시킨 콘크리트로써 PS 혹은 PSC라고도 하는 콘크리트

④ 시멘트 대체 혼화재로서 플라이애시 및 콘크리트용 고로슬래그 미분말을 결합재로 대량 치환하여 제조된 콘크리트 중 치환율이 50% 이상, 70% 이하인 콘크리트

① _____ ② _____
③ _____ ④ _____

정답 및 해설

01
① 매스 콘크리트
② 프리팩트 콘크리트
③ 프리스트레스트 콘크리트
④ 서중 콘크리트

02
① 매스 콘크리트
② 프리팩트 콘크리트
③ 프리스트레스트 콘크리트
④ 저탄소 콘크리트

2024 출제예상문제

03 [23①] 4점
다음이 설명하는 콘크리트의 명칭을 쓰시오.

①	일평균 기온이 25℃ 이상일 때 타설되는 콘크리트
②	단면이 80cm 이상이고 내부 열이 높은 콘크리트
③	PS강재를 이용하여 콘크리트 인장능력을 키운 콘크리트
④	거푸집에 골재와 철근을 미리 넣고 트레미관을 이용하여 모르타르를 주입하여 만드는 콘크리트

① _____ ② _____
③ _____ ④ _____

04 [24①] 4점
다음이 설명하는 콘크리트의 명칭을 쓰시오.

①	콘크리트설계기준강도가 일반콘크리트 40MPa 이상, 경량콘크리트 27MPa 이상인 콘크리트
②	일평균 기온이 25℃ 이상일 때 타설되는 콘크리트
③	보통 부재단면 최소치수가 80cm 이상(하단이 구속된 경우에는 50cm 이상), 콘크리트 내외부 온도차가 25℃ 이상으로 예상되는 콘크리트
④	시멘트 대체 혼화재로서 플라이 애시 및 콘크리트용 고로슬래그 미분말을 결합재로 대량 치환하여 제조된 콘크리트 중 치환율이 50% 이상, 70% 이하인 콘크리트

① _____ ② _____
③ _____ ④ _____

05 [22③] 3점
매스콘크리트의 수화열 저감을 위한 대책을 3가지만 쓰시오.

① _____
② _____
③ _____

06 [21②] 4점
수밀콘크리트에 관한 설명이다. ( )안을 채우시오.
(단, (1)항은 크게 또는 작게로 표현할 것)

(1)	배합은 콘크리트의 소요품질이 얻어지는 범위 내에서 단위수량 및 물결합재비를 가급적 ( )하고, 단위굵은골재량은 가급적 ( ) 한다.
(2)	콘크리트의 소요 슬럼프는 가급적 적게 하고 ( )를 넘지 않도록 하며, 타설이 용이할 때에는 120mm 이하로 한다.
(3)	물결합재비는 ( ) 이하를 표준으로 한다.

정답 및 해설

03
(1) 서중 콘크리트
(2) 매스 콘크리트
(3) 프리스트레스트 콘크리트
(4) 프리플레이스트 콘크리트

04
① 고강도 콘크리트
② 서중 콘크리트
③ 매스 콘크리트
④ 저탄소 콘크리트

05
① 단위시멘트 사용량을 가능한 작게 한다.
② 수화열이 낮은 중용열시멘트를 사용한다.
③ 골재나 물을 냉각시켜 사용한다.

06
(1) 작게, 크게   (2) 180mm   (3) 50%

2024 출제예상문제

07 [24①] 4점

다음 【보기】의 수밀콘크리트에 대한 내용 중 틀린 것을 1가지 고르고 올바르게 수정하시오.

> **보기**
> ① 배합은 콘크리트의 소요품질이 얻어지는 범위 내에서 단위수량 및 물결합재비를 가급적 크게 하고, 단위굵은골재량은 가급적 작게 한다.
> ② 콘크리트의 소요 슬럼프는 가급적 적게 하고 180mm를 넘지 않도록 하며, 타설이 용이할 때에는 120mm 이하로 한다.
> ③ 물결합재비는 50% 이하를 표준으로 한다.

•

08 [22①] 2점

다음이 설명하는 콘크리트의 명칭을 쓰시오.

> 시멘트 대체 혼화재로서 플라이애시 및 콘크리트용 고로슬래그 미분말을 결합재로 대량 치환하여 제조된 콘크리트 중 치환율이 50% 이상, 70% 이하인 콘크리트

09 [23③] 4점

기존 콘크리트의 시멘트량 50%를 혼화재(混和材)로 대체한 저탄소콘크리트(Carbon Reducing Concrete)에 사용되는 혼화재의 종류를 2가지 쓰시오.

① _____ ② _____

10 3점

고강도 콘크리트의 폭렬현상(Exclosive Fracture)에 대하여 설명하시오.

11 3점

콘크리트 구조물의 화재 시 급격한 고열현상에 의하여 발생하는 폭렬(Exclosive Fracture) 현상 방지대책을 2가지 쓰시오

① _____
② _____

12 [22①] 4점

다음은 고강도콘크리트에 관한 사항이다. 알맞은 기호를 고르시오.

	재료 및 배합	보기	
(1)	단위수량	① 크게	② 작게
(2)	단위시멘트량	① 크게	② 작게
(3)	잔골재량	① 크게	② 작게
(4)	슬럼프치	① 크게	② 작게

정답 및 해설

07
① 단위수량 및 물결합재비를 가급적 작게 하고, 단위굵은골재량은 가급적 크게 한다.

08
저탄소 콘크리트

09
① 플라이애시 ② 고로슬래그

10
콘크리트 부재가 화재로 가열되어 표면부가 소리를 내며 급격히 파열되는 현상

11
① 내화피복을 실시하여 열의 침입을 차단한다.
② 흡수율이 작고 내화성이 있는 골재를 사용한다.

12
(1) ② (2) ② (3) ② (4) ②

05 콘크리트 비파괴검사, 보수 및 보강, 적산사항

POINT 01 콘크리트 비파괴 검사, 보수 및 보강

(1) 강도추정을 위한 비파괴 검사법 :
반발경도법(=슈미트해머법), 초음파 속도법, 인발법, 조합법

(2) 균열의 외관 보수

①	표면처리공법		통상 0.2mm 이하의 미세한 균열 표면에 수지계 또는 시멘트계의 재료를 주입하여 피막층을 만드는 방법
②	주입공법		균열폭 0.2mm 이상의 경우에 주입용 Pipe를 10~30cm 간격으로 설치하고 저점도의 Epoxy 수지로 충전하는 방법
③	충전공법		균열을 따라 콘크리트를 10mm 정도 U형 또는 V형으로 잘라내고 그 부분에 보수재를 충전하는 방법으로 균열폭 0.5mm 이상의 비교적 큰 폭의 균열보수에 적용

(3) 콘크리트 균열보강법

①	단면증대공법		기존 콘크리트면에 철근콘크리트를 타설하여 단면을 늘리는 방법
②	강판접착공법		인장측 콘크리트 표면에 강판을 에폭시수지로 접착하는 방법
③	철물매입공법 또는 강재앵커공법	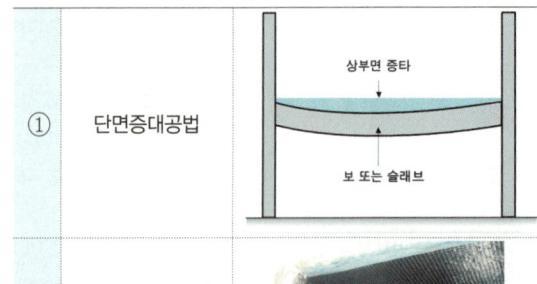	균열 발생 주위로 철물을 매입하는 방법

2024 출제예상문제

01 4점

콘크리트 구조물의 압축강도를 추정하고 내구성 진단, 균열의 위치, 철근의 위치 등을 파악하는데 있어서 구조체를 파괴하지 않고, 비파괴적인 방법으로 측정하는 검사방법을 4가지 쓰시오.

① _____
② _____
③ _____
④ _____

02 6점

다음 콘크리트의 균열보수법에 대하여 설명하시오.
(1) 표면처리법

(2) 주입공법

(3) 충전공법

03 3점

콘크리트 구조물의 균열발생 시 실시하는 보강공법을 3가지 쓰시오.

① _____
② _____
③ _____

04 3점

콘크리트 구조물의 균열발생 시 균열의 보수와 보강이 있는데, 구조보강법의 종류를 3가지 쓰시오.

① _____
② _____
③ _____

정답 및 해설

01
① 반발경도법
② 초음파 속도법
③ 인발법
④ 조합법

02
(1) 0.2mm 이하의 미세한 균열 표면에 수지계 또는 시멘트계의 재료를 주입하여 피막층을 만드는 방법
(2) 균열폭 0.2mm 이상의 경우에 주입용 Pipe를 10~30cm 간격으로 설치하고 저점도의 Epoxy 수지로 충전하는 방법
(3) 균열을 따라 콘크리트를 10mm 정도 U형 또는 V형으로 잘라내고 그 부분에 보수재를 충전하는 방법

03, 04
① 단면증대공법
② 강판접착공법
③ 철물매입공법 또는 강재앵커공법

POINT 02 철근콘크리트 보 수량 산출

(1) 콘크리트량 $V(\mathrm{m}^3)$

① $V(\mathrm{m}^3)$ = 보 폭×보 높이×보 길이

② 헌치(Haunch)가 있는 경우 그 부분만큼 가산한다.

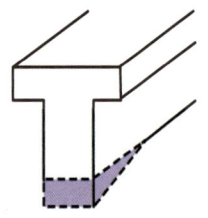

(2) 거푸집량 $A(\mathrm{m}^2)$

① $A(\mathrm{m}^2)$ = (기둥간 안목길이×보 높이)×2

② 보에 헌치가 있는 경우 보밑 거푸집의 면적 신장(伸長)은 없는 것으로 간주하고 직선길이로 산정한다.

(3) 철근량(kg): 상부주근, 하부주근, 벤트근, 늑근으로 구분하여 길이를 산정한 후, 단위중량을 곱하여 중량(kg)으로 산출한다.

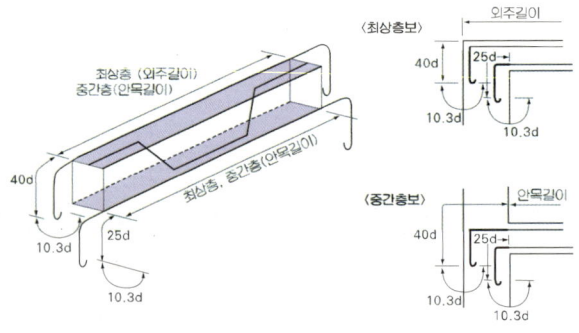

① 상부주근	• 중간층=안목길이+(정착길이 40+Hook길이 10.3)D×2곳
	• 최상층=외주길이+(정착길이 40+Hook길이 10.3)D×2곳
	• 배근 갯수=도면에 표기된 갯수
② 하부주근	• 중간층=안목길이+(정착길이 25+Hook길이 10.3)D×2곳
	• 최상층=안목길이+(정착길이 25+Hook길이 10.3)D×2곳
	• 배근 갯수=도면에 표기된 갯수
③ 벤트근	• 중간층=안목길이+(정착길이 40+Hook길이 10.3)D×2곳+벤트길이
	• 최상층=외주길이+(정착길이 40+Hook길이 10.3)D×2곳+벤트길이
	• 배근 갯수=도면에 표기된 갯수
	※ 벤트길이 산정 시: ➡ 보의 높이에서 10cm를 뺀값을 일반적으로 적용한다. ➡ 단부=$\dfrac{안목치수}{4}$, 중앙부=$\dfrac{안목치수}{2}$
④ 늑근	• 늑근 1개 길이는 보 단면의 설계치수로 하며, Hook는 없는 것으로 한다.
	• 배근 갯수=$\dfrac{안목길이}{늑근간격}+1$

출제예상문제

01 [23②] 3점

다음과 같은 조건의 철근콘크리트 보의 중량(ton)을 산출하시오.

> 보: 단면 300×400, 길이 1m, 수량 120개, 철근콘크리트 단위체적중량 2,400kg/m³

02 6점

그림과 같은 헌치 보에 대하여, 콘크리트량과 거푸집 면적을 구하시오. (단, 거푸집 면적은 보의 하부면도 산출할 것)

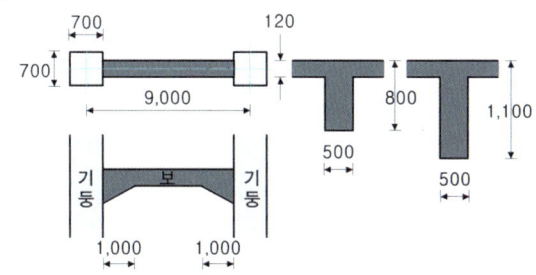
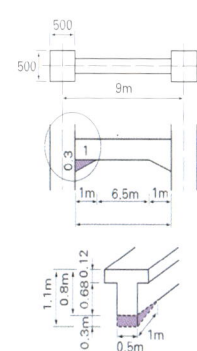

(1) 콘크리트:

(2) 거푸집 면적:

정답 및 해설

01
$(0.3 \times 0.4) \times 1 \times 2.4 \times 120 = 34.56\,\mathrm{ton}$

02 (1) $3.47\mathrm{m}^3$ (2) $16.04\mathrm{m}^2$

(1) ① 보 부분: $0.5 \times 0.8 \times 8.3 = 3.32\mathrm{m}^3$

② 헌치 부분: $\left(\dfrac{1}{2} \times 0.5 \times 0.3 \times 1\right) \times 2면 = 0.15\mathrm{m}^3$

③ $3.32 + 0.15 = 3.47$

(2) ① 보 옆: $0.68 \times 8.3 \times 2면 = 11.288\mathrm{m}^2$

② 헌치 옆: $\left[\left(\dfrac{1}{2} \times 0.3 \times 1\right) \times 2면\right] \times 2면 = 0.6\mathrm{m}^2$

③ 보 밑: $0.5 \times 8.3 = 4.15\mathrm{m}^2$

④ $11.288 + 0.6 + 4.15 = 16.038$

2024 출제예상문제

03 6점

다음과 같은 철근콘크리트 기준층 보에서 철근 중량을 산출하시오. (단, $D22 = 3.04\text{kg/m}$, $D10 = 0.56\text{kg/m}$ 이고, 주근의 Hook 길이는 $10.3D$로 한다.)

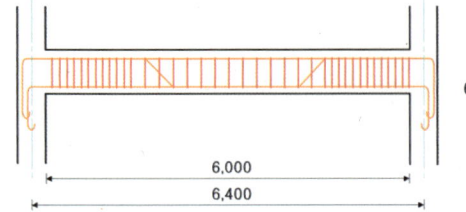
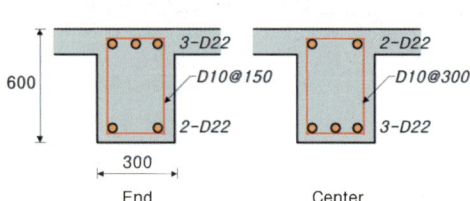

04 6점

그림과 같은 철근 콘크리트 최상층 보에서 철근 중량을 산출하시오. (단, $D22 = 3.04\text{kg/m}$, $D10 = 0.56\text{kg/m}$ 이고, 주근의 Hook 길이는 고려하지 않는다.)

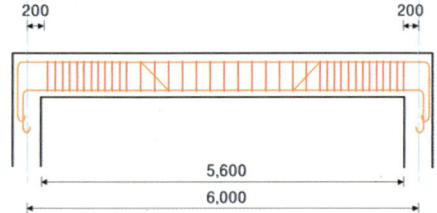
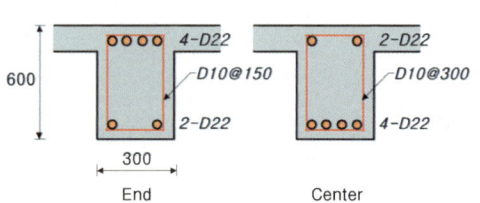

정답 및 해설

03 153.33kg

(1) 상부주근(D22): $[6+(40+10.3)\times 0.022\times 2]\times 2$개 $= 16.426\text{m}$

(2) 하부주근(D22): $[6+(25+10.3)\times 0.022\times 2]\times 2$개 $= 15.106\text{m}$

(3) 벤트철근(D22):
$[6+(40+10.3)\times 0.022\times 2]+[(0.5\sqrt{2}-0.5)\times 2] = 8.627\text{m}$

(4) 늑근(D10): $[(0.3+0.6)\times 2]\times \left(\dfrac{3}{0.3}+\dfrac{3}{0.15}+1\right)= 55.8\text{m}$

(5) 합계 ① D22 : $(16.426+15.106+8.627)\times 3.04 = 122.083\text{kg}$
　　　　② D10 : $55.8\times 0.56 = 131.248\text{kg}$
　　∴ $122.083+31.248 = 153.331\text{kg}$

04 171.72kg

(1) 상부주근(D22): $[6.4+40\times 0.022\times 2]\times 2$개 $= 16.32\text{m}$

(2) 하부주근(D22): $[5.6+25\times 0.022\times 2]\times 2$개 $= 13.4\text{m}$

(3) 벤트철근(D22): $[6.4+40\times 0.022\times 2]\times 2$개
$+[(0.5\sqrt{2}-0.5)\times 2]\times 2 = 17.15\text{m}$

(4) 늑근(D10): $[(0.3+0.6)\times 2]\times \left(\dfrac{2.8}{0.3}+\dfrac{2.8}{0.15}+1\right)= 52.2\text{m}$

(5) 합계 ① D22 : $(16.32+13.4+17.15)\times 3.04 = 142.484\text{kg}$
　　　　② D10 : $52.2\times 0.56 = 29.232\text{kg}$
　　∴ $142.484+29.232 = 171.716\text{kg}$

MEMO

| POINT | 03 | 철근콘크리트 기둥 수량 산출 |

(1) **콘크리트량:** $V(\text{m}^3)$ = 기둥 단면적 × 슬래브 안목간 높이

(2) **거푸집량:** $A(\text{m}^2)$ = 기둥 둘레길이 × 슬래브 안목간 높이

(3) **철근량(kg):** 주근, 대근(Hoop, 띠철근)으로 구분하여 길이를 산정한 후, 단위중량을 곱하여 중량(kg)으로 산출한다.

| ① | 주근 | • 1개의 길이=층고 높이
• 배근 갯수=도면에 표기된 갯수 | ② | 대근 | • 1개의 길이=기둥 단면 외주길이
• 배근 갯수= $\dfrac{기둥\ 높이}{대근\ 간격}+1$ |

2024 출제예상문제

01 4점

다음 도면과 같은 기둥 주근의 철근량을 산출하시오.
(단, 층고는 3.6m, 주근의 이음길이는 $25D$로 하고, 철근의 중량은 $D22=3.04\text{kg/m}$, $D19=2.25\text{kg/m}$, $D10=0.56\text{kg/m}$로 한다.)

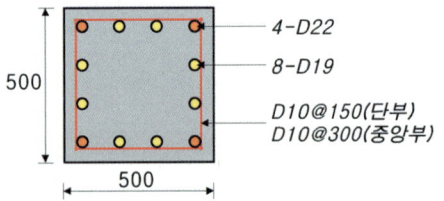

02 4점

다음과 같은 기둥 철근량(주근, 대근)을 산출하시오.
(단, 층고는 3.6m, 주근의 이음길이는 $25D$로 하고, 철근의 중량은 $D22=3.04\text{kg/m}$, $D19=2.25\text{kg/m}$, $D10=0.56\text{kg/m}$로 한다.)

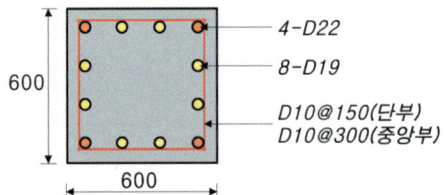

정답 및 해설

01 136.37kg
(1) 주근(D22) : $[3.6+(25+10.3\times2)\times0.022]\times4개=18.412\text{m}$
(2) 주근(D19) : $[3.6+(25+10.3\times2)\times0.019]\times8개=35.731\text{m}$
(3) 합계 ① D22 : $18.412\times3.04=55.972\text{kg}$
　　　　② D19 : $35.731\times2.25=80.394\text{kg}$
　∴ $55.972+80.394=136.366\text{kg}$

02 161.90kg
(1) 주근(D22) : $[3.6+(25+10.3\times2)\times0.022]\times4개=18.412\text{m}$
(2) 주근(D19) : $[3.6+(25+10.3\times2)\times0.019]\times8개=35.731\text{m}$
(3) 대근(D10) :
$[(0.6+0.6)\times2]\times\left(\dfrac{0.9}{0.15}+\dfrac{1.8}{0.3}+\dfrac{0.9}{0.15}+1\right)=45.6\text{m}$
(4) 합계 ① D22 : $18.412\times3.04=55.972\text{kg}$
　　　　② D19 : $35.731\times2.25=80.394\text{kg}$
　　　　③ D10 : $45.6\times0.56=25.536\text{kg}$
　∴ $55.972+80.394+25.536=161.902\text{kg}$

2024 출제예상문제

03 [21②] 6점

50cm×50cm의 단면을 갖는 3m 높이의 기둥 10개에 소요되는 거푸집량과 콘크리트량을 구하시오.

(1) 거푸집량:

(2) 콘크리트량:

04 [23①] 6점

다음 도면을 보고 콘크리트량과 거푸집량을 산출하시오.

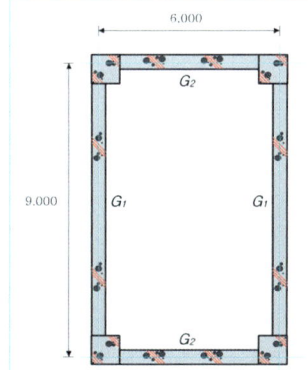

- 단위 : mm
- 기둥(철근콘크리트) : 500 × 500
- 슬래브 두께 : 120
- 높이 : 3,600
- G_1, G_2 보 : 400 × 600

(1) 기둥
 ① 콘크리트량 :
 ② 거푸집량 :
(2) 보(G_1)
 ① 콘크리트량 :
 ② 거푸집량(옆면):
(3) 보(G_2)
 ① 콘크리트량 :
 ② 거푸집량(옆면):
(4) 슬래브
 ① 콘크리트량 :

 ② 거푸집량: 밑면
           측면
(5) 전체 콘크리트량:
(6) 전체 거푸집량:

정답 및 해설

03
(1) $(0.5+0.5) \times 2 \times 3 \times 10$개 $= 60 \text{m}^2$
(2) $0.5 \times 0.5 \times 3 \times 10$개 $= 7.5 \text{m}^3$

04
(1) 기둥
 ① 콘크리트량 = $0.5 \times 0.5 \times 3.48 \times 4$개 $= 3.48 \text{m}^3$
 ② 거푸집량 = $(0.5 + 0.5) \times 2 \times 3.48 \times 4$개 $= 27.84 \text{m}^2$
(2) 보(G_1) = 8.4m
 ① 콘크리트량 = $0.4 \times 0.48 \times 8.4 \times 2$개 $= 3.23 \text{m}^3$
 ② 거푸집량(옆면) = 0.48×2(양쪽) $\times 8.4 \times 2$개 $= 16.13 \text{m}^2$
(3) 보(G_2) = 5.4m
 ① 콘크리트량 = $0.4 \times 0.48 \times 5.4 \times 2$개 $= 2.07 \text{m}^3$
 ② 거푸집량(옆면) = 0.48×2(양쪽) $\times 5.4 \times 2$개 $= 10.37 \text{m}^2$
(4) 슬래브
 ① 콘크리트량 = $6.4 \times 9.4 \times 0.12 = 7.22 \text{m}^3$
 ② 거푸집량: 밑면 = $6.4 \times 9.4 = 60.16 \text{m}^3$
           측면 = $(6.4 + 9.4) \times 2 \times 0.12 = 3.80 \text{m}^2$
(5) 전체 콘크리트량 : $3.48 + 3.23 + 2.07 + 7.22 = 16 \text{m}^3$
(6) 전체 거푸집량 : $27.84 + 16.13 + 10.37 + 60.16 + 3.80 = 118.30 \text{m}^2$

4

강구조공사

01 강구조공사 : 일반사항
02 강구조공사 : 접합
03 강구조공사 : 적산사항

01 강구조공사 일반사항

POINT 01 강구조공사 시공계획

(1) 공장가공 순서

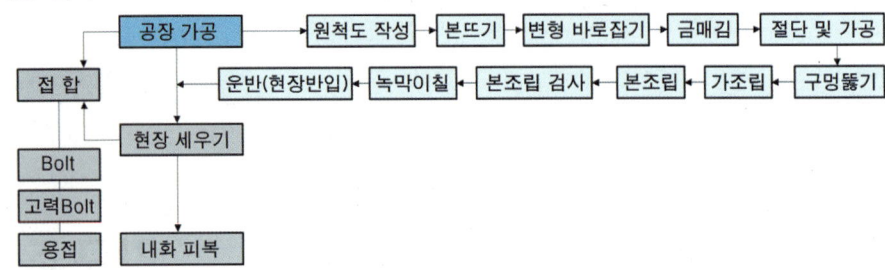

① 강재의 절단방법: 가스절단, 전단절단, 톱절단,
② 녹막이칠을 하지 않는 부분:
- 콘크리트에 묻히는 부분
- 현장용접을 하는 부위
- 초음파탐상 검사에 지장을 미치는 범위
- 고장력볼트 마찰접합부의 마찰면

(2) 현장세우기

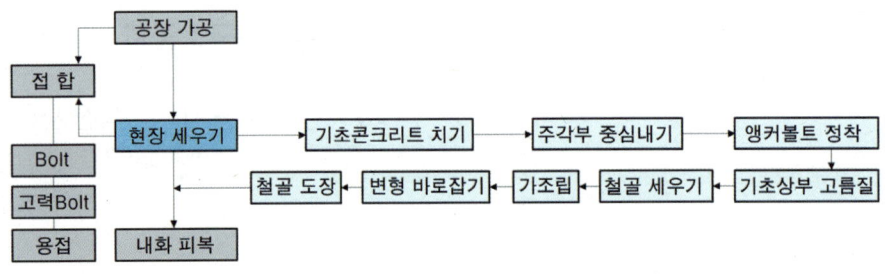

① 현장세우기용 기계: 가이 데릭(Guy Derrick), 스티프레그 데릭(Stiff Leg Derrick), 타워 크레인(Tower Crane)
② 앵커볼트 정착공법
- 고정 매입공법
- 가동 매입공법
- 나중 매입공법
③ 기초 상부 고름질 방법
- 전면 바름 마무리법
- 나중채워넣기 중심바름범
- 나중채워넣기 십자바름법
- 완전 나중채워넣기법

➡ 베이스 플레이트의 무수축모르타르의 두께는 30mm 이상 50mm 이내로 한다.

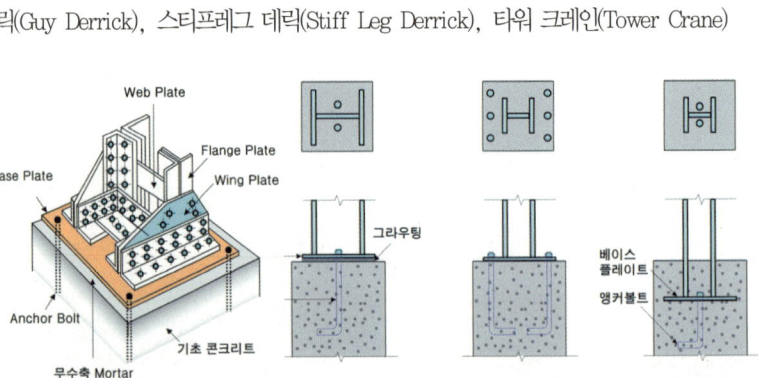

출제예상문제

01 4점
강구조공사의 공장가공순서를 아래의 【보기】를 참고로 하여 번호로 쓰시오.

① 구멍뚫기 ② 가조립
③ 본뜨기 ④ 본조립
⑤ 녹막이칠 ⑥ 변형 바로잡기
⑦ 원척도 작성 ⑧ 본조립 검사
⑨ 절단 및 가공 ⑩ 운반(현장반입)
⑪ 금매김

02 3점
강구조공사의 절단가공에서 절단방법의 종류를 3가지 쓰시오.

①　　　　　② 　　　　　③

03 [22①, 22②] 4점
강구조공사에서 녹막이칠을 하지 않는 부분을 4가지 쓰시오.

①　　　　　　　　②
③　　　　　　　　④

04 4점
강구조 주각부 현장시공 순서에 맞게 번호를 나열하시오.

① 기초 상부 고름질 ② 가조립
③ 변형 바로잡기 ④ 앵커볼트 정착
⑤ 철골 세우기 ⑥ 기초콘크리트 치기
⑦ 철골 도장

05 4점
강구조 주각부의 현장 시공순서에 맞게 번호를 쓰시오.

① 기초 상부 고름질 ② 가조립
③ 변형 바로잡기 ④ 앵커볼트 설치
⑤ 철골 세우기 ⑥ 철골 도장

06 6점
다음은 강구조 기둥 공사의 작업 흐름도이다. 알맞은 번호를 【보기】에서 골라 ( )를 채우시오.

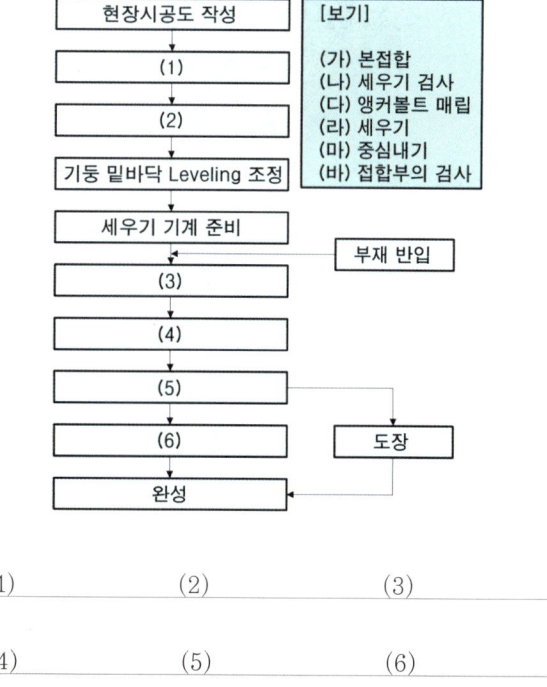

(1)　　　　　(2)　　　　　(3)

(4)　　　　　(5)　　　　　(6)

정답 및 해설

01 ⑦ → ③ → ⑥ → ⑪ → ⑨ → ① → ②
　 → ④ → ⑧ → ⑤ → ⑩

02 ① 가스절단 ② 전단절단 ③ 톱절단

03 ① 콘크리트에 묻히는 부분
　 ② 현장용접을 하는 부위
　 ③ 초음파탐상 검사에 지장을 미치는 범위
　 ④ 고장력볼트 마찰접합부의 마찰면

04 ⑥ → ④ → ① → ⑤ → ② → ③ → ⑦
05 ④ → ① → ⑤ → ② → ③ → ⑥
06 (1) (마) (2) (다) (3) (라)
　 (4) (나) (5) (가) (6) (바)

2024 출제예상문제

07 3점

철골세우기용 기계설비를 3가지 쓰시오.

① _____
② _____
③ _____

08 5점

강구조공사에서 그림과 같은 주각부의 부재별 명칭을 기입하시오.

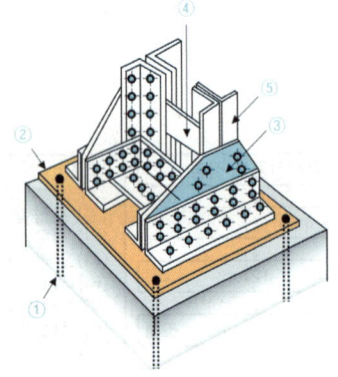

① _____
② _____
③ _____
④ _____
⑤ _____

09 [23①] 3점

강구조공사의 기초 Anchor Bolt는 구조물 전체의 집중하중을 지탱하는 중요한 부분이다. Anchor Bolt 매입공법의 종류 3가지를 쓰시오.

① _____
② _____
③ _____

10 4점

강구조공사에서 기초 상부 고름질의 방법 4가지를 쓰시오.

① _____
② _____
③ _____
④ _____

11 3점

철골 주각부(Pedestal)는 고정주각, 핀주각, 매입형주각 3가지로 구분된다. 그림과 적합한 주각부의 명칭을 쓰시오.

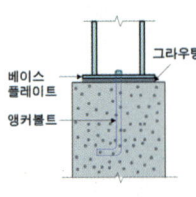  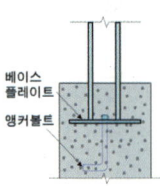

(①)   (②)   (③)

정답 및 해설

07
① 가이 데릭(Guy Derrick)
② 스티프레그 데릭(Stiff Leg Derrick)
③ 타워 크레인(Tower Crane)

08
① Anchr Bolt   ② Base Plate
③ Wing Plate   ④ Web Plate
⑤ Flange Plate

09
① 고정 매입공법
② 가동 매입공법
③ 나중 매입공법

10
① 전면 바름 마무리법
② 나중채워넣기 중심바름법
③ 나중채워넣기 십자바름법
④ 완전 나중채워넣기법

11
① 핀주각   ② 고정주각   ③ 매입형주각

MEMO

POINT 02 내화피복 공법

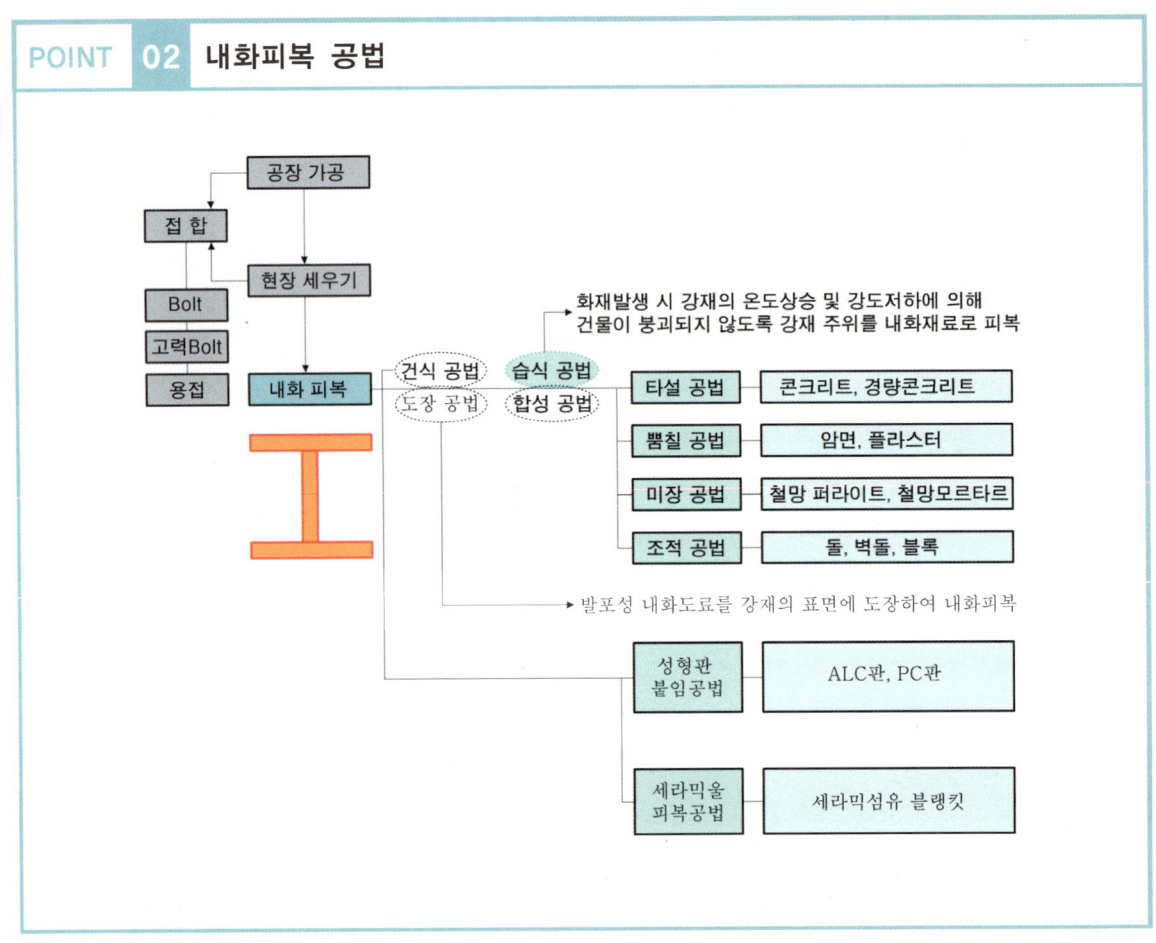

2024 출제예상문제

01 [21②] 3점
강구조 내화피복 공법 중 건식공법을 【보기】에서 골라 번호로 쓰시오.

보기
① 내화도료 공법   ② 타설 공법   ③ 조적 공법
④ 성형판 붙임 공법   ⑤ 합성 공법   ⑥ 세라믹울 공법
⑦ 뿜칠공법

02 [21①, 22③] 4점
강구조공사 습식 내화피복 공법의 종류를 4가지 쓰시오.

① _____
② _____
③ _____
④ _____

정답 및 해설

01
④, ⑥

02
① 타설 공법
② 뿜칠 공법
③ 미장 공법
④ 조적 공법

2024 출제예상문제

03 [24③] 4점

다음 설명에 알맞은 강구조 내화피복 공법의 종류를 【보기】에서 골라 적으시오.

> 보기
>
> 타설공법   뿜칠공법   조적공법   미장공법   성형판붙임공법

(1)	강재 주위에 콘크리트나 경량콘크리트를 부어 넣는 방법
(2)	암면(巖綿)이나 플라스터를 이용하여 분사하는 방법
(3)	철망 퍼라이트 또는 철망 모르타르를 바르는 공법
(4)	철골 주위에 접착제와 철물 또는 경량 철골 틀을 설치하고 그 위에 내화재료로 피복하는 공법

04 [22②, 23②] 4점

철골공사에서 내화피복공법 종류에 따른 재료를 각각 2가지씩 쓰시오.

공법	재료	
타설공법	①	②
조적공법	③	④

① _____ ② _____
③ _____ ④ _____

05 [24①] 4점

철골공사에서 내화피복공법 종류에 따른 재료를 각각 1가지씩 쓰시오.

	공법	재료
(1)	타설공법	
(2)	뿜칠공법	
(3)	미장공법	
(4)	조적공법	

06 5점

강구조 내화피복 공법 중 습식공법을 설명하고 습식공법의 종류 3가지와 사용되는 재료를 적으시오.

(1) 습식공법
_____
_____

(2) 공법의 종류와 사용 재료
① _____
② _____
③ _____

정답 및 해설

03
(1) 타설 공법
(2) 뿜칠 공법
(3) 미장 공법
(4) 성형판붙임공법

04
① 콘크리트   ② 경량콘크리트
③ 돌   ④ 벽돌

05
(1) 콘크리트   (2) 암면
(3) 철망 퍼라이트   (4) 돌

06
(1) 화재발생 시 강재의 온도상승 및 강도 저하에 의해 건물이 붕괴되지 않도록 강재 주위를 내화재료로 피복하는 공법
(2) ① 타설 공법: 콘크리트, 경량콘크리트
    ② 조적 공법: 돌, 벽돌
    ③ 미장 공법: 철망 퍼라이트, 철망 모르타르

건축산업기사　　　　　　　　　　　　　　　　Ⅳ. 강구조공사

강구조공사 : 접합

POINT 01 고장력볼트 접합(Ⅰ)

(1) 고장력볼트 접합의 장점

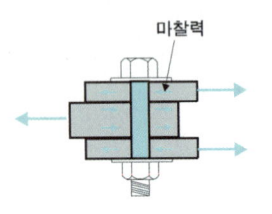

①	마찰접합이므로 소음이 거의 없다.
②	접합부 강도가 크며, 너트가 풀리지 않는다.
③	응력집중이 적고, 반복응력에 강하다.
④	현장시공 설비가 간단한다.
⑤	노동력이 절약되고 공기단축이 용이하다.

(2) 고장력볼트의 종류

①	TS(Torque Shear) Bolt	Torque Control 볼트로서 일정한 조임 토크치에서 볼트축이 절단
②	TS형 Nut	2겹의 특수너트를 이용한 것으로 일정한 조임 토크치에서 너트(Nut)가 절단
③	Grip Bolt	일반 고장력볼트를 개량한 것으로 조임이 확실한 방식
④	지압형 Bolt	직경보다 약간 작은 볼트구멍에 끼워 너트를 강하게 조이는 방식

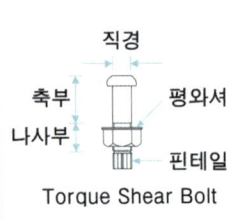

(3) TS(Torque Shear) Bolt 시공순서

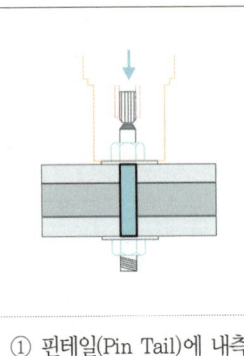
① 핀테일(Pin Tail)에 내측 소켓(Socket)을 끼우고 렌치(Wrench)를 살짝 걸어 너트(Nut)에 외측 소켓(Socket)이 맞춰지도록 함

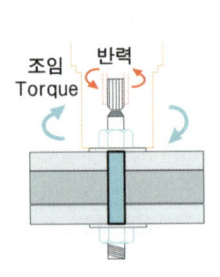
② 렌치의 스위치를 켜 외측 소켓이 회전하며 볼트를 체결

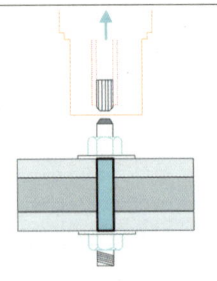
③ 핀테일이 절단되었을 때 외측 소켓이 너트로부터 분리되도록 렌치를 잡아당김

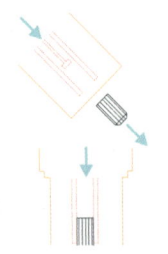
④ 팁 레버(Tip Lever)를 잡아당겨 내측 소켓에 들어있는 핀테일을 제거

2024 출제예상문제

01 3점 ☐☐☐☐☐
강구조의 여러 접합방식 중에서 부재를 접합할 때 접합부재 상호간의 마찰력에 의하여 응력을 전달시키는 접합방식은? _____

02 [21③, 22③, 24①] 4점, 5점 ☐☐☐☐☐
강구조공사에 사용되는 고장력볼트 조임의 장점을 5가지 쓰시오.

① _____
② _____
③ _____
④ _____
⑤ _____

03 4점 ☐☐☐☐☐
강구조공사에서 고장력볼트 접합의 종류에 대한 설명이다. 각각이 설명하는 용어를 쓰시오.
(1) Torque Control 볼트로서 일정한 조임 토크치에서 볼트축이 절단
(2) 2겹의 특수너트를 이용한 것으로 일정한 조임 토크치에서 너트(Nut)가 절단
(3) 일반 고장력볼트를 개량한 것으로 조임이 확실한 방식
(4) 직경보다 약간 작은 볼트구멍에 끼워 너트를 강하게 조이는 방식

(1) _____ (2) _____
(3) _____ (4) _____

04 3점 ☐☐☐☐☐
철골부재의 접합에 사용되는 고장력볼트 중 볼트의 장력 관리를 손쉽게 하기 위한 목적으로 개발된 것으로 본조임 시 전용조임기를 사용하여 볼트의 핀테일이 파단될 때까지 조임시공하는 볼트의 명칭은?

05 5점 ☐☐☐☐☐
특수고장력볼트(TS볼트)의 부위별 명칭을 쓰시오.

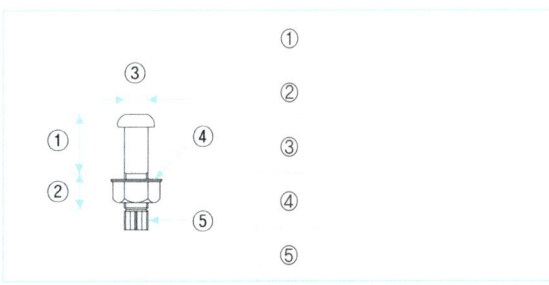

06 4점 ☐☐☐☐☐
TS(Torque Shear)형 고장력볼트의 시공순서를 번호로 나열하시오.

보기
① 팁 레버를 잡아당겨 내측 소켓에 들어있는 핀테일을 제거
② 렌치의 스위치를 켜 외측 소켓이 회전하며 볼트를 체결
③ 핀테일이 절단되었을 때 외측 소켓이 너트로부터 분리되도록 렌치를 잡아당김
④ 핀테일에 내측 소켓을 끼우고 렌치를 살짝 걸어 너트에 외측 소켓이 맞춰지도록 함

정답 및 해설

01 고장력볼트 접합

02
① 마찰접합이므로 소음이 거의 없다.
② 접합부 강도가 크며, 너트가 풀리지 않는다.
③ 응력집중이 적고, 반복응력에 강하다.
④ 현장시공 설비가 간단하다.
⑤ 노동력이 절약되고 공기단축이 용이하다.

03
(1) TS Bolt (2) TS형 Nut
(3) Grip Bolt (4) 지압형 Bolt

04 TS(Torque Shear) Bolt

05
① 축부 ② 나사부 ③ 직경
④ 평와셔 ⑤ 핀테일

06
④ → ② → ③ → ①

POINT 02 고장력볼트 접합(II)

(1) 고장력볼트의 조임

①	조임 기구	•임팩트 렌치(Impact Wrench) • 토크 렌치(Torque Wrench)
②	조임검사를 행하는 표준볼트의 수	전체 Bolt수의 10% 이상 또는 각 Bolt군에 1개 이상
③	미끄럼계수 확보를 위한 마찰면 처리	구멍을 중심으로 지름의 2배 이상 범위의 흑피를 숏블라스트(Shot Blast) 또는 샌드블라스트(Sand Blast)로 제거한 후 도료, 기름, 오물 등이 없도록 하며, 들뜬 녹은 와이어 브러쉬로 제거한다.
④	설계볼트장력, 표준볼트장력	설계볼트장력은 고장력볼트 설계미끄럼강도를 구하기 위한 값이며, 현장시공에서의 표준볼트장력은 설계볼트장력에 10%를 할증한 값으로 한다.

(2) 고장력볼트의 표시

마찰접합, Friction Grip Joint
볼트, Bolt
F 10T - M 20
Bolt 직경
최저 인장강도 10tf/cm² =1,000MPa

인장재 설계를 위한 표준구멍의 직경

직경	구멍의 여유폭(d)
24mm 미만	직경 + 2mm
24mm 이상	직경 + 3mm

(3) 접합부 명칭과 볼트의 전단파괴

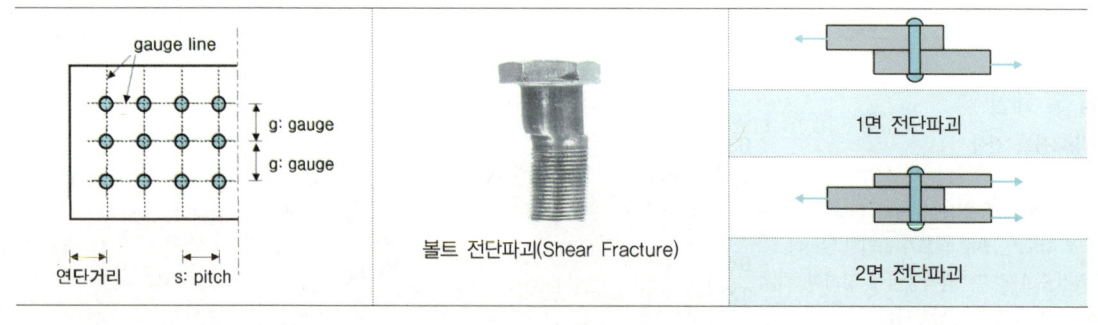

gauge line
g: gauge
g: gauge
연단거리   s: pitch
볼트 전단파괴(Shear Fracture)
1면 전단파괴
2면 전단파괴

출제예상문제

01 4점
강구조공사에서 고장력볼트 조임에 쓰는 기기 2가지와 일반적으로 각 볼트군에 대하여 조임검사를 행하는 표준볼트의 수에 대해 쓰시오.
(1) 조임 기기

① _____ ② _____

(2) 조임검사를 행하는 볼트의 수

_____

02 4점
철골공사 고장력볼트의 마찰접합 및 인장접합에서는 설계볼트장력 및 표준볼트장력과 미끄럼계수의 확보가 반드시 보장되어야 한다. 이에 대한 방법을 서술하시오.
(1) 설계볼트장력:

(2) 미끄럼계수의 확보를 위한 마찰면 처리:

03 3점
고장력볼트의 조임은 표준볼트장력을 얻을 수 있도록 1차조임, 금매김, 본조임의 순서로 행한다. 표준볼트장력을 얻을 수 있는 볼트의 등급인 고장력볼트 F10T에서 10이 가리키는 의미는?

04 3점
강구조 볼트접합과 관련하여 용어를 쓰시오.
① 볼트 중심 사이의 간격
② 볼트 중심 사이를 연결하는 선
③ 볼트 중심 사이를 연결하는 선 사이의 거리

① _____ ② _____
③ _____

05 4점
그림에서 제시하는 볼트의 전단파괴에 대한 명칭을 쓰시오.

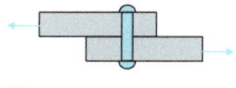 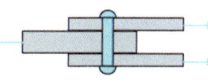

①　　　　　　　　　　②

정답 및 해설

01
(1) ① 임팩트 렌치(Impact Wrench)
　　② 토크 렌치(Torque Wrench)
(2) 전체 Bolt수의 10% 이상
　　또는 각 Bolt군에 1개 이상

02
(1) 설계볼트장력은 고장력볼트 설계미끄럼강도를 구하기 위한 값이며, 현장시공에서의 표준볼트장력은 설계볼트장력에 10%를 할증한 값으로 한다.
(2) 구멍을 중심으로 지름의 2배 이상 범위의 흑피를 숏블라스트(Shot Blast) 또는 샌드블라스트(Sand Blast)로 제거한 후 도료, 기름, 오물 등이 없도록 하며, 들뜬 녹은 와이어브러쉬로 제거한다.

03 인장강도 $F_u = 1,000\text{MPa}$

04
① 피치(pitch)
② 게이지라인(gauge line)
③ 게이지(gauge)

05
① 1면 전단파괴　② 2면 전단파괴

POINT 03 용접 접합: 일반사항

(1) 용접접합의 특징

	장점	① 응력전달이 확실하다.
		② 접합속도가 빠르다.
		③ 이음처리와 작업성이 용이하다.
		④ 수밀성 및 기밀성이 유리하다.
	단점	① 용접공의 기량 의존도가 높다.
		② 용접부위 결함검사가 어렵다.
		③ 응력집중에 민감하다.
		④ 급열 및 급냉으로 인한 변형의 우려가 있다.

(2) 용접의 종류

①	피복아크용접 (Shielded Metal Arc Welding: SMAW)	피복재를 유착시킨 용접봉을 사용한 용접으로서, 수동용접(Manual Welding)용으로 가장 많이 사용되는 용접방법
②	서브머지드아크용접 (Submerged Arc Welding: SAW)	용접표면에 미세한 입상(粒狀)의 플럭스(Flux)를 공급하고 플럭스 내부에서 피복하지 않은 용접봉으로서 아크용접하는 방법
③	가스메탈아크용접 (Gas Metal Arc Welding: GMAW)	가스로서 아크를 보호하며 용접하는 방법
④	일렉트로슬래그용접 (Electro Slag Welding: ESW)	용융슬래그 속에 용접봉을 연속으로 공급하고, 용접봉과 용융금속 내부에 흐르는 전류에 의한 전기저항 발열로써 전극을 용융시키는 방법

(3) 현장용접 시공은 다음의 기후조건을 준수한다.

①	기온이 -5℃ 이하의 경우, 용접해서는 안 된다. 기온이 -5℃~5℃인 경우, 접합부로부터 100mm 범위의 모재 부분을 정해진 예열 온도까지 가열하고 용접한다.
②	비가 올 때나 습도가 높을 때는 가열처리하여 수분제거 후, 모재의 표면 및 틈새 부근에 수분이 남아있지 않은 것을 확인하고 용접한다.
③	보호가스를 사용하는 가스메탈아크용접 및 플럭스코어드 아크용접은 풍속이 2m/s 이상의 경우, 용접해서는 안 된다. 다만, 방풍조치를 강구한 경우, 이 규정을 따르지 않고 용접 할 수 있다.

2024 출제예상문제

01 3점

강구조 용접 시 용접부에 대한 다음 도식을 설명하시오.

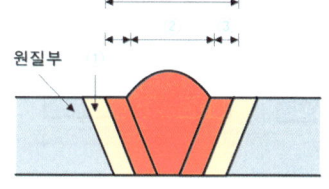

① _____ ② _____ ③ _____

02 [21②, 22①, 24③] 4점

강구조공사에서 용접접합의 장점을 4가지 쓰시오.

①
②
③
④

03 [24③] 4점

강구조공사에서 용접접합의 단점을 4가지 쓰시오.

①
②
③
④

04 [23②] 4점

다음의 설명에 해당하는 강구조 용접방법을 【보기】에서 골라 번호로 쓰시오.

보기
① 피복아크용접(Shielded Metal Arc Welding: SMAW)
② 서브머지드아크용접(Submerged Arc Welding: SAW)
③ 가스메탈아크용접(Gas Metal Arc Welding: GMAW)
④ 일렉트로슬래그용접(Electro Slag Welding: ESW)

(1)	용융슬래그 속에 용접봉을 연속으로 공급하고, 용접봉과 용융금속 내부에 흐르는 전류에 의한 전기저항 발열로써 전극을 용융시키는 방법
(2)	용접표면에 미세한 입상(粒狀)의 플럭스(Flux)를 공급하고 플럭스 내부에서 피복하지 않은 용접봉으로서 아크용접하는 방법
(3)	피복재를 유착시킨 용접봉을 사용한 용접으로서, 수동용접(Manual Welding)용으로 가장 많이 사용되는 용접방법
(4)	가스로서 아크를 보호하며 용접하는 방법

05 5점

강구조공사의 현장용접 시공의 기후조건 준수와 관련하여 다음 ( )안을 채우시오.

(1)	기온이 ( )℃ 이하의 경우, 용접해서는 안 된다. 기온이 ( )℃~( )℃인 경우, 접합부로부터 ( )mm 범위의 모재 부분을 정해진 예열 온도까지 가열하고 용접한다.
(2)	보호가스를 사용하는 가스메탈아크용접 및 플럭스코어드 아크용접은 풍속이 ( )m/s 이상의 경우, 용접해서는 안 된다.

정답 및 해설

01
① 변질부 ② 용착금속부 ③ 융합부

02
① 응력전달이 확실하다.
② 접합속도가 빠르다.
③ 이음처리와 작업성이 용이하다.
④ 수밀성 및 기밀성이 유리하다.

03
① 용접공의 기량 의존도가 높다.
② 용접부위 결함검사가 어렵다.
③ 응력집중에 민감하다.
④ 급열 및 급냉으로 인한 변형의 우려가 있다.

04
(1) ④ (2) ② (3) ① (4) ③

05
(1) -5, -5, 5 , 100
(2) 2

POINT 04 용접 접합: 용접기호 표기방법

(1) 그루브용접(Groove Welding), 필릿용접(Fillet Welding)

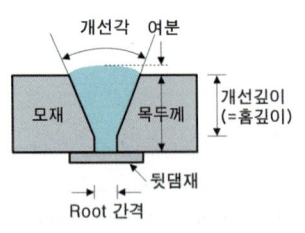 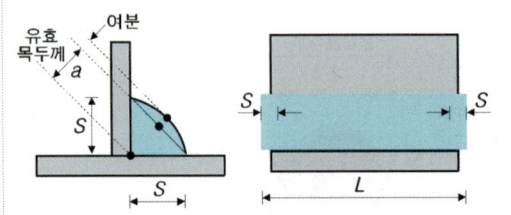

그루브용접(Groove Welding, 맞댐용접, 맞대기용접)	필릿용접(Fillet Welding, 모살용접)
두 모재의 접합부를 일정한 모양으로 가공하고 그 속에 용착금속을 채워 넣어 용접하는 방법	두 부재에 홈파기(가공)를 하지 않고 일정한 각도로 접합한 후 삼각형 모양으로 접합부를 용접하는 방법

(2) 용접기호 표기방법의 요점

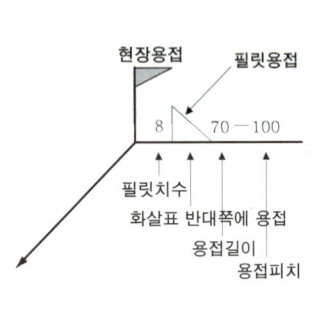 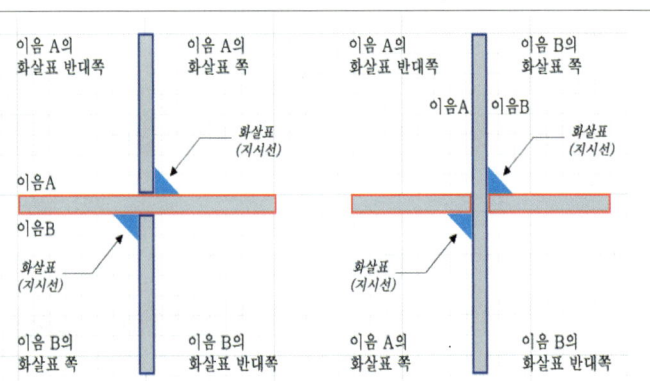

①	용접기호는 접합부를 지시하는 지시선과 기선에 기재한다. 기선은 수평선이고 필요시에는 꼬리를 붙인다. 지시선은 기선에 대해 60° 또는 120°의 직선이다.
②	V형, K형 등에서 개선이 있는 쪽의 부재면을 지시할 필요가 있으면 개선을 낸 부재 쪽에 기선을 긋고 지시선을 절선으로 하며 개선을 낸 면에 화살 끝을 둔다.
③	기호 및 사이즈는 용접하는 쪽이 화살이 있는 쪽 또는 앞쪽인 때는 기선의 아래 쪽에, 화살의 반대쪽이거나 뒤쪽이면 기선의 위쪽에 밀착하여 기재한다.
④	현장 용접(▐), 일주 용접(○: 전체 둘레 용접), 현장 일주 용접(⊙) 등의 보조기호는 기준선과 화살표의 교점에 표시한다. 현장 용접이란 구조물 등을 설치하는 현장에서 용접을 하라는 의미이고, 전체 둘레 용접이란 용접기호가 있는 부분만의 용접이 아니라 원형이나 사각 용접부 전체를 용접하라는 의미이다.

2024 출제예상문제

01 6점
강구조공사에서 그루브용접, 필릿용접을 개략적으로 도시하고 설명하시오.

(1) 맞댐용접   (2) 필릿용접

02 4점
다음이 설명하는 철골공사 용접방법을 기재하시오.
(1) 한쪽 또는 양쪽 부재의 끝을 용접이 양호하게 될 수 있도록 끝단면을 비스듬히 절단(개선)하여 용접하는 방법:
(2) 두 부재를 일정한 각도로 접합한 후 2장의 판재를 겹치거나 T자형, 十자형의 교차부를 등변 삼각형 모양으로 접합부을 용접하는 방법:

03 3점
그림과 같은 용접 표시에서 알 수 있는 사항을 기입하시오.

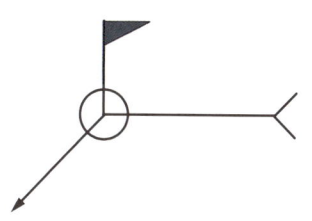

04 [23②] 4점
다음은 맞댐용접(Groove Welding)을 나타낸 그림이다. 용접부의 기호에 대해 기호의 수치를 모두 표기하여 제작 상세를 표시하시오.

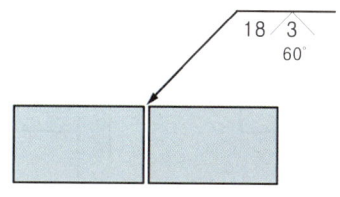

①
②
③
④

정답 및 해설

01

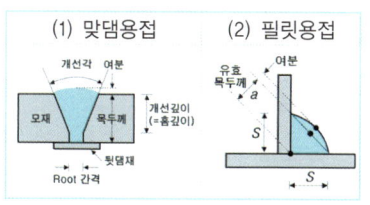

(1) 두 모재의 접합부를 일정한 모양으로 가공하고 그 속에 용착금속을 채워 넣어 용접하는 방법
(2) 두 부재에 홈파기(가공)를 하지 않고 일정한 각도로 접합한 후 삼각형 모양으로 접합부를 용접하는 방법

02
(1) 그루브용접(맞댐용접, 맞대기용접)
(2) 필릿용접(모살용접)

03 현장 일주 용접

04 ① V형 그루브(Groove, 맞댐) 용접
② 화살쪽 용접부 개선각 60°
③ 개선깊이 18mm
④ 루트(Root) 간격 3mm

2024 출제예상문제

05 [23②] 4점
다음은 맞댐용접(Groove Welding)을 나타낸 그림이다. 용접부의 기호에 대해 기호의 수치를 모두 표기하여 제작 상세를 표시하시오.

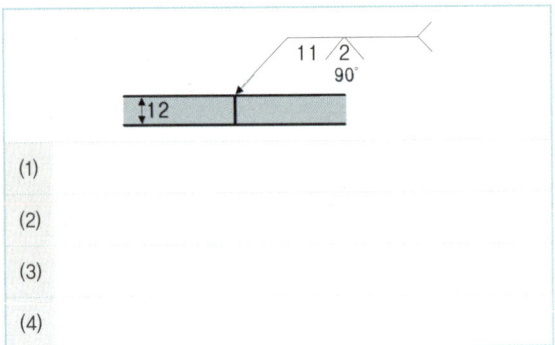

(1)
(2)
(3)
(4)

06 4점
그림과 같은 맞댐용접(Groove Welding)을 용접기호를 사용하여 표현하시오.

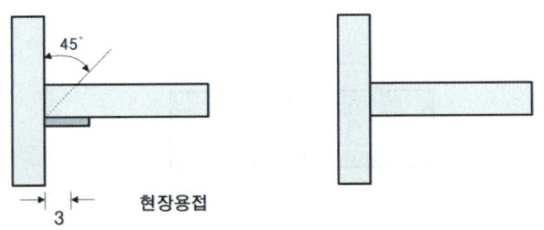

07 6점
철골공사에서 다음 상황에 맞는 용접기호를 완성하시오.

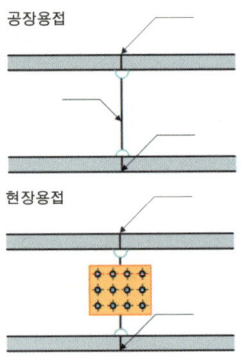

08 4점
다음의 주의사항을 통해 그림상에 용접기호를 도식화 하시오.

주의사항
① 필릿 용접
② 현장 용접
③ 필릿 치수 3mm

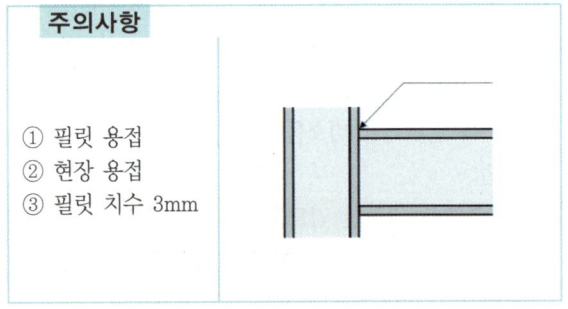

정답 및 해설

05
(1) 화살쪽 용접부 개선각 90° V형 그루브용접
(2) 목두께 12mm
(3) 개선깊이 11mm
(4) 루트(Root) 간격 2mm

06

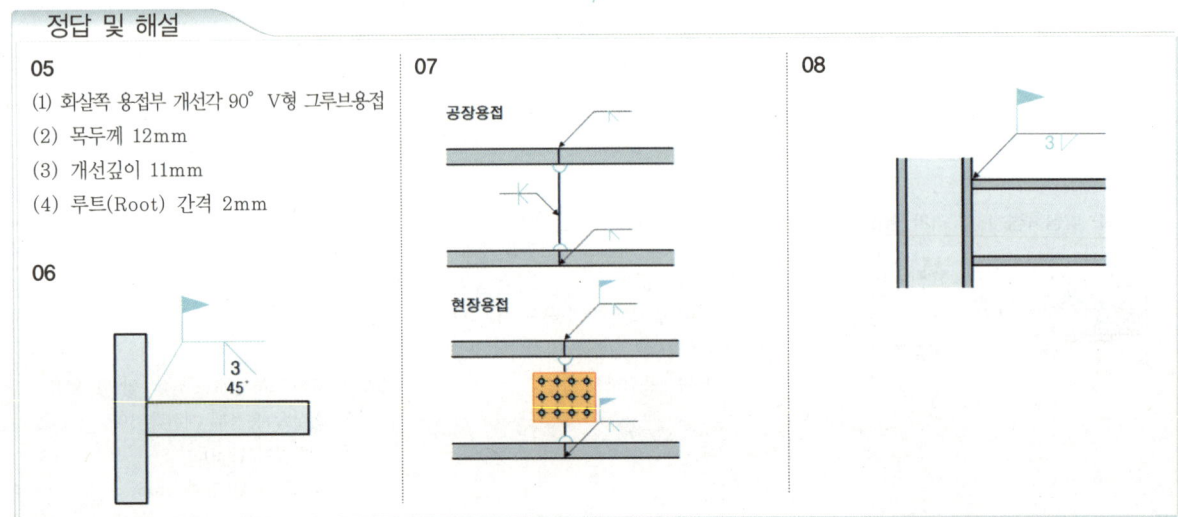

2024 출제예상문제

09 [24③] 4점

다음의 용접기호로서 알 수 있는 사항을 4가지 쓰시오.

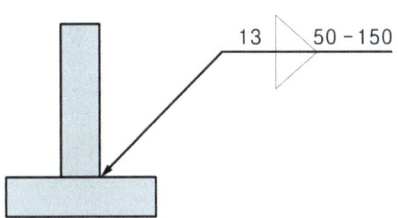

(1) 용접종류

(2) 용접크기

(3) 용접길이

(4) 용접피치

정답 및 해설

09
(1) 병렬 단속 필릿(Fillet, 모살) 용접
(2) 13mm
(3) 50mm
(4) 150mm

POINT 05 용접 접합: 용접결함의 종류

(1)	슬래그(Slag) 감싸들기		용접봉의 피복재 용해물인 회분(Slag)이 용착금속 내에 혼입된 것	슬래그
		① 원인	용착금속이 급속히 냉각하는 경우 또는 운봉작업이 좋지 않은 경우	
		② 대책	➡ 전류공급을 일정하게 유지 ➡ 용접층에서 Wire Brush로 슬래그를 충분히 제거	
(2)	언더컷(Under Cut)		용접상부에 모재가 녹아 용착금속이 채워지지 않고 홈으로 남게 된 부분	빈틈
(3)	오버랩(Over Lap)		용융된 금속만 녹고 모재는 함께 녹지 않아서 모재 표면을 단순히 덮고만 있는 상태	겹침
(4)	블로홀(Blow Hole)		용융금속이 응고할 때 방출되었어야 할 가스가 남아서 생기는 용접부의 빈자리	기포
(5)	크랙(Crack)		과대전류, 과대속도 시 생기는 갈라짐	
(6)	피트(Pit)		모재의 화학 성분 불량 등으로 생기는 미세한 홈	
(7)	용입부족		모재가 녹지 않고 용착금속이 채워지지 않고 홈으로 남음	
(8)	크레이터(Crater)		아크 용접 시 끝부분이 항아리 모양으로 패임	
(9)	은점(Fish Eyes)		생선눈알 모양의 은색 반점	

【 ※ 과대전류에 의한 결함: 언더컷(Under Cut), 크랙(Crack), 크레이터(Crater)】

출제예상문제

01 [21②] 4점

강구조 용접공사에서 발생할 수 있는 용접결함의 종류를 4가지 쓰시오.

① _____ ② _____
③ _____ ④ _____

02 [21①, 23③, 24②] 4점

다음 그림이 의미하는 용접결함의 용어를 쓰시오.

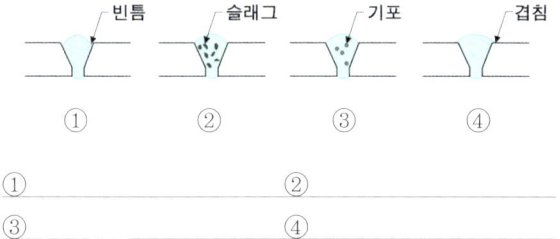

① _____ ② _____
③ _____ ④ _____

03 [21③] 4점

다음 설명에 해당되는 용접결함의 용어를 쓰시오.

①	용접봉의 피복재 용해물인 회분이 용착금속 내에 혼입된 것
②	용융금속이 응고할 때 방출되었어야 할 가스가 남아서 생기는 용접부의 빈자리
③	용접금속과 모재가 융합되지 않고 단순히 겹쳐지는 것
④	용접상부에 모재가 녹아 용착금속이 채워지지 않고 흠으로 남게 된 부분

04 [22③] 4점

다음에서 설명하는 용접결함에 관련된 용어를 【보기】에서 골라 쓰시오.

보기

은정(Fish Eye), 크랙, 크레이터, 오버랩, 언더컷, 슬래그 감싸들기, 피트, 블로홀

①	용접금속과 모재가 융합되지 않고 단순히 겹쳐지는 것
②	용접상부에 모재가 녹아 용착금속이 채워지지 않고 흠으로 남게 된 부분
③	용접봉의 피복재 용해물인 회분이 용착금속 내에 혼입된 것
④	용융금속이 응고할 때 방출되었어야 할 가스가 남아서 생기는 용접부의 빈자리

05 3점

【보기】에 주어진 강구조공사에서의 용접결함 종류 중 과대전류에 의한 결함을 모두 골라 기호로 적으시오.

보기

① 슬래그 감싸들기 ② 언더컷
③ 오버랩   ④ 블로홀
⑤ 크랙   ⑥ 피트
⑦ 용입부족   ⑧ 크레이터
⑨ 피쉬아이

정답 및 해설

01
① 슬래그 감싸들기 ② 언더컷
③ 오버랩   ④ 블로홀
⑤ 크랙   ⑥ 피트

02
① 언더컷   ② 슬래그 감싸들기
③ 블로홀   ④ 오버랩

03
① 슬래그 감싸들기 ② 블로홀
③ 오버랩   ④ 언더컷

04
① 오버랩   ② 언더컷
③ 슬래그 감싸들기 ④ 블로홀

05
②, ⑤, ⑧

2024 출제예상문제

06 [24①] 3점

다음의 용접결함의 보수 방법을 【보기】에서 골라 기호로 쓰시오.

> **보기**
> ① 덧살용접 후, 그라인더 마무리, 용접 비드는 길이 40mm 이상으로 한다.
> ② 정이나, 아크에어가우징에 의하여 불량 부분을 제거하고, 덧살용접을 한 후 그라인더로 마무리한다.
> ③ 판두께의 1/4 정도 깊이로 가우징을 하고, 덧살용접을 한 후, 그라인더로 마무리한다.
> ④ 균열부분을 완전히 제거하고 발생원인을 규명하여 그 결과에 따라 재용접을 한다.
> ⑤ 비드 용접한 후 그라인더로 마무리한다. 용접비드의 길이는 40mm 이상으로 한다.

	결함의 종류	보수 방법
(1)	용접 균열	
(2)	강재의 표면상처로 그 범위가 분명한 것	
(3)	언더컷	

정답 및 해설

06
(1) ④
(2) ①
(3) ⑤

MEMO

POINT 06 용접부 비파괴 검사법

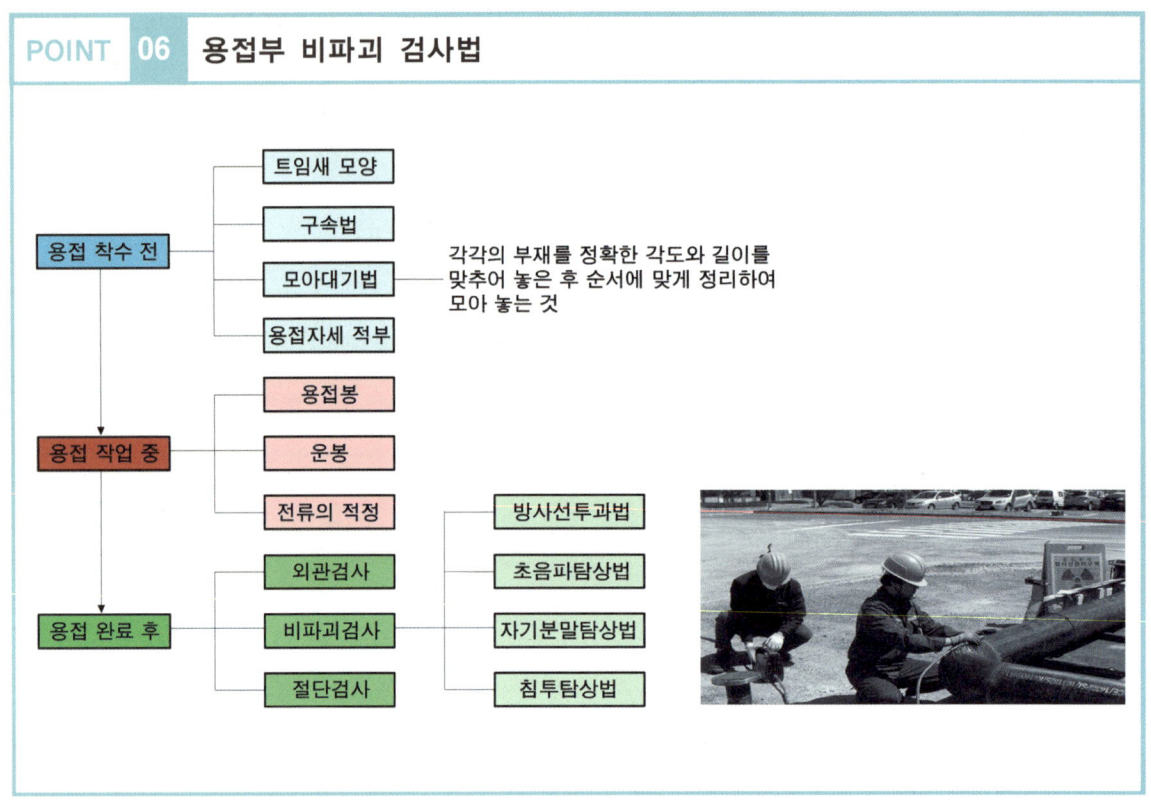

2024 출제예상문제

01 6점

용접부의 검사항목이다. 알맞은 공정을 【보기】에서 골라 해당번호를 쓰시오.

보기
① 트임새 모양 ② 전류 ③ 침투수압 ④ 운봉
⑤ 모아대기법 ⑥ 외관 판단 ⑦ 구속
⑧ 용접봉 ⑨ 초음파검사 ⑩ 절단검사

(1) 용접 착수 전: _____
(2) 용접 작업 중: _____
(3) 용접 완료 후: _____

02 [21①, 24②] 3점

강구조 용접부의 비파괴 시험방법을 3가지 쓰시오.

① _____ ② _____
③ _____ ④ _____

03 [21③, 22②] 4점

강구조 용접부의 비파괴 시험방법을 4가지 쓰시오.

① _____ ② _____
③ _____ ④ _____

정답 및 해설

01
(1) ①, ⑤, ⑦
(2) ②, ④, ⑧
(3) ③, ⑥, ⑨, ⑩

02
① 방사선 투과법
② 초음파 탐상법
③ 자기분말 탐상법

03
① 방사선 투과법
② 초음파 탐상법
③ 자기분말 탐상법
④ 침투 탐상법

POINT 07 강구조 주요 용어정리(Ⅰ)

(1) 전단접합과 강접합

전단접합(=단순접합, Pin접합)	강접합(=모멘트접합)
웨브만 접합한 형태로서 휨모멘트에 대한 저항력이 없어 접합부가 자유로이 회전	웨브와 플랜지를 접합한 형태로서 휨모멘트에 대한 저항능력을 가지고 있음

(2) 주요 용어정리

①	메탈터치 (Metal Touch)		강구조 기둥의 이음부를 가공하여 상하부 기둥 밀착을 좋게 하며 축력의 50%까지 하부 기둥 밀착면에 직접 전달시키는 이음방법
②	엔드탭 (End Tab)		Blow Hole, Crater 등의 용접결함이 생기기 쉬운 용접 Bead의 시작과 끝 지점에 용접을 하기 위해 용접접합하는 모재의 양단에 부착하는 보조강판
③	뒷댐재 (Back Strip)		모재와 함께 용접되는 루트(Root) 하부에 대어 주는 강판
④	스캘럽 (Scallop)		용접 시 이음 및 접합부위의 용접선이 교차되어 재용접된 부위가 열영향을 받아 취약해지기 때문에 모재에 부채꼴 모양의 모따기를 한 것

2024 출제예상문제

01 6점
강구조 접합부에서 전단접합과 강접합을 도식하고 설명하시오.

(1) 전단접합	(2) 강접합

02 4점
강구조에서 메탈터치(Metal Touch)에 대한 개념을 간략하게 그림을 그려서 정의를 설명하시오.

03 3점
다음이 설명하는 알맞은 용어를 쓰시오.

> Blow Hole, Crater 등의 용접결함이 생기기 쉬운 용접 Bead의 시작과 끝 지점에 용접을 하기 위해 용접접합하는 모재의 양단에 부착하는 보조강판:

04 3점
강구조공사에 사용되는 알맞은 용어를 쓰시오.
(1) 강구조 부재 용접 시 이음 및 접합부위의 용접선이 교차되어 재용접된 부위가 열영향을 받아 취약해지기 때문에 모재에 부채꼴 모양의 모따기를 한 것
(2) 강구조 기둥의 이음부를 가공하여 상하부 기둥 밀착을 좋게 하며 축력의 50%까지 하부 기둥 밀착면에 직접 전달시키는 이음방법
(3) Blow Hole, Crater 등의 용접결함이 생기기 쉬운 용접 Bead의 시작과 끝 지점에 용접을 하기 위해 용접 접합하는 모재의 양단에 부착하는 보조강판

(1) _____ (2) _____ (3) _____

05 3점
강구조 용접부 상세에서 ①, ②, ③의 명칭을 기술하시오.

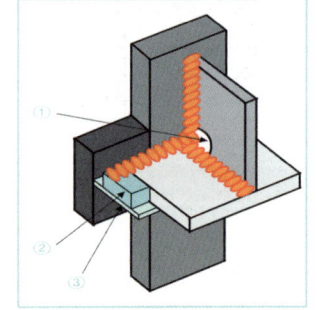

① _____
② _____
③ _____

정답 및 해설

01
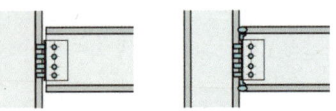

(1) 웨브만 접합한 형태로서 휨모멘트에 대한 저항력이 없어 접합부가 자유로이 회전하며 기둥에는 전단력만 전달
(2) 웨브와 플랜지를 접합한 형태로서 휨모멘트에 대한 저항능력을 가지고 있어 보와 기둥의 휨모멘트 강성에 따라 분배됨

02
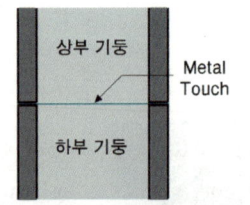

강구조 기둥의 이음부를 가공하여 상하부 기둥 밀착을 좋게 하며 축력의 50%까지 하부 기둥 밀착면에 직접 전달시키는 이음방법

03
엔드탭(End Tap)

04
(1) 스캘럽 (2) 메탈터치 (3) 엔드탭

05
① 스캘럽 ② 엔드탭 ③ 뒷댐재

2024 출제예상문제

06 4점
철골부재 용접접합부에 있어서 용접이음새나 받침쇠의 관통을 위해 또한 용접이음새끼리 교차를 피하기 위해 설치하는 원호상의 구멍을 무엇이라 하는지 용어를 쓰고, 기둥과 보의 강접합에 대해 간략히 도해하시오.

(1) 용어:

(2) 도해:

07 6점
다음 용어를 설명하시오.
(1) 스캘럽(Scallop)

(2) 뒷댐재(Back Strip)

(3) 엔드탭(End Tab)

08 [23①] 4점
강재를 이용한 구조물로 경량형 강재의 장단점에 대하여 2가지씩 쓰시오.

(1) 장점 ①
         ②

(2) 단점 ①
         ②

【참고: 경(량)강구조(Light Gauge Steel)】

두께가 얇고 나비가 일정한 강관을 휨에 대한 단면성능이 좋도록 접어서 냉간압연 성형한 것으로 1.6~4.0mm 정도의 두께가 사용된다.

정답 및 해설

06
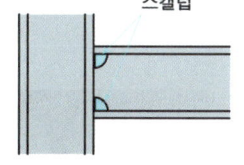
스캘럽

07
(1) 용접 시 이음 및 접합부위의 용접선이 교차되어 재용접된 부위가 열영향을 받아 취약해지기 때문에 모재에 부채꼴 모양의 모따기를 한 것
(2) 모재와 함께 용접되는 루트(Root) 하부에 대어 주는 강판
(3) Blow Hole, Crater 등의 용접결함이 생기기 쉬운 용접 Bead의 시작과 끝 지점에 용접을 하기 위해 용접접합하는 모재의 양단에 부착하는 보조강판

08
(1)
① 두께가 얇고 강재량이 적은 반면 휨강도, 좌굴강도에 유리하다.
② 단면계수, 단면2차반경 등 단면 효율이 좋다.
(2)
① 판두께가 얇아서 국부좌굴 및 비틀림에 약하다.
② 부식에 약해 방청도료를 사용해야 한다.

POINT 07 강구조 주요 용어정리(II)

(1)	데크 플레이트 (Deck Plate)		구조용 강판을 절곡하여 제작하며, 바닥콘크리트 타설을 위한 슬래브 하부 거푸집판
		데크 합성슬래브	데크플레이트와 콘크리트가 일체가 되어 하중을 부담하는 구조
		데크 복합슬래브	데크플레이트의 리브에 철근을 배치한 철근 및 콘크리트와 데크플레이트가 하중을 부담하는 구조
		데크 구조슬래브	데크플레이트가 연직하중, 가새가 수평하중을 부담하는 구조
(2)	매입형 합성기둥 (Composite Column)		강재 단일부재 혹은 조립부재를 철근콘크리트 속에 매입하거나 강재의 외부를 철근콘크리트로 감싸서 강재와 철근콘크리트가 합성으로 거동하여 외력에 저항하는 기둥부재
(3)	강재 앵커 (Shear Connector, 시어 커넥터)		합성보나 합성기둥에서 철근콘크리트와 강재 사이의 미끄럼을 방지하고 전단력을 전달하도록 강재에 용접되고 콘크리트 속에 매입된 스터드(Stud), ㄷ형강(Channel), 플레이트(Plate) 또는 다른 형태의 강재로서 수평 및 수직력에 저항하는 요소
(4)	거셋플레이트 (Gusset Plate)		트러스의 부재, 스트럿 또는 가새재를 보 또는 기둥에 연결하는 판요소
(5)	콘크리트충전강관 (Concrete Filled Tube, CFT)		원형강관 또는 각형강관 속에 콘크리트를 충전한 것으로 기둥부재에 쓰임

2024 출제예상문제

01 [22③, 24①] 3점
다음이 설명하는 데크플레이트의 종류를 보기에서 골라 번호로 쓰시오.

보기
① 데크합성슬래브 ② 데크복합슬래브 ③ 데크구조슬래브

(1)	데크플레이트와 콘크리트가 일체되어 하중을 부담하는 구조
(2)	데크플레이트의 홈에 철근을 배치한 철근콘크리트와 데크플레이트가 하중을 부담하는 구조
(3)	데크플레이트가 연직하중, 수평가새가 수평하중을 부담하는 구조

02 [23③] 3점
다음이 설명하는 데크플레이트의 종류를 보기에서 골라 번호로 쓰시오.

보기
① 합성데크플레이트 ② 일반데크플레이트 ③ 복합데크플레이트

(1)	하중에 관계없이 거푸집 대용으로 사용하거나 콘크리트와 일체가 되도록 사용하는 것
(2)	콘크리트가 압축응력을 부담하며 인장응력의 경우 철근을 대신하여 여러 가지 형상으로 제작된 데크플레이트가 부담하도록 사용되는 것
(3)	공장에서 거푸집 대용 플레이트와 슬래브 철근 주근을 조립하고 현장에서 배력근만 설치하고 콘크리트를 타설하는 것

03 [22①] 5점
시어커넥터(Shear Connector)의 정의와 종류를 3가지 쓰시오.

(1) 정의

(2) 종류

① _____ ② _____ ③ _____

04 3점
다음이 설명하는 용어를 보기에서 골라 번호로 쓰시오.

보기
① 매입형 합성기둥(Composite Column)
② 거셋플레이트(Gusset Plate)
③ 콘크리트충전강관(Concrete Filled Tube, CFT)

(1)	원형강관 또는 각형강관 속에 콘크리트를 충전한 것으로 기둥부재에 쓰임
(2)	강재 단일부재 혹은 조립부재를 철근콘크리트 속에 매입하거나 강재의 외부를 철근콘크리트로 감싸서 강재와 철근콘크리트가 합성으로 거동하여 외력에 저항하는 기둥부재
(3)	트러스의 부재, 스트럿 또는 가새재를 보 또는 기둥에 연결하는 판요소

정답 및 해설

01
(1) ① (2) ② (3) ③

02
(1) ② (2) ① (3) ③

03
(1) 합성보나 합성기둥에서 철근콘크리트와 강재 사이의 미끄럼을 방지하고 전단력을 전달하도록 강재에 용접되고 콘크리트 속에 매입된 부재
(2) ① 스터드(Stud)
    ② ㄷ형강(Channel)
    ③ 플레이트(Plate)

04
(1) ③ (2) ① (3) ②

03 강구조공사 : 적산사항

POINT 01 구조용 강재의 표시 및 강판재 소요량과 스크랩량

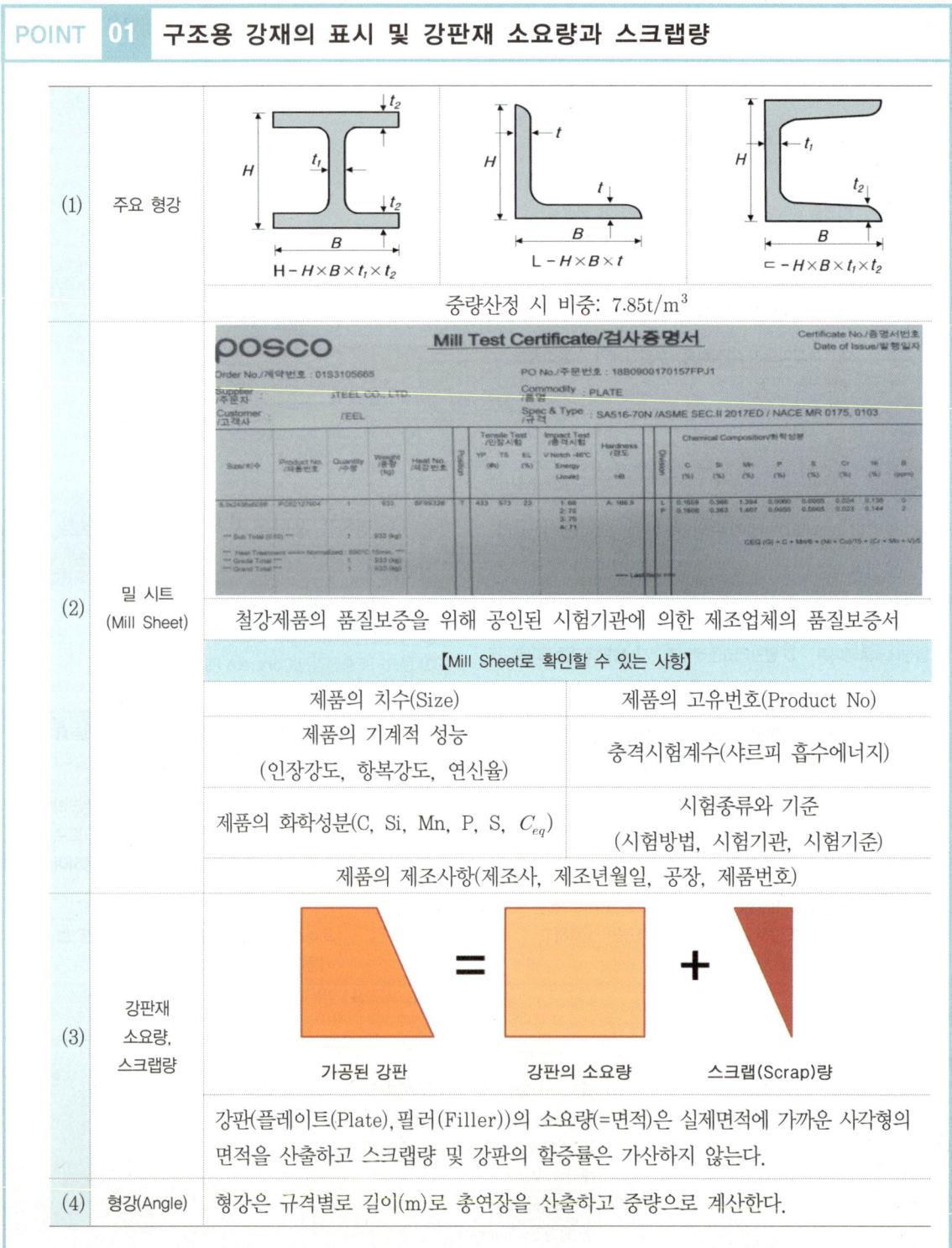

(1)	주요 형강	H형강: $H-H \times B \times t_1 \times t_2$ / L형강: $L-H \times B \times t$ / ㄷ형강: $ㄷ-H \times B \times t_1 \times t_2$ 중량산정 시 비중: $7.85 t/m^3$
(2)	밀 시트 (Mill Sheet)	철강제품의 품질보증을 위해 공인된 시험기관에 의한 제조업체의 품질보증서

【Mill Sheet로 확인할 수 있는 사항】
- 제품의 치수(Size)
- 제품의 고유번호(Product No)
- 제품의 기계적 성능 (인장강도, 항복강도, 연신율)
- 충격시험계수(샤르피 흡수에너지)
- 제품의 화학성분(C, Si, Mn, P, S, C_{eq})
- 시험종류와 기준 (시험방법, 시험기관, 시험기준)
- 제품의 제조사항(제조사, 제조년월일, 공장, 제품번호)

(3) 강판재 소요량, 스크랩량

가공된 강판 = 강판의 소요량 + 스크랩(Scrap)량

강판(플레이트(Plate), 필러(Filler))의 소요량(=면적)은 실제면적에 가까운 사각형의 면적을 산출하고 스크랩량 및 강판의 할증률은 가산하지 않는다.

(4) 형강(Angle) : 형강은 규격별로 길이(m)로 총연장을 산출하고 중량으로 계산한다.

2024 출제예상문제

01 4점
다음 형강을 단면 형상의 표시방법에 따라 표시하시오.

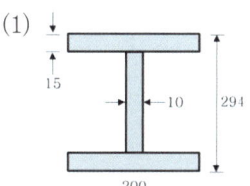

03 [23①] 4점
다음 용어를 간단히 설명하시오.
(1) 밀 시트(Mill Sheet):

(2) 스캘럽(Scallop):

02 6점
【보기】에서 제시하는 형강 치수에 따라 단면을 스케치하고 치수를 기입하시오.

① $H-300 \times 150 \times 6.5 \times 9$
② $ㄷ-100 \times 50 \times 5 \times 7.5$
③ $L-75 \times 75 \times 6$

04 3점
강재 시험성적서(Mill Sheet)로 확인할 수 있는 사항을 3가지 쓰시오.

①
②
③

정답 및 해설

01 (1) H-294×200×10×15
　　(2) ㄷ-150×65×20

02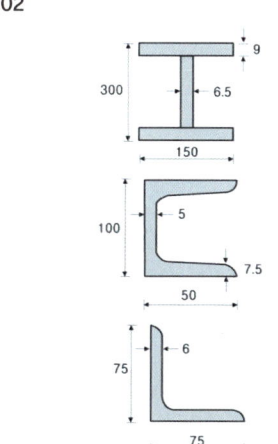

03
(1) 철강제품의 품질보증을 위해 공인된 시험기관에 의한 제조업체의 품질보증서
(2) 용접 시 이음 및 접합부위의 용접선이 교차되어 재용접된 부위가 열영향을 받아 취약해지기 때문에 모재에 부채꼴 모양의 모따기를 한 것

04
① 제품의 치수(Size)
② 제품의 고유번호(Product No)
③ 제품의 기계적 성능

2024 출제예상문제

05 4점 ☐☐☐☐☐

강재의 길이가 5m이고, $2L-90\times90\times15$ 형강의 중량을 산출하시오. (단, $L-90\times90\times15 = 13.3\text{kg/m}$)

06 4점 ☐☐☐☐☐

강구조에서 보 및 기둥에는 H형강이 많이 사용되는데 Long Span에서는 기성품인 Rolled형강을 사용할 수 없을 정도의 큰 단면의 부재가 필요하게 된다. 이 경우 공장에서 두꺼운 철강판을 절단하여 소요크기로 용접 제작하여 현장제작(Built-Up)형강을 사용하게 되는데 $H-1,200\times500\times25\times100$ 부재($L=20\text{m}$) 20개의 철강판 중량은 얼마(ton)인가? (단, 철강의 비중은 7.85로 한다.)

07 4점 ☐☐☐☐☐

강판을 그림과 같이 가공하여 20개의 수량을 사용하고자 한다. 강판의 비중이 7.85일 때 소요량(kg)을 산출하고 스크랩의 발생량(kg)도 함께 산출하시오.

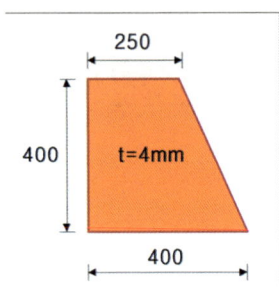

(1) 소요량

(2) 스크랩량

08 4점 ☐☐☐☐☐

강판을 그림과 같이 가공하여 30개의 수량을 사용하고자 한다. 강판의 비중이 7.85일 때 소요량(kg)을 산출하고 스크랩의 발생량(kg)도 함께 산출하시오.

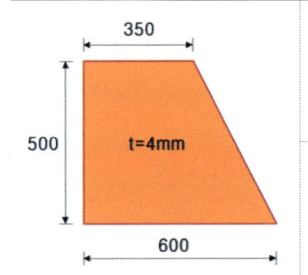

(1) 소요량

(2) 스크랩량

정답 및 해설

05 133kg

$5\text{m} \times 2\text{개} \times 13.3 = 133\text{kg}$

06 392.5t

$[(0.5\times0.1)\times2\text{개}+(1.0\times0.025)] \times 20 \times 20\text{개} \times 7.85 = 392.5$

07 (1) 100.48kg (2) 18.84kg

(1) $(0.4\times0.4\times0.004)\times7,850\text{kg}\times20\text{개}$
$= 100.48$

(2) $\left(\dfrac{1}{2}\times0.15\times0.4\times0.004\right)\times7,850\times20\text{개}$
$= 18.84$

08 (1) 282.6kg (2) 58.88kg

(1) $(0.6\times0.5\times0.004)\times7,850\times30\text{개}$
$= 282.6$

(2) $\left(\dfrac{1}{2}\times0.25\times0.5\times0.004\right)\times7,850\times30\text{개}$
$= 58.875$

5

조적공사 · 석공사 · 목공사

01 조적공사 : 일반사항

02 석공사 및 목공사 : 일반사항

03 조적공사, 석공사, 목공사 : 적산사항

01 조적공사 일반사항

POINT 01 조적공사 일반사항(Ⅰ)

(1) 국가별 벽돌쌓기

①	영식 쌓기	반절, 이오토막을 사용하여 마구리쌓기와 길이쌓기를 교대로 하여 쌓는 방식으로 가장 견고한 벽체를 형성	
②	화란식 쌓기	길이쌓기켜에 칠오토막을 사용하여 한 면은 벽돌 마구리와 길이가 교대로 되고 다른 면은 영식쌓기로 하는 방식으로 현장에서 가장 널리 적용	
③	미식 쌓기	5켜는 길이쌓기, 다음 한 켜는 마구리 쌓기	
④	불식 쌓기	한 켜에서 벽돌 마구리와 길이가 교대로 나타나도록 쌓는 방식으로 통줄눈이 발생되므로 비내력벽의 의장적 벽체에 적용	

(2) 공간 쌓기, 창대 쌓기, 영롱 쌓기, 인방보

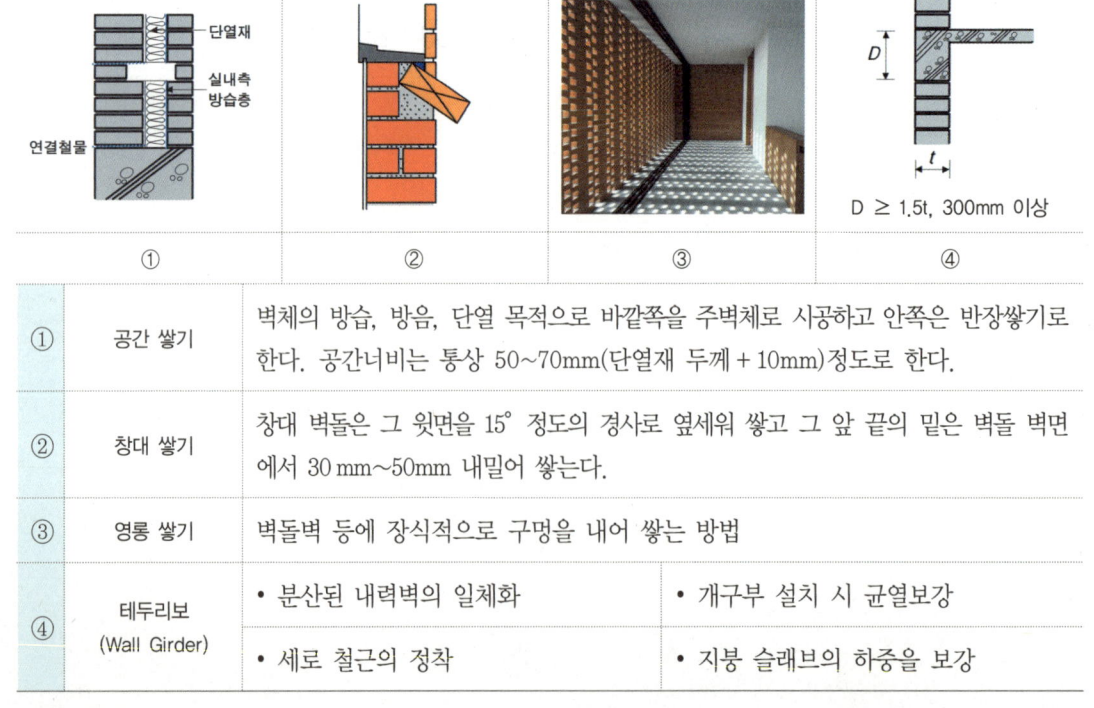

①	공간 쌓기	벽체의 방습, 방음, 단열 목적으로 바깥쪽을 주벽체로 시공하고 안쪽은 반장쌓기로 한다. 공간너비는 통상 50~70mm(단열재 두께 + 10mm)정도로 한다.
②	창대 쌓기	창대 벽돌은 그 윗면을 15° 정도의 경사로 옆세워 쌓고 그 앞 끝의 밑은 벽돌 벽면에서 30 mm~50 mm 내밀어 쌓는다.
③	영롱 쌓기	벽돌벽 등에 장식적으로 구멍을 내어 쌓는 방법
④	테두리보 (Wall Girder)	• 분산된 내력벽의 일체화　　• 개구부 설치 시 균열보강 • 세로 철근의 정착　　• 지붕 슬래브의 하중을 보강

2024 출제예상문제

01 4점
조적공사 중 벽돌쌓기방법에서 사용되는 국가명칭이 들어간 벽돌쌓기 방법을 4가지 적으시오.

① _____
② _____
③ _____
④ _____

02 4점
벽돌쌓기 방식 중 영식쌓기의 구조적 특성을 간단히 설명하시오.

03 [24②] 3점
벽돌벽을 이중벽으로 하여 공간쌓기로 하는 목적을 3가지 쓰시오.

① _____
② _____
③ _____

04 4점
다음이 설명하는 용어를 쓰시오.
(1) 창 밑에 돌 또는 벽돌을 15° 정도 경사지게 옆세워 쌓는 방법
(2) 벽돌벽 등에 장식적으로 구멍을 내어 쌓는 방법

(1) _____ (2) _____

05 [23③] 3점
조적공사 시 테두리보(Wall Girder)를 설치하는 이유를 3가지 쓰시오.

① _____
② _____
③ _____

정답 및 해설

01
① 영식 쌓기
② 화란식 쌓기
③ 미식 쌓기
④ 불식 쌓기

02
반절, 이오토막을 사용하여 마구리쌓기와 길이쌓기를 교대로 하여 쌓는 방식으로 가장 견고한 벽체를 형성

03
① 방습
② 방음
③ 단열

04
(1) 창대 쌓기
(2) 영롱 쌓기

05
① 분산된 내력벽의 일체화
② 개구부 설치 시 균열보강
③ 세로 철근의 정착

POINT 02 조적공사 일반사항(Ⅱ)

(1) 조적공사 시공 시 유의사항

①	가로 및 세로 줄눈나비는 도면 또는 공사시방서에서 정한 바가 없을 때에는 10mm를 표준으로 한다.
②	벽돌쌓기는 도면 또는 공사시방서에서 정한 바가 없을 때에는 영식쌓기 또는 화란식쌓기로 한다.
③	하루의 쌓기높이는 1.2m(18켜 정도)를 표준으로 하고, 최대 1.5m(22켜 정도) 이하로 한다.
④	내력벽 길이는 10m 이하, 바닥면적은 80m² 이하, 내력벽 최소두께는 190mm 이상으로 한다.
⑤	벽돌벽이 블록벽과 서로 직각으로 만날 때에는 연결철물을 만들어 블록 3단마다 보강하여 쌓는다.
⑥	연속되는 벽면의 일부를 트이게 하여 나중쌓기로 할 때에는 그 부분을 층단 들여쌓기로 한다.
⑦	벽돌 벽면 중간에서 내쌓기를 할 때에는 2켜씩 1/4 B 또는 1켜씩 1/8 B 내쌓기로 하고 맨 위는 2켜 내쌓기로 한다.
⑧	4℃ 이하의 한냉기 공사에서 모르타르 온도는 4~40℃ 이내로 유지한다.
⑨	조적조의 기초는 일반적으로 연속기초 또는 줄기초로 한다.

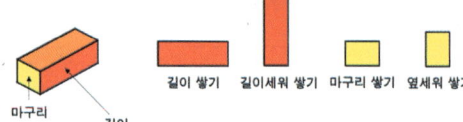

⑩	한중시공일 때의 보양	• 평균기온 4℃~0℃	내후성이 강한 덮개로 덮어서 조적조를 눈, 비로부터 보호해야 한다.
		• 평균기온 0℃~-4℃	내후성이 강한 덮개로 완전히 덮어서 조적조를 24시간 동안 보호해야 한다.
		• 평균기온 -4℃~-7℃	보온덮개로 완전히 덮거나 다른 방한시설로 조적조를 24시간 동안 보호해야 한다.
		• 평균기온 -7℃ 이하	울타리와 보조열원, 전기담요, 적외선 발열램프 등을 이용하여 조적조를 동결온도 이상으로 유지하여야 한다.

(2) 백화(Efflorescence)

①	정의	시멘트 중의 수산화칼슘이 공기 중의 탄산가스와 반응하여 벽체의 표면에 생기는 흰 결정체
②	방지대책	• 흡수율이 작은 소성이 잘된 벽돌 사용 • 줄눈모르타르에 방수제를 혼합 • 벽체 표면에 발수제 첨가 및 도포 • 처마 또는 차양의 설치로 빗물 차단

2024 출제예상문제

01 [21②, 24①, 24③] 4점
조적공사와 관련된 내용이다. 괄호 안을 채우시오.

(1) 가로 및 세로줄눈의 너비는 도면 또는 공사시방서에서 정한 바가 없을 때에는 (   )mm를 표준으로 한다.

(2) 벽돌쌓기는 도면 또는 공사시방서에서 정한 바가 없을 때에는 (   ) 또는 (   )로 한다.

(3) 하루의 쌓기높이는 (   )m를 표준으로 하고, 최대 1.5m 이하로 한다.

02 [22②] 4점
조적공사 내용을 설명한 다음의 보기 내용이 맞으면 O, 틀리면 X로 표시하시오.

(1) 하루의 쌓기 높이는 1.2m를 표준으로 하고, 최대 1.8m 이하로 한다.

(2) 공사시방서에서 정한 바가 없을 때에는 영식 쌓기 또는 화란식 쌓기로 한다.

(3) 가로 및 세로줄눈의 너비는 10mm로 하고, 세로줄눈은 통줄눈이 되지 않도록 한다.

(4) 연속되는 벽면의 일부를 트이게 하여 나중쌓기로 할 때에는 그 부분을 층단 들여쌓기로 한다.

03 [23①, 23②] 3점, 5점
벽돌벽의 표면에 생기는 백화현상의 정의와 발생방지 대책을 3가지 쓰시오.

(1) 정의:

(2) 방지대책
①
②
③

04 [24③] 3점
그림을 보고 해당되는 벽돌 줄눈의 종류를 【보기】에서 골라 적으시오.

보기
평줄눈 볼록줄눈 엇빗줄눈 내민줄눈
민줄눈 오목줄눈 빗줄눈 둥근줄눈

① ② ③ ④

【참고: 치장줄눈: 줄눈 부위를 장식적으로 만든 것】

평줄눈	오목줄눈	빗줄눈	민줄눈	볼록줄눈	엇빗줄눈

정답 및 해설

01
(1) 10
(2) 영식쌓기, 화란식쌓기
(3) 1.2

02
(1) × (2) ○ (3) ○ (4) ○

03
(1) 시멘트 중의 수산화칼슘이 공기 중의 탄산가스와 반응하여 벽체의 표면에 생기는 흰 결정체
(2) ① 흡수율이 작은 소성이 잘된 벽돌 사용
② 줄눈모르타르에 방수제를 혼합
③ 벽체 표면에 발수제 첨가 및 도포

04
① 평줄눈
② 빗줄눈
③ 오목줄눈
④ 내민줄눈

V. 조적공사, 석공사, 목공사

02 석공사 및 목공사 일반사항

POINT 01 석공사 일반사항

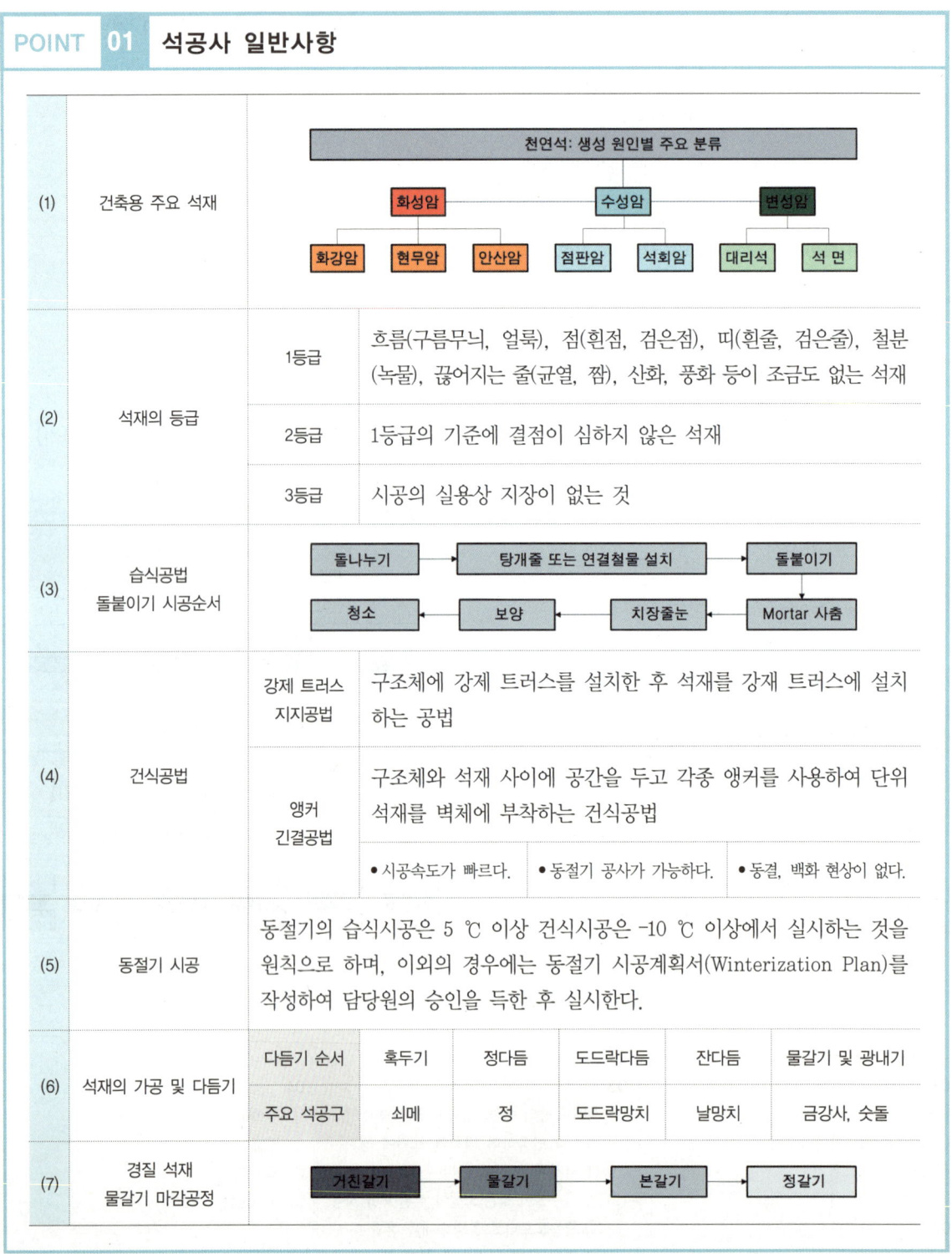

2024 출제예상문제

01 3점

다음 【보기】의 암석 종류를 성인별로 찾아 번호로 쓰시오.

보기
① 점판암 ② 화강암 ③ 대리석 ④ 석면
⑤ 현무암 ⑥ 석회암 ⑦ 안산암

(1) 화성암: (2) 수성암: (3) 변성암:

02 [23③] 3점

다음 설명에 해당하는 석재의 등급(1등급, 2등급, 3등급)을 구분하여 적으시오.

(1)	1등급 기준에 결점이 심하지 않은 석재
(2)	시공의 실용상 지장이 없는 석재
(3)	얼룩, 점, 띠, 부식, 산화 등이 거의 없는 석재

03 3점

돌붙임 시공순서를 【보기】에서 골라 번호로 적으시오.

보기
① 청소   ② 보양   ③ 돌붙이기   ④ 돌나누기
⑤ Mortar 사춤 ⑥ 치장줄눈 ⑦ 탕개줄 또는 연결철물 설치

04 2점

석재 붙임공법 중 건식공법 2가지를 쓰시오.

①   ②

05 [22②] 4점

석재 붙임공법 중 앵커 긴결공법을 설명하고 습식공법과 비교한 장점 3가지를 쓰시오.

(1) 설명:

(2) 장점:
①
②
③

06 [22①] 4점

석재표면 마무리 시공순서를 순서대로 번호로 쓰시오.

보기
① 도드락다듬   ② 혹두기
③ 잔다듬   ④ 정다듬

07 4점

경질 석재의 물갈기 마감공정을 순서대로 나열하시오.

보기
물갈기, 거친갈기, 정갈기, 본갈기

(   ) ➡ (   ) ➡ (   ) ➡ (   )

정답 및 해설

01
(1) ②, ⑤, ⑦
(2) ①, ⑥
(3) ③, ④

02
(1) 2등급 (2) 3등급 (3) 1등급

03
④ ➡ ⑦ ➡ ③ ➡ ⑤ ➡ ⑥ ➡ ② ➡ ①

04
① 강제 트러스 지지공법
② 앵커 긴결공법

05
(1) 구조체와 석재 사이에 공간을 두고 각종 앵커를 사용하여 단위석재를 벽체에 부착하는 건식공법
(2)
① 시공속도가 빠르다.
② 겨울철 공사가 가능하다.
③ 동결, 백화 현상이 없다.

06
② ➡ ④ ➡ ① ➡ ③

07
거친갈기, 물갈기, 본갈기, 정갈기

POINT 02 목공사 일반사항

(1) 구조용 목재의 요구조건

① 강도가 크면서 직대재(直大材)를 얻을 수 있을 것
② 산출량이 많고 구하기가 쉬울 것
③ 부패 및 병충해에 대한 저항이 클 것
④ 건조수축에 의한 변형이 적을 것

(2) 원목, 제재목, 조각재, 목재의 치수

①	원목	나무를 벌채하여 가지를 친 후 수피를 제거하고 제재를 하지 않은 상태의 원형 단면을 가진 통나무 및 조각재	
		소경재	지름 150mm 미만의 작은 단면을 갖는 원목
		중경재	지름 150mm 이상, 300mm 미만의 중간 크기 단면을 갖는 원목
		대경재	지름 300mm 이상의 큰 단면을 갖는 원목
②	제재목	원목을 제재하여 정사각형 또는 직사각형의 단면을 갖도록 가공한 목재	
		각재류	두께가 75mm 미만이고 너비가 두께의 4배 미만인 것 또는 두께와 너비가 75mm 이상인 것
			정각재 / 평각재
			단면이 정사각형인 각재 / 단면이 직사각형인 각재
		판재류	두께가 75mm 미만이고 너비가 두께의 4배 이상인 것
③	조각재	최소 횡단면에 있어서 빠진 변을 보완한 네모꼴의 4변의 합계에 대한 빠진 변의 합계가 100분의 80 이상인 둥근 형태의 목재	
④	치수	호칭치수	건조 및 대패 가공이 되지 않은 목재의 치수 또는 일반적으로 불리는 목재치수
		실제(마감)치수	건조 및 대패 마감된 후의 실제적인 최종 치수

(3) 목재의 갈라짐

①	분할(Split)	제재목의 끝 부분에서 윗부분과 아랫부분이 관통되어 갈라진 결함
②	윤할(Shake)	나무의 생장과정 중에서 받는 내부응력으로 목재 조직이 나이테에 평행한 방향으로 갈라지는 결함
③	할렬(Check)	목재의 건조과정 중에서 방향에 따른 수축률의 차이로 인하여 나이테에 직각방향으로 갈라지는 결함

POINT 02 목공사 일반사항

(4) 목재 제품

①	합판 (Ply Wood)	3장 이상의 박판을 1매마다 섬유방향에 직교하도록 겹쳐 붙인 판재로 1매의 박판을 단판이라 하며 3, 5, 7 등 홀수로 접합한다.
②	경화적층재 (Hardening Laminated Wood)	합판의 단판에 페놀수지 등을 침투시켜 열압하여 만든 개량목재의 일종으로 강화목(Tempered Wood)이라고도 한다. 가볍고 강도가 소재의 3~4배에 이르지만 값이 비싸다.
③	섬유판 (Fiber Board)	원목을 정선하여 섬유화시켜 방수제를 첨가하여 교반, 가압, 가열성형, 양생한 뒤 판상으로 재단한 것이다.
④	중밀도 섬유판 (MDF, Medium Density Fiberboard)	나무를 고운 입자로 잘게 갈아서, 접착제와 섞은 후 이를 압착하여 만든 목재 합판이다.
⑤	파티클보드 (Particle Board)	목재의 작은 조각을 주원료로 하여 접착제를 사용 후 성형, 열압한 판상 제품으로 Chip Board라고도 하며 변형이 극히 적고 방부 및 방화성을 높일 수 있다
⑥	배향성 스트랜드보드 (OSB, Oriented Strand Board)	얇고 긴 목재 스트랜드를 각 층별로 대체로 같은 방향으로 배열하되 인접한 층의 섬유방향이 서로 직각이 되도록 하여 홀수 층으로 구성된 목질판상 제품이다.
⑦	집성목재 (Glued Laminated Timber)	두께 1~5cm의 얇은 판재(板材, Lamination)를 충분한 제조조건을 구비시켜 공장이나 작업장에서 우수한 접착제를 써서 각 판재들을 같은 섬유방향으로 집성 접착하여 가공한 목재이다.

2024 출제예상문제

01 4점
구조용 목재의 요구조건을 4가지만 쓰시오.

① _____
② _____
③ _____
④ _____

02 4점
다음은 괄호 안에 적합한 숫자를 쓰시오.

목재 원목은 나무를 벌채하여 가지를 친 후 수피를 제거하고 제재를 하지 않은 상태의 원형 단면을 가진 통나무 및 조각재를 말한다. 소경재는 지름 (①)mm 미만의 작은 단면을 갖는 원목, 중경재는 지름 (②)mm 이상, (③)mm 미만의 중간 크기 단면을 갖는 원목, 대경재는 지름 (④)mm 이상의 큰 단면을 갖는 원목으로 분류된다.

①   ②   ③   ④

03 [23③] 3점
다음이 설명하는 목재 갈라짐(Crack)과 관련된 용어의 명칭을 【보기】에서 골라 번호로 쓰시오.

보기

① 분할   ② 윤할   ③ 할렬

(1)	나무의 생장과정 중에서 받는 내부응력으로 목재 조직이 나이테에 평행한 방향으로 갈라지는 결함
(2)	제재목의 끝 부분에서 윗부분과 아랫부분이 관통되어 갈라진 결함
(3)	목재의 건조과정 중에서 방향에 따른 수축률의 차이로 인하여 나이테에 직각방향으로 갈라지는 결함

04 [24②] 3점
다음에서 설명하는 목공사 관련용어를 쓰시오.

(1)	제재목 중에서 두께가 75mm 미만이고 너비가 두께의 4배 이상인 것
(2)	건조 및 대패 마감된 후의 실제적인 최종 치수
(3)	나무가 생장과정에서 받는 내부응력으로 인하여 목재조직이 나이테에 평행한 방향으로 갈라지는 결함

정답 및 해설

01
① 강도가 크면서 직대재를 얻을 수 있을 것
② 건조수축에 의한 변형이 적을 것
③ 부패 및 병충해에 대한 저항이 클 것
④ 산출량이 많고 구하기가 쉬울 것

02
① 150   ② 150   ③ 300   ④ 300

03
(1) ②   (2) ①   (3) ③

04
(1) 판재류
(2) 실제(마감)치수
(3) 윤할(Shake)

2024 출제예상문제

05 [22②] 3점

다음에서 설명하는 알맞은 목재제품을 【보기】에서 골라 기호로 쓰시오.

보기

① OSB(Oriented Stand Board)
② 합판(Ply Wood)
③ 파티클보드(Particle Board)
④ 집성목재(Glued Laminated Timber)
⑤ MDF(Medium Density Fiber Board)
⑥ 섬유판(Fiber Board)
⑦ 경화적층재(Hardening Laminated Wood)

(1)	3장 이상의 박판을 1매마다 섬유방향에 직교하도록 겹쳐 붙인 판재로 1매의 박판을 단판이라고 하며 3, 5, 7 등 홀수로 접합한다.
(2)	Chip Board라고도 하며 깎은 나무조각에 합성수지 접착제를 고열, 고압으로 성형하여 제판한 것으로 변형이 극히 적고 방부 및 방화성을 높일 수 있다.
(3)	원목을 정선하여 섬유화시켜 방수제를 첨가하여 교반, 가압, 가열성형, 양생한 뒤 판상으로 재단한 것이다.

정답 및 해설

05
(1) ②
(2) ③
(3) ⑥

POINT 03 목재의 접합

(1) 목재의 접합

①	이음(Connection)	길이를 늘이기 위하여 길이방향으로 접합하는 것
②	맞춤(Joint)	경사지거나 직각으로 만나는 부재 사이에서 양 부재를 가공하여 끼워 맞추는 접합 【연귀맞춤: 모서리 구석에 표면마구리가 보이지 않게 45°로 빗잘라 대는 맞춤】
③	쪽매(Joint)	마루널을 붙여대는 것과 같이 판재 등을 가로로 넓게 접합시키는 것 (맞댄쪽매, 반턱쪽매, 오늬쪽매, 빗쪽매, 제혀쪽매, 딴혀쪽매)

(2) 이음과 맞춤시 주의사항

① 이음과 맞춤의 접착면은 필요 이상의 끌파기, 깎아내기 등을 억제한다.

② 이음과 맞춤의 면은 정확히 가공하여 서로 밀착되고 빈틈이 없게 한다.

③ 이음과 맞춤의 단면은 응력의 방향에 직각이 되게 한다.

④ 이음과 맞춤의 위치는 응력이 작은 곳으로 하고 이음의 위치는 엇갈리게 함을 원칙으로 한다.

⑤ 공작이 간단한 것을 쓰고 큰 응력이 작용하는 곳에는 철물로 보강한다.

2024 출제예상문제

01 [22①] 3점

다음은 목재의 접합에 관한 내용이다. 【보기】에서 골라 적당한 단어를 쓰시오.

보기	
	이음, 맞춤, 쪽매, 가새

(1)	2개 이상의 목재를 길이 방향으로 잇는 것
(2)	사용 널재를 옆으로 이어 대는 것
(3)	수직재와 수평재 등 각도를 갖고 맞추는 것

02 [21①] 5점

목공사에서 다음의 그림이 나타내는 쪽매의 명칭을 쓰시오.

① ( ) 쪽매 ② ( ) 쪽매 ③ ( ) 쪽매 ④ ( ) 쪽매 ⑤ ( ) 쪽매

03 [24③] 5점

그림을 보고 해당되는 목재 쪽매의 종류를 【보기】에서 골라 적으시오.

보기						
맞댄	반턱	빗	오니	제혀	딴혀	틈막이

① ② ③ ④ ⑤

04 [21③] 4점

목공사에 활용되는 쪽매(Joint)의 종류를 4가지 쓰시오.

①   ②
③   ④

05 [22③] 4점

목공사 접합의 이음 및 맞춤 시 주의사항을 4가지 쓰시오.

①
②
③
④

정답 및 해설

01
(1) 이음
(2) 쪽매
(3) 맞춤

02
① 빗 ② 반턱 ③ 제혀
④ 오니 ⑤ 딴혀

03
① 빗 ② 반턱 ③ 제혀
④ 오니 ⑤ 딴혀

04
① 맞댄쪽매 ② 반턱쪽매
③ 오니쪽매 ④ 빗쪽매

05
① 접착면은 필요 이상의 끌파기, 깎아내기 등을 억제한다.
② 정확히 가공하여 서로 밀착되고 빈틈이 없게 한다.
③ 이음과 맞춤의 단면은 응력의 방향에 직각이 되게 한다.
④ 응력이 작은 곳으로 하고 이음의 위치는 엇갈리게 함을 원칙으로 한다.

2024 출제예상문제

06 [23①] 4점

다음이 설명하는 목재의 용어를 【보기】에서 골라 쓰시오.

보기
토대, 도리, 기둥, 평보, 인방보, ㅅ자보, 띠쇠, 가새, 달대

(1)	개구부를 보호하기 위하여 개구부 상단에 설치하는 부재
(2)	지붕틀 하부에 수평으로 설치되는 인장부재
(3)	수평력에 대항하여 건물 전체에 균등하게 사선으로 배치되는 부재
(4)	기둥 최하부에 수평으로 설치되는 부재

【참고: 왕대공 지붕틀(King Post Roof Truss)】

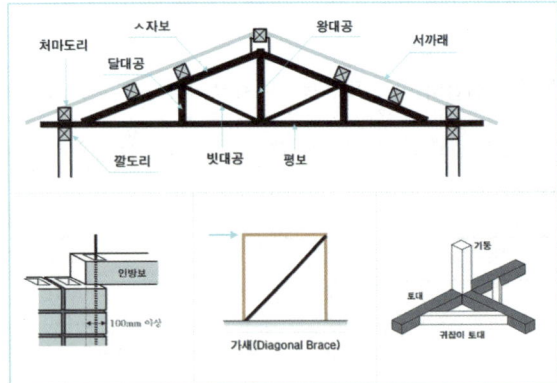

정답 및 해설

06
(1) 인방보
(2) 평보
(3) 가새
(4) 토대

MEMO

POINT 04 목재의 건조, 목재의 방부처리법 및 난연처리법

(1) 목재의 건조

목적 및 효과		중량의 경감, 강도의 증진, 균류 발생의 방지
①	천연건조 (=자연건조)	• 인공건조에 비해 비교적 균일한 건조가 가능하다. • 건조에 의한 결함이 감소되며 시설투자 비용 및 작업비용이 적다.
②	인공건조법	증기법, 열기법, 훈연법, 진공법, 고주파건조법

(2) 목재 방부처리법

①	도포법	목재를 충분히 건조시킨 후 균열이나 이음부에 솔 등으로 방부제를 도포하는 방법
②	주입법	압력용기 속에 목재를 넣어 고압 하에서 방부제를 주입하는 방법
③	침지법	방부제 용액 중에 목재를 몇 시간 또는 며칠 동안 침지하는 방법
④	표면탄화법	재의 표면을 3~10mm 정도 태워서 탄화시키는 방법

【※ 방충 및 방부처리된 목재를 사용해야 하는 경우
 ➡ 외부의 버팀기둥을 구성하는 목재 부위면, 급수·배수시설에 인접한 목재로써 부식우려가 있는 부분】

(3) 목재 난연처리법

①	몰리브덴, 인산과 같은 방화제를 도포 또는 주입
②	목재 표면에 방화페인트를 도포
③	플라스터, 모르타르 등으로 피복

2024 출제예상문제

01 [24①] 3점
목재 건조의 목적과 효과를 3가지 쓰시오.

① _____
② _____
③ _____

02 4점
목재를 천연건조(자연건조)할 때의 장점을 2가지 쓰시오.

① _____
② _____

03 3점
목재의 인공건조법의 종류를 3가지 쓰시오.

①　　　　　②　　　　　③

04 [21②, 23②] 3점, 4점
목재에 가능한 방부처리법을 3가지 쓰시오.

①　　　　　　　②
③　　　　　　　④

05 4점
목공사에서 방충 및 방부처리된 목재를 사용해야 하는 경우를 2가지 쓰시오.

① _____
② _____

06 3점
목재의 난연처리 방법 3가지를 쓰시오.

① _____
② _____
③ _____

정답 및 해설

01
① 중량의 경감
② 강도의 증진
③ 균류 발생의 방지

02
① 인공건조에 비해 비교적 균일한 건조가 가능하다.
② 건조에 의한 결함이 감소되며 시설투자비용 및 작업비용이 적다.

03
① 증기법　② 열기법　③ 훈연법

04
① 도포법　② 주입법
③ 침지법　④ 표면탄화법

05
① 외부의 버팀기둥을 구성하는 목재 부위면
② 급수·배수시설에 인접한 목재로써 부식우려가 있는 부분

06
① 몰리브덴, 인산과 같은 방화제를 도포 또는 주입
② 목재 표면에 방화페인트를 도포
③ 플라스터, 모르타르 등으로 피복

03 조적공사, 석공사, 목공사 : 적산 사항

POINT 01 벽면적 1㎡당 벽돌쌓기량[매, 장]

	벽두께	0.5B	1.0B	1.5B	2.0B
정미량	표준형 벽돌 190(길이)×57(높이)×90(두께)	75	149	224	298
소요량	할증률(붉은벽돌 3%, 시멘트벽돌 5%) 적용				

2024 출제예상문제

01 [23②] 4점
표준형벽돌 1,000장으로 1.5B 두께로 쌓을 수 있는 벽면적은? (단, 할증률은 고려하지 않는다.)

02 [23③] 4점
할증률을 고려하지 않을 때, 1.5B의 표준형벽돌 1,600매를 사용하여 시공할 수 있는 벽면적(㎡)을 산출하시오.

03 [21①] 4점
기본형벽돌(190×90×57)을 이용하여 10㎡의 벽체에 1.0B 쌓기로 시공하는 경우 벽돌수량을 구하시오. (단, 붉은벽돌, 줄눈나비는 10mm이며 할증을 고려하고 수량은 정수로 표시하시오.)

04 [22②] 4점
벽면적 60㎡에 붉은벽돌 1.0B 쌓을 때 벽돌의 소요량을 산출하시오.

정답 및 해설

01
$1,000 \div 224 = 4.46 m^2$

02
$1,600 \div 224 = 7.14 m^2$

03
$10 \times 149 \times 1.03 = 1,534.7$ ➡ 1,535매

04
$60 \times 149 \times 1.3 = 9,208.2$ ➡ 9,209매

출제예상문제

05 [24③] 4점

벽면적 20m²에 표준형벽돌 1.0B 쌓기 시 시멘트벽돌의 소요량을 산출하시오. (단, 할증률 포함)

07 [24①] 4점

배합비 1 : 3의 모르타르 10m³ 제조에 필요한 시멘트량과 모래량을 산출하시오.
(단, 손비빔에 따른 감소율은 30%이다.)
(1) 시멘트량:

(2) 모래량:

06 [21③] 6점

다음의 도면과 조건을 참조하여 문제에서 요구하는 수량을 산출하시오.

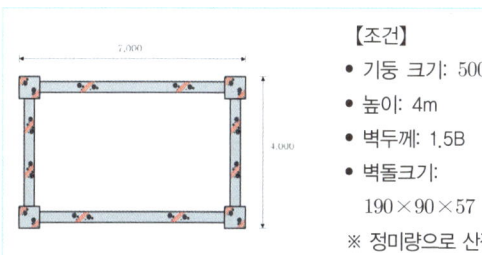

【조건】
- 기둥 크기: 500×500
- 높이: 4m
- 벽두께: 1.5B
- 벽돌크기: 190×90×57
※ 정미량으로 산정할 것

【참고: 모르타르 1m³당 각 재료량】

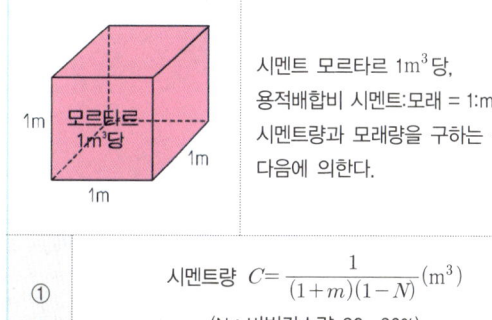

시멘트 모르타르 1m³당, 용적배합비 시멘트:모래 = 1:m 일 때 시멘트량과 모래량을 구하는 식은 다음에 의한다.

①	시멘트량	$C = \dfrac{1}{(1+m)(1-N)} (m^3)$ (N : 비빔감소량 20~30%)
②	모래량	$S = m \times x (m^3)$

(1) 기둥 콘크리트량
- 산정식:
- 답:
(2) 기둥 거푸집량:
- 산정식:
- 답:
(3) 벽돌수량
- 산정식:
- 답:

정답 및 해설

05
20×149×1.05 = 3,129매

06
(1) 0.5×0.5×4×4개 = 4m³
(2) (0.5+0.5)×2×4×4개 = 32m²
(3) (6+3)×2×4×224장 = 16,128장

07
(1) $C = \dfrac{1}{(1+m)(1-N)}$
   $= \dfrac{1}{(1+3)(1-0.3)} = 3.57 m^3$
(2) $S = C \times m = 3.57 \times 3 = 10.71 m^3$

POINT 02 목재 수량산출

(1) 1才 (재, 사이)	$1m^3 = 300才$	① $1才 = 1寸 \times 1寸 \times 12尺$ $\quad = 3.03cm \times 3.03cm \times 12 \times 30.3cm$ $\quad = 0.0303m \times 0.0303cm \times 12 \times 0.303m$ $\quad = 0.00333m^3$ ② $1m^3 = \dfrac{1}{0.00033} = 299.59 ≒ 300才$
(2) 6t 화물자동차 1대의 적재량		$7.7m^3$(원목) ~ $9.0m^3$(제재목)

2024 출제예상문제

01 4점

트럭 적재한도의 중량이 6t일 때 비중 0.6, 부피 300,000(才)의 목재 운반 트럭대수를 구하시오. (단, 6t 트럭의 적재가능 중량은 6t, 부피는 $8.3m^3$, 최종답은 정수로 표기하시오.)

02 4점

트럭 적재한도의 중량이 6t일 때 비중 0.8, 부피 30,000(才)의 목재 운반 트럭대수를 구하시오. (단, 6t 트럭의 적재가능 중량은 6t, 부피는 $9.5m^3$, 최종답은 정수로 표기하시오.)

정답 및 해설

01 121대
(1) 목재 전체의 체적: 목재 300才를 $1m^3$으로 계산하므로
　$300,000 \div 300 = 1,000m^3$
(2) 목재 전체의 중량: $1,000m^3 \times 0.6t/m^3 = 600t$
(3) 6t 트럭 1대 적재량:
　$8.3m^3 \times 0.6t/m^3 = 4.98t$
　∴ $600t \div 4.98t = 120.48$대 ⇒ 121대

02 14대
(1) 목재 전체의 체적: 목재 300才를 $1m^3$으로 계산하므로
　$30,000 \div 300 = 100m^3$
(2) 목재 전체의 중량: $100m^3 \times 0.8t/m^3 = 80t$
(3) 6t 트럭 1대 적재량:
　① $9.5m^3 \times 0.8t/m^3 = 7.6t$ ⇒ N.G
　② 6t 트럭의 적재가능 중량은 6t을 적용
　∴ $80 \div 6t = 13.333$대 ⇒ 14대

미장 및 타일공사 · 방수 및 도장공사

01 미장 및 타일공사 : 일반사항

02 방수 및 도장공사 : 일반사항

03 미장 및 타일공사 · 방수 및 도장공사 : 적산사항

01 미장공사 및 타일공사 일반사항

POINT 01 미장공사 일반사항

(1) 미장공사 관련용어

①	바탕처리	요철 또는 변형이 심한 개소를 고르게 손질바름하여 마감두께가 균등하게 되도록 조정하고 균열 등을 보수하는 것
②	덧먹임	바르기의 접합부, 균열의 틈새, 구멍 등에 반죽된 재료를 밀어 넣어 때워주는 것
③	라스먹임	메탈 라스, 와이어 라스 등의 바탕에 모르타르 등을 최초로 발라 붙이는 것
④	고름질	바름두께 또는 마감두께가 두꺼울 때 혹은 요철이 심할 때 초벌바름 위에 발라 붙여주는 것 또는 그 바름층
⑤	손질바름	콘크리트(블록) 바탕에서 초벌바름 전에 마감두께를 균등하게 할 목적으로 모르타르 등으로 미리 요철을 조정하는 것
⑥	실러바름	바탕의 흡수 조정, 바름재와 바탕과의 접착력 증진 등을 위해 합성수지 에멀션 희석액 등을 바탕에 바르는 것

(2) 미장재료의 구분: 기경성(氣硬性), 수경성(水硬性)

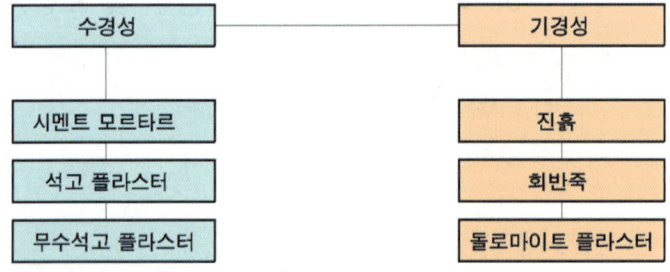

(3) 시멘트 모르타르 바름두께: 천장(15mm), 내벽(18mm), 외벽 및 바닥(24mm)

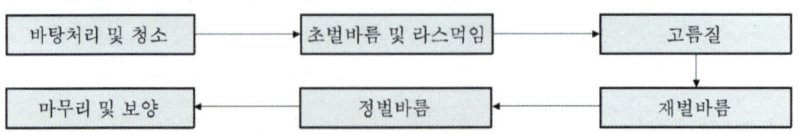

(4) 각종 모르타르 용도
① 아스팔트 모르타르: 내산 바닥용   ② 질석 모르타르: 경량, 단열용
③ 바라이트 모르타르: 방사선 차단용   ④ 활석면 모르타르: 보온, 불연용

2024 출제예상문제

01 4점
미장공사에서 사용되는 다음이 뜻하는 용어를 쓰시오.

(1)	요철 또는 변형이 심한 개소를 고르게 덧바르거나 깎아내어 마감두께가 균등하게 되도록 조정하는 것
(2)	바르기의 접합부 또는 균열의 틈새, 구멍 등에 반죽된 재료를 밀어 넣어 때우는 것
(3)	콘크리트 바탕에서 초벌바름 전에 마감두께를 균등하게 할 목적으로 모르타르 등으로 미리 요철을 조정하는 것
(4)	바탕의 흡수 조정, 바름재와 바탕과의 접착력 증진 등을 위해 합성수지 에멀션 희석액 등을 바탕에 바르는 것

02 [21③] 3점
다음 【보기】 중 기경성(氣硬性) 미장재료를 골라 번호로 쓰시오.

보기
① 진흙 ② 돌로마이트 플라스터
③ 시멘트 모르타르 ④ 킨즈시멘트
⑤ 회반죽 ⑥ 순석고 플라스터

03 6점
미장재료 중 기경성(氣硬性)과 수경성(水硬性) 재료를 각각 3가지씩 쓰시오.

(1) 수경성 미장재료
① _____ ② _____ ③ _____

(2) 기경성 미장재료
① _____ ② _____ ③ _____

04 [23①, 24②] 4점
미장공사 시공순서를 【보기】에서 골라 번호로 쓰시오.

보기
① 고름질 ② 초벌바름 및 라스 먹임
③ 재료준비 및 운반 ④ 정벌 ⑤ 재벌

05 [21①, 22①] 4점
벽체에 시멘트모르타르 바름하는 일반적인 미장공사의 시공순서를 기호로 쓰시오.

보기
① 초벌바름 및 라스먹임 ② 바탕처리 및 청소
③ 재벌바름 ④ 고름질
⑤ 마무리 및 보양 ⑥ 정벌바름

정답 및 해설

01
(1) 바탕처리 (2) 덧먹임
(3) 손질바름 (4) 실러바름

02
①, ②, ⑤

03
(1) ① 시멘트 모르타르
    ② 무수석고플라스터
    ③ 석고플라스터
(2) ① 진흙
    ② 회반죽
    ③ 돌로마이트 플라스터

04
③ ➡ ② ➡ ① ➡ ⑤ ➡ ④

05
(1) ② (2) ① (3) ④ (4) ③

2024 출제예상문제

06 4점 ☐☐☐☐☐

시멘트 모르타르 미장공사에서 채용되는 부위별 미장 시 합계 두께를 mm단위로 쓰시오. (콘크리트 바탕을 기준으로 함)

(1) 바닥: _____ (2) 천장: _____
(3) 내벽: _____ (4) 바깥벽: _____

07 4점 ☐☐☐☐☐

각종 모르타르에 해당하는 주요 용도를 【보기】에서 골라 번호로 쓰시오.

| ① 경량, 단열용 | ② 내산 바닥용 |
| ③ 보온, 불연용 | ④ 방사선 차단용 |

(1) 아스팔트 모르타르: __ (2) 질석 모르타르: __
(3) 바라이트 모르타르: __ (4) 활석면 모르타르: __

08 [23③] 4점 ☐☐☐☐☐

시멘트모르타르 바름 시공순서의 일반사항에 대한 설명 중 틀린 지문을 2개 골라 올바르게 수정하시오.

(1)	바탕처리에서 요철 또는 변형이 심한 개소를 고르게 손질바름하여 마감두께가 균등하게되도록 조정하고 균열을 보수한다.
(2)	바탕을 완전히 건조시킨 후 초벌바름을 실시한다.
(3)	모르타르의 현장배합은 표준배합비에 따라 실시한다.
(4)	콘크리트 바탕을 기준으로 할 경우 미장 시 합계 두께는 바닥 24mm, 천장 15mm, 내벽 15mm, 바깥벽 24mm로 한다.
(5)	바름두께는 바탕의 표면부터 측정하는 것으로서, 라스 먹임의 바름두께를 포함하지 않는다.
(6)	바름두께에서 메탈라스와 와이어라스 먹임의 경우는 제외하도록 한다.

• _____
• _____

정답 및 해설

06
(1) 24mm   (2) 15mm
(3) 18mm   (4) 24mm

07
(1) ②   (2) ①   (3) ④   (4) ③

08
(2) 바탕을 물축임 후 초벌바름을 실시한다.
(4) 내벽 18mm로 한다.

MEMO

POINT 02 타일공사 일반사항

(1) 타일의 종류

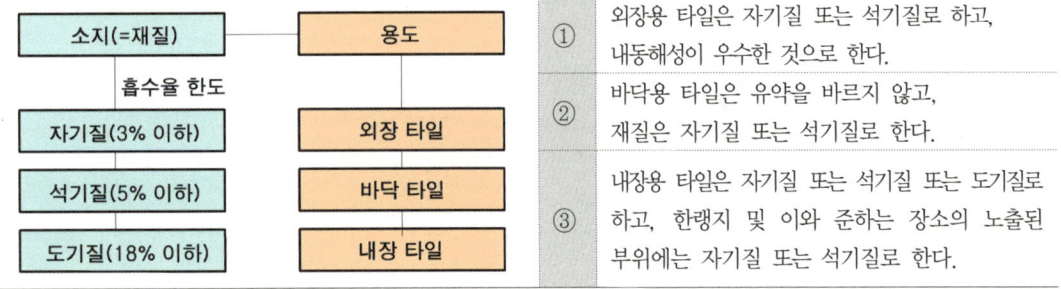

① 외장용 타일은 자기질 또는 석기질로 하고, 내동해성이 우수한 것으로 한다.

② 바닥용 타일은 유약을 바르지 않고, 재질은 자기질 또는 석기질로 한다.

③ 내장용 타일은 자기질 또는 석기질 또는 도기질로 하고, 한랭지 및 이와 준하는 장소의 노출된 부위에는 자기질 또는 석기질로 한다.

(2) 타일의 용도별, 재질 및 크기, 줄눈폭 및 두께

사용부위	재질	크기(mm)	두께(mm)	줄눈폭(mm)
욕실 바닥	자기질	200×200 이상	7 이상	4
욕실 벽	유색시유도기질	200×250 이상	6 이상	2
현관 바닥	자기질	300×300 이상	7 이상	5
세탁실 바닥	자기질	150×150 이상	7 이상	4
주방 벽	유색시유도기질	200×200 이상	6 이상	2
발코니 바닥	자기질	200×200 이상	7 이상	4
홀	자기질	250×250 이상	7 이상	4

(3) 타일붙이기 줄눈 너비의 표준[단위: mm]

타일 구분	대형 벽돌형(외부)	대형(내부 일반)	소형	모자이크
줄눈 너비	9	5~6	3	2

(4) 공법별 타일크기 및 바름두께

공법 구분		타일 크기(mm)	붙임모르타르의 두께(mm)
외장	떠붙이기	108×60 이상	12~24
	압착붙이기	108×60 이상	5~7
		108×60 이하	3~5
	개량압착붙이기	108×60 이상	바탕쪽 3~6 / 타일쪽 3~4
	판형붙이기	50×50 이하	3~5
	동시줄눈붙이기	108×60 이상	5~8
내장	떠붙이기	108×60 이상	12~24
	낱장붙이기	108×60 이상	3~5
		108×60 이하	3
	판형붙이기	100×100 이하	3

POINT 02 타일공사 일반사항

(5) 타일붙이기 공법의 종류

①	떠붙임 공법	타일 뒷면에 붙임모르타르를 얹어 바탕면에 누르듯이 하여 1매씩 붙이는 방법	콘크리트면 / 붙임 모르타르 / 타일
②	개량떠붙임 공법	바탕면을 먼저 평활하게 미장바름한 후 타일 뒷면에 붙임모르타르를 얹어 바탕면에 누르듯이 하여 1매씩 붙이는 방법	콘크리트면 / 붙임 모르타르 / 타일 / 바탕 모르타르
③	압착붙임공법	평평하게 만든 바탕모르타르 위에 붙임모르타르를 바르고 그 위에 타일을 두드려 누르거나 비벼 넣으면서 붙이는 방법	콘크리트면 / 타일 / 붙임 모르타르 / 바탕 모르타르
④	개량압착붙임공법	평평하게 만든 바탕모르타르 위에 붙임모르타르를 바르고 타일 뒷면에 붙임모르타르를 얇게 발라 두드려 누르거나 비벼 넣으면서 붙이는 방법	콘크리트면 / 붙임 모르타르 / 타일 / 붙임 모르타르 / 바탕 모르타르
⑤	밀착붙임공법	(개량)압착붙임에서 진동기(Vibrator)를 진동밀착시켜 솟아오른 모르타르로 줄눈을 시공하는 방법으로 동시줄눈공법이라고도 한다.	
⑥	접착제 붙이기	내장 마무리 Tile만 적용하며, 바탕면을 충분히 건조한 후 시공한다. 붙임 바탕면은 여름에는 1주 이상, 기타 2주 이상 건조시킨다.	

(6) 타일시공 검사

①	두들김 검사	벽타일 붙이기 중 떠붙임공법의 경우는 접착용 모르타르 밀착 정도를 검사하여 중앙부를 기준으로 밀착 정도 80% 이상이면 합격처리하고, 불합격시는 주변 8장을 다시 떼어내 확인하여 이 중 1장이라도 불합격이 있으면 시공물량을 재시공 한다.
②	접착력 시험	• 타일의 접착력 시험은 일반건축물의 경우 타일면적 200㎡ 당, 공동주택은 10호당 1호에 한 장씩 시험한다. 시험 위치는 담당원의 지시에 따른다. • 시험할 타일은 시험기 부속 장치의 크기로 하되, 그 이상은 180mm×60mm 크기로 타일이 시공된 바탕면까지 절단한다. 다만, 40mm 미만의 타일은 4매를 1개조로 하여 부속 장치를 붙여 시험한다. • 시험은 타일 시공 후 4주 이상일 때 실시한다. • 시험결과의 판정은 타일 인장 부착강도가 0.39 N/mm^2 이상이어야 한다.

(7) 목재 마루타일 붙이기 순서

단열재 ➡ 기포콘크리트 ➡ 보호모르타르 ➡ 목재 마루타일

2024 출제예상문제

01 [21①, 23②] 3점, 6점

타일의 재질과 용도에 관한 내용이다. 【보기】에 있는 타일을 이용하여 다음에서 설명하는 내용 중 ( ) 안에 알맞은 타일의 번호를 적으시오. (단, 번호는 중복하여 기재 가능)

보기
① 토기질 ② 도기질 ③ 석기질 ④ 자기질

(1)	외장용 타일은 ( ) 또는 ( )로 하고, 내동해성이 우수한 것으로 한다.
(2)	내장용 타일은 ( ) 또는 ( ) 또는 ( )로 하고, 한랭지 및 이와 준하는 장소의 노출된 부위에는 ( ), ( )로 한다.
(3)	바닥용 타일은 유약을 바르지 않고, 재질은 ( ) 또는 ( )로 한다.

02 [24①] 4점

사용부위에 따른 타일의 줄눈폭을 숫자로 쓰시오.

사용부위	재질	크기 (mm)	두께 (mm)	줄눈폭 (mm)
욕실 바닥	자기질	200×200 이상	7 이상	
욕실 벽	유색시유 도기질	200×250 이상	6 이상	
현관 바닥	자기질	300×300 이상	7 이상	
주방 벽	유색시유 도기질	200×200 이상	6 이상	

03 [22③] 3점

다음이 설명하는 타일붙이기 공법을 【보기】에서 골라 쓰시오.

보기
떠붙이기, 압착붙이기, 개량압착붙이기,
판형붙이기, 접착제 붙이기, 밀착붙이기

(1)	• 타일 뒷면에 Mortar를 얹어서 1장씩 붙인다. • 붙임 Mortar두께: 12~24mm 표준
(2)	• 미장 재벌바름위 Mortar를 전면에 바르고 충분히 타격한다. • 붙임 Mortar두께: 5~7mm (원칙적으로 타일 두께의 1/2 이상) • 1회 붙임 높이: 1.2m, 붙임시간: 15분 이내, 붙임면적: 1.2㎡ • 줄눈부위 Mortar가 타일 두께의 1/3 이상 올라오게 한다.
(3)	• 내장 마무리 Tile만 적용, 바탕면을 충분히 건조한 후 시공(붙임 바탕면은 여름 1주 이상, 기타 2주 이상 건조시킴)

04 [21②, 23①] 4점

벽타일 붙이기공법의 종류를 4가지 적으시오.

① _____ ② _____
③ _____ ④ _____

정답 및 해설

01
(1) ④, ③
(2) ④, ③, ②, ④, ③
(3) ④, ③

02
4, 2, 5, 2

03
(1) 떠붙이기
(2) 압착붙이기
(3) 접착제 붙이기

04
① 떠붙임 공법
② 개량떠붙임 공법
③ 압착붙임 공법
④ 개량압착붙임 공법

2024 출제예상문제

05 [21③, 24②] 4점

벽타일 붙이기 공법 중 떠붙이기 공법과 압착붙이기 공법의 시공상 차이점을 설명하시오.

06 [24③] 4점

타일시공 검사에 대한 내용 중 괄호 안을 채우시오.

(1) 떠붙임 공법 검사 벽타일의 경우, 중앙부의 접착 상태를 기준으로 (　　)% 이상이어야 합격으로 판정한다.

(2) 타일의 접착력 시험은 타일이 바탕면에 얼마나 강하게 붙어 있는지를 측정하는데 해당 시험은 일반 건축물의 경우 타일면적 (　　)㎡당 한 장씩, 공동주택은 (　　)호당 1호에 한 장씩 시험한다. 시험 시점은 타일 시공 후 4주 이상 경과 후에 실시하며 합격 기준은 타일의 인장부착강도가 (　　)N/㎟ 이상이면 합격으로 판정한다.

07 [23②] 4점

목재 마루타일 붙이기 순서를 다음 【보기】에서 골라 번호로 쓰시오.

> **보기**
> ① 목재 마루타일　② 기포콘크리트　③ 단열재　④ 보호모르타르

정답 및 해설

05
떠붙임 공법은 타일 뒷면에 붙임모르타르를 얹어 바탕면에 누르듯이 하여 1매씩 붙이는 방법이고, 압착붙임공법은 평평하게 만든 바탕모르타르 위에 붙임모르타르를 바르고 그 위에 타일을 두들겨 누르거나 비벼 넣으면서 붙이는 방법이다.

06
(1) 80
(2) 200, 10, 0.39

07
③ ➡ ② ➡ ④ ➡ ①

02 방수 및 도장공사 일반사항

POINT 01 방수공사에서 표기되는 영문기호의 정의 및 주요 방수재료

A – Pr F

방수층의 종류
- A : Asphalt – 아스팔트 방수층
- M : Modified Asphalt – 개량아스팔트 방수층
- S : Sheet – 합성고분자 시트 방수층
- L : Liquid – 도막 방수층

– 로 이어진 중간 문자는 다음을 뜻함
- Pr : Protected – 보행 등에 견딜 수 있는 보호층이 필요한 방수층
- Mi : Mineral Surfaced – 최상층에 모래가 붙은 루핑을 사용한 방수층
- Al : 바탕이 ALC패널용의 방수층
- Th : Thermally Insulated – 방수층 사이에 단열재를 삽입한 방수층
- In : Indoor – 실내용 방수층

각 방수층에 대해 바탕과의 고정상태, 단열재의 유무 및 적용 부위를 나타냄
- F : Fully Bonded – 바탕에 전면 밀착시키는 공법
- S : Spot Bonded – 바탕에 부분적으로 밀착시키는 공법
- T : Thermally Insulated – 바탕과의 사이에 단열재를 삽입한 방수층
- M : Mechanically Fastened – 바탕과 기계적으로 고정시키는 방수층
- U : Underground – 지하에 적용하는 방수층
- W : Wall – 외벽에 적용하는 방수층

①	경화제	2성분형 방수재 혹은 실링재 중 기제와 혼합하여 경화시키는 것
②	기제	2성분형 액상 방수재 혹은 실링재 중 방수층을 형성하는 주성분을 포함하고 있는 성분
③	발수제	대상 재료의 내부구조에 변화를 주지 않고, 표면에 발수성 피막을 만들어 물의 침투를 막는 재료
④	실링재	건축물의 부재와 부재 접합부 줄눈에 충전하면 경화 후 양 부재에 접착하여 수밀성, 기밀성을 확보하는 재료
⑤	백업재	실링재의 줄눈깊이를 소정의 위치로 유지하기 위해 줄눈에 충전하는 성형 재료
⑥	벤토나이트	몬모릴로나이트 계통의 팽창성 3층판으로 이루어져 팽윤 특성을 지닌 가소성이 매우 높은 점토광물
⑦	방수제	모르타르의 흡수 및 투수에 대한 저항성능을 높이기 위하여 혼입하는 혼화제
⑧	방수용액	물에 방수제를 넣어 희석 또는 용해한 것
⑨	방수시멘트 페이스트	시멘트와 방수제 및 물을 혼합하여 반죽한 것
⑩	방수모르타르	시멘트, 모래와 방수제 및 물을 혼합하여 반죽한 것
⑪	시멘트혼입 폴리머 방수제	폴리머 분산제와 수경성 무기분체(시멘트와 규사 및 기타 첨가물)를 혼합하여 폴리머 분산제에 함유된 수분을 시멘트 경화반응에 공급하고, 급속히 응집 고화시켜 피막을 형성하는 방수제

2024 출제예상문제

01 4점

건축공사표준시방서에서 정의하는 방수공사의 표기법에서 최초의 문자는 방수층의 종류에 따라 달라지는데 다음 대문자 알파벳이 나타내는 의미를 쓰시오.

(1) A :
(2) M :
(3) S :
(4) L :

02 5점

건축공사표준시방서에서 표기한 방수층의 영문기호 중 아스팔트 방수층에 적용되는 Pr, Mi, Al, Th, In의 영문 기호의 의미를 설명하시오.

(1) Pr :
(2) Mi :
(3) Al :
(4) Th :
(5) In :

03 4점

건축공사표준시방서에서의 방수공사 표기방법 중 각 공법에서 최후의 문자는 각 방수층에 대하여 공통으로 고정상태, 단열재의 유무 및 적용부위를 의미한다. 이에 사용되는 영문기호 F, M, S, U, T, W 중 4개를 선택하여 그 의미를 설명하시오.

(1)
(2)
(3)
(4)

04 [21①] 4점

다음이 설명하는 방수재료를 【보기】에서 골라 기호로 쓰시오.

보기
① 방수모르타르 ② 발수제
③ 방수시멘트페이스트 ④ 프라이머(Primer)
⑤ 백업(Back-Up)재 ⑥ 방수용액
⑦ 실링(Sealing)재 ⑧ 벤토나이트(Bentonite)
⑨ 시멘트 혼입 폴리머계 방수재 ⑩ 경화제

(1) 시멘트, 모래와 방수제 및 물을 혼합하여 반죽한 것

(2) 물에 방수제를 넣어 희석 또는 용해한 것

(3) 시멘트와 방수제 및 물을 혼합하여 반죽한 것

(4) 분산제와 수경성 무기분체(시멘트와 규사 및 기타 첨가물)를 혼합하여 분산제에 함유된 수분을 시멘트 경화반응에 공급하고 급속히 응집, 고화시켜 피막을 형성하는 방수재

정답 및 해설

01
(1) A: Asphalt - 아스팔트 방수층
(2) M: Modified Asphalt - 개량아스팔트 방수층
(3) S: Sheet - 합성고분자 시트 방수층
(4) L: Liquid - 도막 방수층

02
(1) 보행 등에 견딜 수 있는 보호층이 필요한 방수층
(2) 최상층에 모래가 붙은 루핑을 사용한 방수층
(3) 바탕이 ALC패널용의 방수층
(4) 방수층 사이에 단열재를 삽입한 방수층
(5) 실내용 방수층

03
(1) F: 바탕에 전면 밀착시키는 공법
(2) S: 바탕에 부분적으로 밀착시키는 공법
(3) T: 바탕과의 사이에 단열재를 삽입한 방수층
(4) M: 바탕과 기계적으로 고정시키는 방수층

04
(1) ① (2) ⑥ (3) ③ (4) ⑨

POINT 02 방수공사 일반사항(Ⅰ)

(1) 멤브레인(Membrane) 방수공법

①	정의	얇은 피막상의 방수층으로 전면을 덮는 방수공법
②	종류	아스팔트(Asphalt) 방수, 시트(Sheet) 방수, 도막방수

(2) 아스팔트 방수공사 재료

①	스트레이트 아스팔트 (Straight Asphalt)	신축이 좋고 접착력도 우수하지만 연화점이 낮아 주로 지하실에 사용
②	블로운 아스팔트 (Blown Asphalt)	비교적 연화점이 높고 온도에 예민하지 않으므로 지붕방수에 주로 사용
③	아스팔트 프라이머 (Asphalt Primer)	블로운 아스팔트를 휘발성용제로 녹인 것으로 방수시공 시 밑바탕에 도포하여 모재와 방수층의 부착을 좋게 한다.
④	아스팔트 컴파운드 (Asphalt Compound)	블로운 아스팔트에 동식물성 기름과 광물성 분말을 혼합하여 성질을 개량한 최우량품의 아스팔트

(3) 아스팔트 침입도

아스팔트의 양부를 판별하는데 가장 중요한 경도시험으로
25℃, 100g 추를 5초 동안 누를 때 침이 0.1mm 관입되는 것을 침입도 1로 정의

(4) 아스팔트 방수층의 형성

①	8층 방수	방수층 누름 콘크리트 Asphalt Asphalt 펠트 또는 Asphalt 루핑 Asphalt Asphalt 펠트 또는 Asphalt 루핑 Asphalt Asphalt 펠트 또는 Asphalt 루핑 Asphalt Asphalt 프라이머 Slab 콘크리트
②	방수층을 세분하지 않을 경우	④ 보호 모르타르 시공 ③ 보호누름 시공 ② 아스팔트 방수층 시공 ① 바탕모르타르 바름 시공

2024 출제예상문제

01 [21③, 23①] 5점, 3점

멤브레인(Membrane) 방수공법의 정의와 종류를 3가지 쓰시오.

(1) 정의:

(2) 종류:

① _____ ② _____ ③ _____

02 4점

아스팔트 방수공사의 재료에 관한 명칭을 쓰시오.
(1) 블로운 아스팔트에 동식물성 기름과 광물성 분말을 혼합하여 성질을 개량한 최우량품의 아스팔트
(2) 아스팔트를 휘발성 용제로 녹인 것으로 방수시공 시 밑바탕에 도포하여 모재와 방수층의 부착을 좋게 한다.
(3) 비교적 연화점이 높고 온도에 예민하지 않으므로 지붕방수에 주로 사용한다.
(4) 신축이 좋고 접착력도 우수하지만 연화점이 낮아 주로 지하실 등에 사용한다.

(1) _____ (2) _____
(3) _____ (4) _____

03 3점

아스팔트 침입도를 설명하시오.

04 4점

옥상 8층 아스팔트 방수공사의 표준 시공순서를 쓰시오. (단, 아스팔트 종류는 구분하지 않고 아스팔트로 하며, 펠트와 루핑도 구분하지 않고 아스팔트 펠트로 표기한다.)

바탕처리 – (1) – (2) – (3) – (4)
– (5) – (6) – (7) – (8)

(1) _____ (2) _____
(3) _____ (4) _____
(5) _____ (6) _____
(7) _____ (8) _____

05 4점

다음은 옥상 아스팔트 방수공사를 한 그림이다. 콘크리트 바탕으로부터 최상부 마무리까지의 시공순서를 번호에 맞추어 쓰시오. (단, 아스팔트 방수층 시공순서는 세분하지 않는다.)

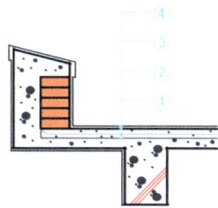

① _____
② _____
③ _____
④ _____

정답 및 해설

01
(1) 얇은 피막상의 방수층으로 전면을 덮는 방수공법
(2) ① 아스팔트 방수 ② 시트 방수
    ③ 도막방수

02
(1) 아스팔트 컴파운드
(2) 아스팔트 프라이머
(3) 블로운 아스팔트
(4) 스트레이트 아스팔트

03
아스팔트의 양부를 판별하는데 가장 중요한 경도시험으로 25℃, 100g 추를 5초 동안 누를 때 침이 0.1mm 관입되는 것을 침입도 1로 정의한다.

04
(1) 아스팔트 프라이머 (2) 아스팔트
(3) 아스팔트 펠트   (4) 아스팔트
(5) 아스팔트 펠트   (6) 아스팔트
(7) 아스팔트 펠트   (8) 아스팔트

05
① 바탕모르타르 바름 시공
② 아스팔트 방수층 시공
③ 보호누름 시공
④ 보호모르타르 시공

POINT 03 방수공사 일반사항(Ⅱ)

(1) 도막방수

①	방수층 형성원리	액체로 된 방수도료를 여러 번 칠하여 상당한 두께의 방수막을 형성하는 공법		
②	지붕 방수공사에 사용되는 도막 방수재료	• 우레탄 고무계 도막방수재	• 아크릴 고무계 도막방수재	• 고무 아스팔트계 도막방수재
③		우레탄 고무계 도막방수에서 보호 및 마감재 (도포형, 평탄부위(L-UrF), 물매(1/100~1/50) 공정)		• 현장타설콘크리트 • 콘크리트블록 • 시멘트모르타르

(2) 시트(Sheet) 방수 특징

①	방수층 형성원리		두께 1mm 내외의 합성고분자루핑(=시트, Sheet)을 접착재로 바탕에 붙여서 방수층을 형성하는 공법		
②	특징	장점	• 제품의 규격화로 시공이 간단하다. • 바탕균열에 대한 내구성 및 내후성이 좋다.		
		단점	• 복잡한 시공부위의 작업이 어렵다. • 누수 시 국부적인 보수가 어렵다.		
③	시트 붙이기	접착방법	• 온통접착	• 줄접착	• 점접착
		이음방법	5cm 이상 겹쳐 접착 후 테이핑 또는 Sealing재로 충진		
④	시공순서				

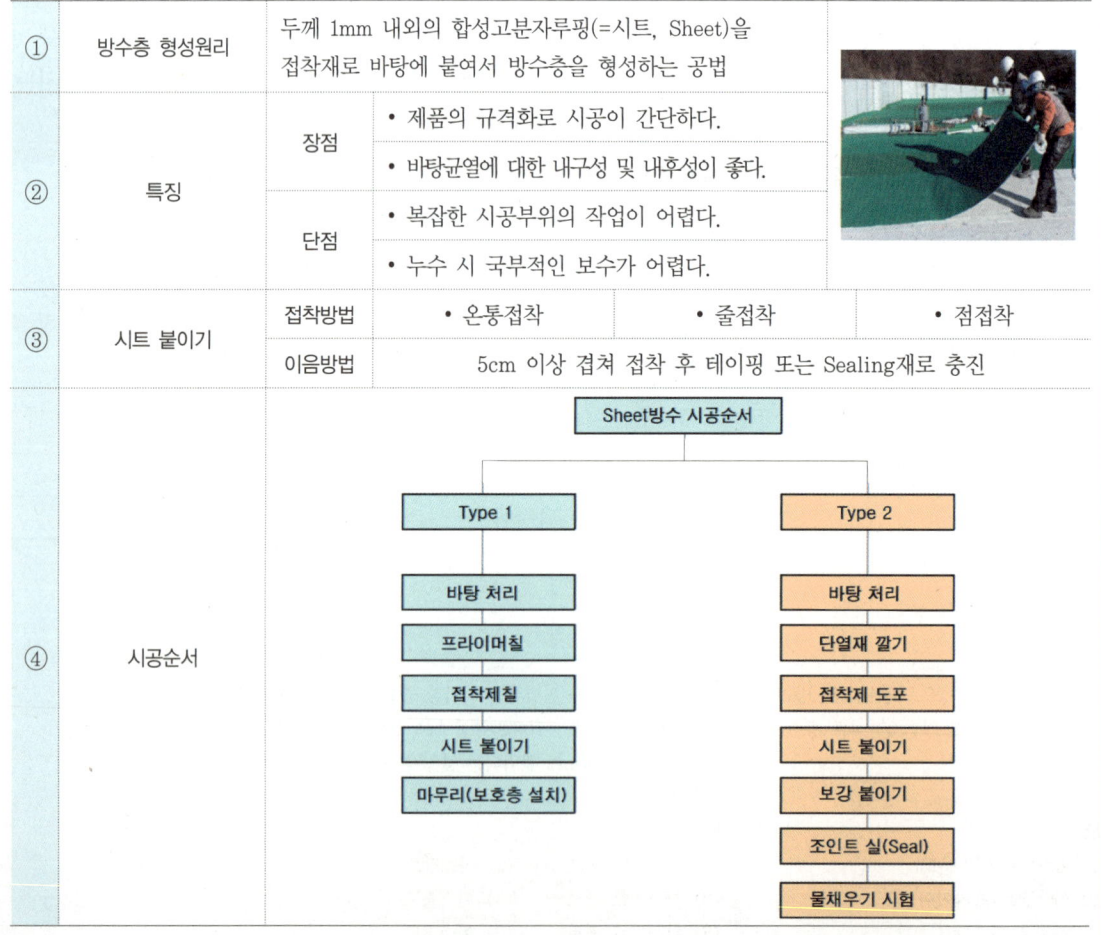

Sheet방수 시공순서

Type 1: 바탕 처리 → 프라이머칠 → 접착제칠 → 시트 붙이기 → 마무리(보호층 설치)

Type 2: 바탕 처리 → 단열재 깔기 → 접착제 도포 → 시트 붙이기 → 보강 붙이기 → 조인트 실(Seal) → 물채우기 시험

2024 출제예상문제

01 [22②] 3점
지붕 방수공사에 사용되는 도막 방수재료의 종류 3가지를 기재하시오.

① _____
② _____
③ _____

02 [24①, 24②] 3점
우레탄 고무계 도막방수에서 보호 및 마감재의 종류를 3가지 쓰시오. (단, 도포형이고 평탄부위(L-UrF), 물매(1/100~1/50) 공정이다.)

① _____
② _____
③ _____

03 [22③] 4점
시트(Sheet) 방수공법의 장단점을 각각 2가지씩 쓰시오.
(1) 장점

① _____
② _____

(2) 단점

① _____
② _____

04 4점
시트방수의 시공순서를 번호로 쓰시오.
((가)) - ((나)) - ((다)) - ((라)) - 마무리

보기

① 시트붙이기   ② 프라이머칠
③ 바탕처리   ④ 접착제칠

(가) _____ (나) _____ (다) _____ (라) _____

05 4점
시트 방수공사의 시공순서를 번호로 나열하시오.

보기

① 단열재 깔기   ② 접착제 도포
③ 조인트 실(Seal)   ④ 물채우기 시험
⑤ 보강 붙이기   ⑥ 바탕 처리
⑦ 시트 붙이기

정답 및 해설

01
① 우레탄 고무계 도막방수재
② 아크릴 고무계 도막방수재
③ 고무 아스팔트계 도막방수재

02
① 현장타설콘크리트
② 콘크리트블록
③ 시멘트모르타르

03
(1) ① 제품의 규격화로 시공이 간단하다.
    ② 바탕균열에 대한 내구성 및 내후성이 좋다.
(2) ① 복잡한 시공부위의 작업이 어렵다.
    ② 누수 시 국부적인 보수가 어렵다.

04
(가) ③
(나) ②
(다) ④
(라) ①

05
⑥ ➡ ① ➡ ② ➡ ⑦ ➡ ⑤ ➡ ③ ➡ ④

2024 출제예상문제

06 [23②] 4점

도막방수와 비교한 시트방수의 특징에 해당하는 내용을 【보기】에서 골라 번호로 쓰시오.

보기

① 핀홀과 같은 안정성이 떨어진다.
② 겹침부에 취약하다.
③ 기후의 영향을 받는다.
④ 흘러내림이 있다.
⑤ 굴곡부 같은 곳에 적용하기 어렵다.
⑥ 자재 자체의 방수성이 좋다.

07 3점

시트(Sheet) 방수공사에서 시트 방수재를 붙이는 방법 3가지를 쓰시오.

① _____ ② _____ ③ _____

정답 및 해설

06
②, ③, ⑤, ⑥

07
① 온통접착
② 줄접착
③ 점접착

MEMO

POINT 04 방수공사 일반사항(Ⅲ)

(1) 지하실 안방수와 바깥방수

	비교항목	안방수	바깥방수
①	사용 환경	수압이 작고 얕은 지하실	수압이 크고 깊은 지하실
②	바탕 만들기	따로 만들 필요가 없음	따로 만들어야 함
③	공사 용이성	간단하다.	상당한 어려움이 있다.
④	본공사 추진	자유롭다.	본공사에 선행된다.
⑤	경제성	비교적 저가이다.	비교적 고가이다.
⑥	보호누름	필요하다.	없어도 무방하다.

(2) 바깥방수 시공순서

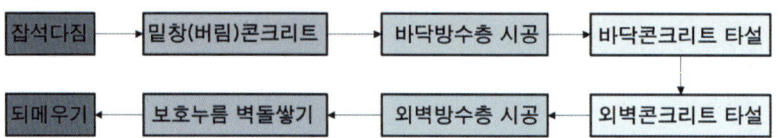

잡석다짐 → 밑창(버림)콘크리트 → 바닥방수층 시공 → 바닥콘크리트 타설 → 외벽콘크리트 타설 → 외벽방수층 시공 → 보호누름 벽돌쌓기 → 되메우기

(3) 시멘트방수 시공순서

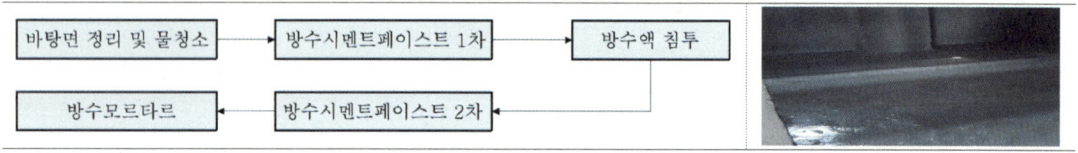

바탕면 정리 및 물청소 → 방수시멘트페이스트 1차 → 방수액 침투 → 방수시멘트페이스트 2차 → 방수모르타르

2024 출제예상문제

01 [22①, 24③유사] 4점 □□□□□

안방수 공법과 바깥방수 공법의 특징을 우측 【보기】에서 골라 번호로 표기하시오.

비교항목	안방수	바깥방수	보 기	
(1) 사용 환경			① 수압이 작은 얕은 지하	② 수압이 큰 깊은 지하
(2) 공사용이성			① 간단하다.	② 상당한 어려움이 있다.
(3) 경제성			① 비교적 싸다.	② 비교적 고가이다.
(4) 보호누름			① 필요하다.	② 없어도 무방하다.

정답 및 해설

01

비교항목	안방수	바깥방수	보 기	
(1) 사용 환경	①	②	① 수압이 작은 얕은 지하	② 수압이 큰 깊은 지하
(2) 공사용이성	①	②	① 간단하다.	② 상당한 어려움이 있다.
(3) 경제성	①	②	① 비교적 싸다.	② 비교적 고가이다.
(4) 보호누름	①	②	① 필요하다.	② 없어도 무방하다.

2024 출제예상문제

02 4점
안방수와 바깥방수의 차이점을 4가지 쓰시오.

① _____
② _____
③ _____
④ _____

03 4점
지하실 바깥방수 시공순서를 번호로 쓰시오.

① 밑창(버림)콘크리트	② 잡석다짐
③ 바닥콘크리트	④ 보호누름 벽돌쌓기
⑤ 외벽콘크리트	⑥ 외벽방수
⑦ 되메우기	⑧ 바닥방수층 시공

04 [21①] 4점
바닥용 시멘트방수공사 시공순서를 【보기】의 내용을 이용하여 번호로 나열하시오. (단, 보기의 내용은 중복하여 사용 가능함)

보기
① 방수모르타르
② 방수시멘트페이스트 1차
③ 방수시멘트페이스트 2차
④ 방수액 침투
⑤ 바탕면 정리 및 물청소

1층: ____ 2층: ____ 3층: ____ 4층: ____ 5층: ____

정답 및 해설

02
① 안방수는 수압이 작고 얕은 지하실, 바깥방수는 수압이 크고 깊은 지하실
② 안방수는 본공사 추진이 자유롭고, 바깥방수는 본공사에 선행되어야 함
③ 안방수는 비교적 저가, 바깥방수는 고가
④ 안방수는 보호누름이 필요하지만, 바깥방수는 보호누름이 없어도 무방

03
② ➡ ① ➡ ⑧ ➡ ③ ➡ ⑤ ➡ ⑥ ➡ ④ ➡ ⑦

04
⑤, ②, ④, ③, ①

POINT 05 도장공사 주요 용어정리

①	눈먹임	목부 바탕재의 도관 등을 메우는 작업
②	도막	칠한 도료가 건조해서 생긴 고체 피막
③	연마	도막 또는 도막층을 연마재로 연마해서 정해진 상태까지 깎아내는 작업
④	착색	바탕면을 각종 착색제로 착색하는 작업
⑤	조색	몇 가지 색의 도료를 혼합해서 얻어지는 도막의 색이 희망하는 색이 되도록 하는 작업
⑥	하도(프라이머)	물체의 바탕에 직접 칠하는 것. 바탕의 빠른 흡수나 녹의 발생을 방지하고, 바탕에 대한 도막 층의 부착성을 증가시키기 위해 사용하는 도료
⑦	중도	하도와 상도의 중간층으로서 중도용의 도료를 칠하는 것. 하도 도막과 상도 도막 사이의 부착성의 증강, 조합 도막층 두께의 증가, 평면 또는 입체성의 개선 등을 위해서 한다.
⑧	상도	마무리로서 도장하는 작업 또는 그 작업에 의해 생긴 도장면
⑨	퍼티	바탕의 파임, 균열, 구멍 등의 결함을 메워 바탕의 평편함을 향상시키기 위해 사용하는 살붙임용의 도료. 안료분을 많이 함유하고 대부분은 페이스트상이다.
⑩	희석제	도료의 유동성을 증가시키기 위해서 사용하는 휘발성의 액체

2024 출제예상문제

01 [21②] 6점

도장공사에서 사용하는 용어의 정의를【보기】에서 골라 쓰시오.

보기
도막 연마 눈먹임 퍼티 상도 중도 하도 희석제 착색 조색

(1)	몇 가지 색의 도료를 혼합해서 얻어지는 도막의 색이 희망하는 색이 되도록 하는 작업
(2)	바탕의 파임·균열·구멍 등의 결함을 메워 바탕의 평편함을 향상시키기 위해 사용하는 살붙임상의 도료. 안료분을 많이 함유하고 대부분은 페이스트상이다.
(3)	목부 바탕재의 도관 등을 메우는 작업

02 [24③] 4점

다음 설명에 알맞은 도장용어를【보기】에서 골라 적으시오.

보기
눈먹임 광명단 연마 상도 착색 퍼티 중도 백업 조색 건성유

(1)	목재 도장 시 나뭇결에 찰흙 또는 접합체의 하나인 토분과 퍼티 등을 고루 발라 채워서 평활한 칠 바탕을 만들며 나무면의 방수성능을 높이는 작업
(2)	색상 간의 비율을 정하는 작업
(3)	광택을 주기 위해 가장 윗부분에 코팅하는 작업
(4)	균열 또는 구멍 난 부분을 메꿈 처리하는 작업

정답 및 해설

01
(1) 조색 (2) 퍼티 (3) 눈먹임

02
(1) 눈먹임 (2) 조색 (3) 상도 (4) 퍼티

POINT 06 도장공사 일반사항(Ⅰ)

(1)	KS 규격별 도료의 구분	KS M 6010	수성도료	1종	합성수지 에멀션 페인트(외부용)
				2종	합성수지 에멀션 페인트(내부용)
				3종	합성수지 에멀션 퍼티
		KS M 6020	유성도료	1종	조합 페인트
				2종	자연 건조형 에나멜 유광, 반광, 무광
				3종	알루미늄 페인트
				4종	아크릴 도료
		KS M 6030	방청도료	1종	광명단 조합 페인트
				2종	크롬산아연 방청 페인트
				3종	아연분말 프라이머
				4종	에칭 프라이머
				5종	광명단 크롬산아연 방청 프라이머
				6종	타르 에폭시수지 도료
		KS M 6040	래커도료	1종	래커 프라이머(금속 표면처리 도장용)
				2종	래커 퍼티(초벌바름 수정 도장용)
				3종	래커 서페이서(초벌바름, 재벌바름용)
				4종	목재용 우드 실러
				5종	목재용 샌딩 실러
				6종	정벌바름 마감용 투명 래커
				7종	정벌바름 마감용 래커 에나멜
(2)	모르타르 용도에 사용되는 도료	합성수지에멀션 도료, 아크릴 도료, 염화비닐수지 도료, 광택 수성도료, 에폭시 퍼티, 2액형 에폭시 프라이머,, 우레탄 프라이머, 불소수지 도료			
(3)	도장시 주의사항	① 뿜칠(Spray Gun) 시공 시 뿜칠의 노즐 끝에서 도장면까지의 거리는 300mm를 유지해야 하며, 시공각도는 90°로 하고, 5℃ 이하에서는 도장작업을 중단한다.			
		② 철골공사: 다음과 같은 환경과 조건에서는 도장작업을 중지한다. • 도장작업 장소의 기온이 5℃ 이하, 상대습도가 80% 이상일 때 • 도장작업 시 또는 도막건조 전에 눈, 비, 강풍, 결로에 의해 수분이나 분진 등이 도막에 부착될 우려가 있는 경우 • 기온이 높아 강재 표면온도가 50℃ 이상이 되어 기포가 생길 우려가 있을 때			

2024 출제예상문제

01 [23①] 4점

다음 【보기】를 보고 수성도료, 유성도료를 번호로 구분하여 쓰시오

> 보기
> ① 알루미늄 페인트
> ② 아크릴 도료
> ③ 합성수지 에멀션 퍼티
> ④ 합성수지 에멀션 페인트
> ⑤ 조합 페인트
> ⑥ 자연 건조형 에나멜 유광, 반광, 무광

(1) 수성도료:
(2) 유성도료:

02 [21①] 4점

다음 【보기】의 항목 중에서 방청도료로 사용되는 재료를 모두 골라서 번호를 쓰시오.

> 보기
> ① 합성수지 에멀젼 도료
> ② 광명단 조합페인트
> ③ 아연분말 프라이머
> ④ 아크릴 도료
> ⑤ 알루미늄 도료
> ⑥ 래커 프라이머

03 3점

모르타르 용도에 사용되는 도료의 종류를 3가지 쓰시오.

①
②
③

04 3점

도장(칠)공사의 시공요령과 주의사항을 적은 다음 글에서 ( ) 안에 들어갈 알맞는 내용을 써 넣으시오.

> 뿜칠 시공 시 뿜칠의 노즐 끝에서 도장면까지의 거리는 (①)mm를 유지해야 하며, 시공 각도는 (②)°로 하고, (③)℃ 이하에서는 도장작업을 중단해야 한다.

①　　　　②　　　　③

05 3점

철골공사의 도장작업 중지와 관련된 환경과 조건에 대한 설명이다. ( )안에 적합한 수치를 쓰시오.

(1) 도장작업 장소의 기온이 ( )℃ 이하, 상대습도가 ( )% 이상일 때

(2) 기온이 높아 강재 표면온도가 ( )℃ 이상이 되어 기포가 생길 우려가 있을 때

정답 및 해설

01
(1) ③, ④
(2) ①, ②, ⑤, ⑥

02
②, ③, ⑤

03
① 합성수지에멀션 도료
② 아크릴 도료
③ 염화비닐수지 도료

04
① 300　② 90　③ 5

05
(1) 5, 80
(2) 50

POINT 07 도장공사 일반사항(Ⅱ)

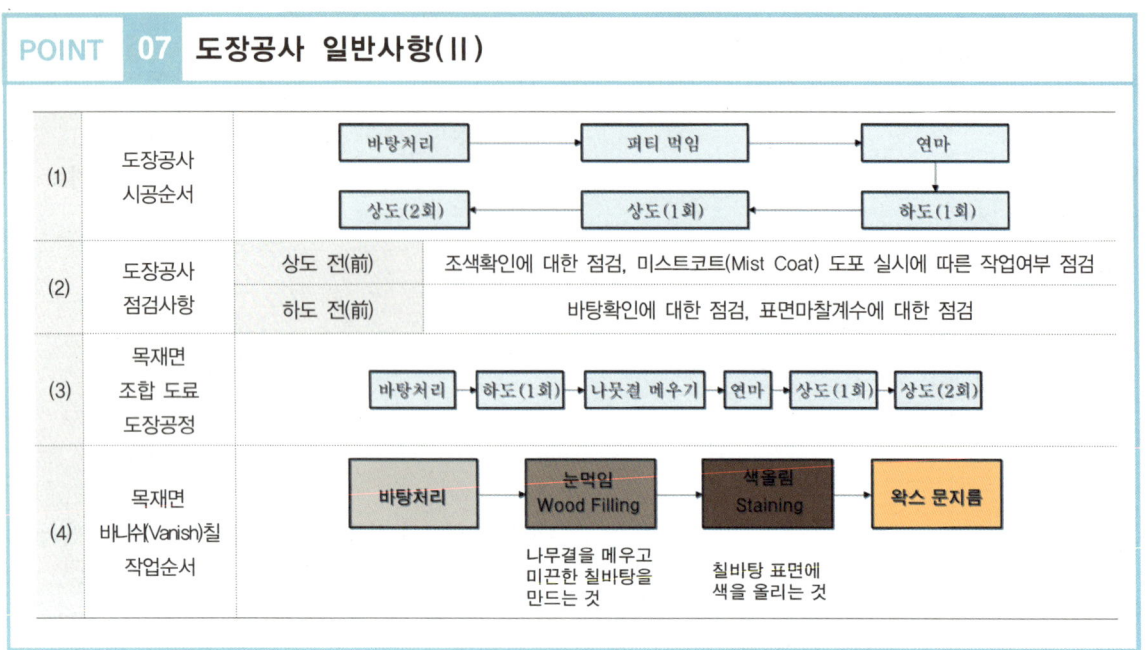

2024 출제예상문제

01 [22②] 4점

도장공사의 시공순서를 번호로 나열하시오.

보기
① 바탕처리   ② 상도 1회   ③ 상도 2회
④ 퍼티 먹임   ⑤ 연마   ⑥ 하도 1회

02 [23③] 4점

녹막이칠과 관련된 도장공사 과정 중에서 상도와 하도 전(前)에 실시하는 점검사항을 【보기】에서 골라 번호로 쓰시오.

보기
① 조색확인에 대한 점검
② 바탕확인에 대한 점검
③ 표면마찰계수에 대한 점검
④ 미스트코트(Mist Coat) 도포 실시에 따른 작업여부 점검

(1) 상도 전:　　　(2) 하도 전:

03 [22③] 4점

목재면 조합 도료 도장공정을 【보기】에서 골라 순서대로 쓰시오.

보기
① 연마   ② 나뭇결 메우기
③ 하도(1회)   ④ 상도(2회)   ⑤ 상도(1회)

시공순서: 바탕처리 ➡ (　) ➡ (　) ➡ (　) ➡ (　) ➡ (　)

04 3점

목재면 바니쉬칠 공정의 작업순서를 번호로 쓰시오.

① 색올림   ② 왁스 문지름   ③ 바탕처리   ④ 눈먹임

정답 및 해설

01
① ➡ ④ ➡ ⑤ ➡ ⑥ ➡ ② ➡ ③

02
(1) ①, ④
(2) ②, ③

03
③, ②, ①, ⑤, ④

04
③ ➡ ④ ➡ ① ➡ ②

MEMO

03 미장 및 타일공사, 방수 및 도장공사: 적산사항

POINT 01 수량산출

(1)	미장면적 수량산출	벽, 바닥, 천장 등의 장소별 또는 마무리 종류별로 면적을 산출한다.
(2)	타일면적 수량산출	1㎡당 소요되는 수량에 주어진 면적을 곱하여 수량을 산출한다.
(3)	방수면적 수량산출	시공 장소별(바닥, 벽면, 지하실, 옥상 등), 시공종별(아스팔트방수, 시멘트 액체방수, 방수모르타르 등)로 구분하여 면적을 산출한다.

2024 출제예상문제

01 3점

바닥 미장면적이 1,000m² 일 때, 1일 10인 작업 시 작업 소요일을 구하시오. (단, 아래와 같은 품셈을 기준으로 하며 계산과정을 쓰시오.)

바닥미장 품셈(㎡)

구분	단위	수량
미장공	인	0.05

02 3점

바닥 마감공사에서 규격 180mm×180mm인 클링커 타일을 줄눈나비 10mm로 바닥면적 200㎡에 붙일 때 붙임매수는 몇 장인가? (할증률 및 파손은 없는 것으로 가정)

03 3점

내장타일 15cm 각, 줄눈 5mm로 타일 10㎡를 붙일 때 타일 장수를 정미량으로 산출하시오.

정답 및 해설

01 5일
(1) 1㎡당 품셈: 0.05인
(2) 작업소요일: $1,000 \times 0.05 \div 10 = 5$

02 5,541매
$$\frac{1 \times 1}{(0.18+0.01) \times (0.18+0.01)} \times 200 = 5,540.166$$

03 417매
$$\frac{1 \times 1}{(0.15+0.005) \times (0.15+0.005)} \times 10 = 416.233$$

2024 출제예상문제

04 [22③] 6점 □□□□

다음 도면을 보고 옥상방수면적(m^2), 누름콘크리트량(m^3), 보호벽돌량(매)를 구하시오.
(단, 벽돌의 규격은 190×90×57, 할증률은 5%)

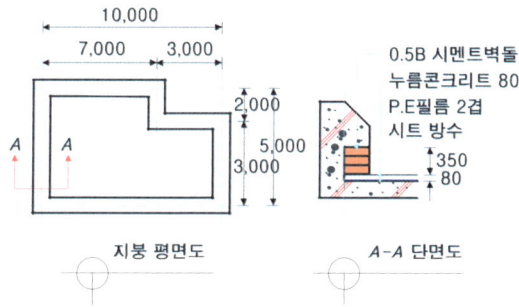

(1) 옥상방수 면적

(2) 누름콘크리트량

(3) 보호벽돌 소요량

05 6점 □□□□

다음 도면을 보고 옥상방수면적(m^2), 누름콘크리트량(m^3), 보호벽돌량(매)를 구하시오.
(단, 벽돌의 규격은 190×90×57)

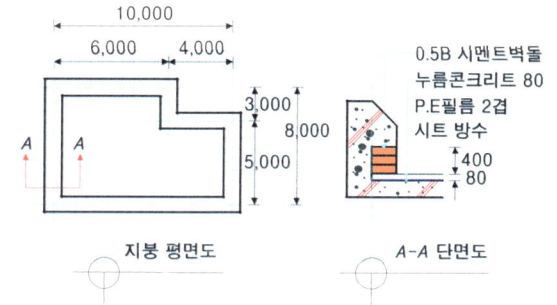

(1) 옥상방수 면적

(2) 누름콘크리트량

(3) 보호벽돌 정미량

정답 및 해설

04 (1) 53.9m²   (2) 3.28m³   (3) 817매
(1) (7×5)+(3×2)
  +{(10+5)×2×0.43}=53.9
(2) {(7×5)+(3×2)}×0.08=3.28
(3) {(10−0.09)+(5−0.09)}×2
  ×0.35×75매×1.05=816.95

05 (1) 85.28m²   (2) 5.44m³   (3) 1,070매
(1) (6×8)+(4×5)+{(10+8)×2
  ×0.48} = 85.28
(2) {(6×8)+(4×5)}×0.08=5.44
(3) {(10−0.09)+(8−0.09)}×2
  ×0.4×75매=1,069.2

7

유리 및 창호공사 · 커튼월공사 · 수장 및 그 밖의 공사

01 유리 및 창호공사, 커튼월공사

02 수장 및 그 밖의 공사

유리 및 창호공사, 커튼월공사

POINT 01 유리공사 일반사항

(1) 주요 유리의 종류 및 특징

①	접합 유리 (Laminated Glass)		두 장 이상의 판유리(Float Glass) 사이에 합성수지를 겹붙여 댄 것으로 합판유리라고도 한다.
②	복층 유리 (Pair Glass)		건조공기층을 사이에 두고 판유리를 이중으로 접합하여 테두리를 밀봉한 유리로서 단열 및 소음 차단성능을 향상시킨 유리 【※ 단열 간봉(Thermal Spacer): 복층유리에서 유리와 유리 사이의 간격을 유지하기 위해 유리 가장자리에 쓰는 열전도율이 낮은 플라스틱 간격재】
③	배강도 유리 (Heat Strengthened Glass)		판유리를 연화점(Softening Point) 정도로 가열 후 서냉하여 유리표면에 24MPa 이상의 압축응력층을 갖도록 한 유리로서 일반유리의 2~3배 정도의 강도를 갖는다.
④	강화 유리 (Tempered Glass)		판유리를 연화점(Softening Point) 정도로 가열 후 급냉하여 유리표면에 69MPa 이상의 압축응력층을 갖도록 한 유리로서 일반유리의 3~5배 정도의 강도를 갖는다.
⑤	Low-E 유리 (Low-Emissivity Glass, 저방사유리)		열적외선을 반사하는 은소재 도막으로 코팅하여 방사율과 열관류율을 낮추고 가시광선투과율을 높인 유리
⑥	자외선투과 유리		일광욕실, 병원, 요양소 등에 사용
⑦	자외선차단 유리		진열창, 약품창고 등에서 노화와 퇴색방지에 사용

(2) 광학 유리: 크라운 유리(Crown, 수렴렌즈용 유리), 플린트(Flint, 납유리, 발산렌즈용) 유리

(3) 절단이 불가능한 유리: 복층 유리, 배강도 유리, 유리 블록

2024 출제예상문제

01 4점
다음은 유리의 종류에 관한 설명이다. 설명이 의미하는 유리의 종류를 【보기】에서 골라 기호로 쓰시오.

① 접합유리(Laminated Glass) ② 자외선투과 유리
③ 복층 유리(Pair Glass) ④ 열선반사 유리
⑤ 자외선차단 유리 ⑥ 강화 유리
⑦ 망입 유리 ⑧ 프리즘(Prism) 유리

(1) 건조공기층을 사이에 두고 판유리를 이중으로 접합하여 테두리를 둘러서 밀봉한 유리
(2) 일광욕실, 병원, 요양소 등에 사용
(3) 두 장 이상의 판유리 사이에 합성수지를 겹붙여 댄 것으로서 일명 합판유리라 함
(4) 진열창, 약품창고 등에서 노화와 퇴색방지에 사용

(1) _____ (2) _____ (3) _____ (4) _____

02 4점
다음 용어를 설명하시오.
(1) 접합 유리(Laminated Glass)

(2) 저방사 유리(Low-Emissivity Glass)

03 6점
다음 용어를 설명하시오.
(1) 복층 유리

(2) 배강도 유리

(3) 단열 간봉(Thermal Spacer)

04 [23③] 4점
광학적 요소를 가진 건축용 유리의 종류를 2가지 쓰시오.

① _____ ② _____

05 3점
공사현장에서 절단이 불가능하여 사용치수로 주문 제작해야 하는 유리의 명칭 3가지를 쓰시오.

① _____ ② _____ ③ _____

정답 및 해설

01
(1) ③ (2) ② (3) ① (4) ⑤

02
(1) 두 장 이상의 판유리 사이에 합성수지를 겹붙여 댄 것으로 합판유리라고도 한다.
(2) 열적외선을 반사하는 은소재 도막으로 코팅하여 방사율과 열관류율을 낮추고 가시광선투과율을 높인 유리

03
(1) 건조공기층을 사이에 두고 판유리를 이중으로 접합하여 테두리를 밀봉한 유리
(2) 판유리를 연화점 정도로 가열 후 서냉하여 유료표면에 24MPa 이상의 압축응력층을 갖도록 한 유리로서 일반유리의 2~3배 정도의 강도를 갖는다.
(3) 복층유리에서 유리와 유리 사이의 간격을 유지하기 위해 유리 가장자리에 쓰는 열전도율이 낮은 플라스틱 간격재

04
① 크라운 유리(Crown, 수렴렌즈용 유리)
② 플린트(Flint, 납유리, 발산렌즈용) 유리

05
① 복층 유리
② 배강도 유리
③ 유리 블록

POINT 02 창호공사 일반사항

(1) 창호의 기호

① 창호틀 재료의 종류	② 창호의 구별	③ 성능에 따른 구분
• A: 알루미늄(Aluminum) • G: 유리(Glass) • P: 플라스틱(Plastic) • S: 강철(Steel) • SS: 스테인리스(Stainless) • W: 목재(Wood)	• D: 문(Door) • W: 창(Window) • S: 셔터(Shutter)	• 방화 창호 • 방음 창호 • 단열 창호

(2) 강제창호 제작순서

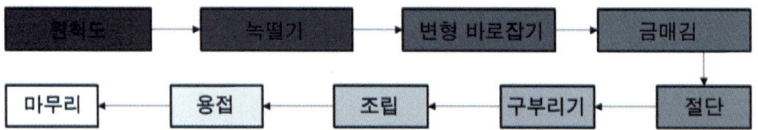

(3) 강제창호 현장설치

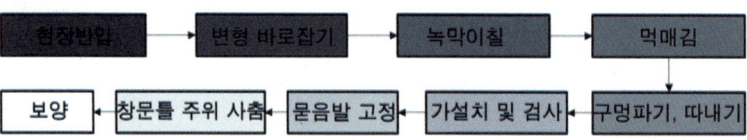

(4) 강제창호와 비교한 알루미늄 창호의 장점

①	비중이 철의 1/3 정도로 가볍다.	②	녹슬지 않고 내구연한이 길다.
③	공작이 자유롭고 기밀성 및 수밀성이 좋다.	④	기밀성 및 수밀성이 우수하다.

(5) 창호공사 용어

①	박배	창문을 창문틀에 다는 일
②	마중대	미닫이 또는 여닫이 문짝이 서로 맞닿는 선대
③	여밈대	미서기 또는 오르내리창이 서로 여며지는 선대
④	풍소란	창호가 닫아졌을 때 각종 선대 등 접하는 부분에 틈새가 나지 않도록 대어주는 것

2024 출제예상문제

01 6점
다음 표에 제시된 창호재료의 종류 및 기호를 참고하여, 아래의 창호기호표를 표시하시오.

기호	창호틀 재료의 종류
A	알루미늄
G	유리
P	플라스틱
S	강철
SS	스테인리스
W	목재

기호	창호 구별
D	문
W	창
S	셔터

구분	문	창
목제	1	2
철제	3	4
알루미늄제	5	6

① ② ③
④ ⑤ ⑥

02 3점
창호를 분류하면 기능에 의한 분류, 재질에 의한 분류, 개폐방식에 의한 분류, 성능에 의한 분류로 구분할 수 있다. 이 중 성능에 따라 분류할 때의 종류를 3가지 쓰시오.

① ② ③

03 5점
다음의 강제창호 제작순서를 ( )안에 알맞은 말을 써 넣어 완성하시오.

원척도 – (①) – 변형바로잡기 – (②) – (③) – 구부리기 – (④) – (⑤) – 마무리

① ②
③ ④
⑤

04 6점
강제창호 현장설치 공법의 시공순서를 쓰시오.

현장반입 – (①) – (②) – (③) – 구멍파기, 따내기 – (④) – (⑤) – 창문틀 주위 사춤 – (⑥)

① ②
③ ④
⑤ ⑥

정답 및 해설

01
① WD ② WW ③ SD ④ SW ⑤ AD ⑥ AW

02
① 방화 창호
② 방음 창호
③ 단열 창호

03
① 녹떨기
② 금매김
③ 절단
④ 조립
⑤ 용접

04
① 변형바로잡기
② 녹막이칠
③ 먹매김
④ 가설치 및 검사
⑤ 묻음발 고정
⑥ 보양

2024 출제예상문제

05 [21①, 24②] 4점

알루미늄 창호의 장점을 4가지 쓰시오.

① _____
② _____
③ _____
④ _____

06 4점

창호공사에 관한 설명이 의미하는 용어명을 쓰시오.

①	창문을 창문틀에 다는 일
②	미닫이 또는 여닫이 문짝이 서로 맞닿는 선대
③	미서기 또는 오르내리창이 서로 여며지는 선대
④	창호가 닫아졌을 때 각종 선대 등 접하는 부분에 틈새가 나지 않도록 대어주는 것

정답 및 해설

05
① 비중이 철의 1/3 정도로 가볍다.
② 녹슬지 않고 내구연한이 길다.
③ 공작이 자유롭고 착색이 가능하다.
④ 기밀성 및 수밀성이 우수하다.

06
① 박배
② 마중대
③ 여밈대
④ 풍소란

MEMO

POINT 03 커튼월(Curtain Wall) 공사(Ⅰ)

(1) 구조방식에 의한 분류

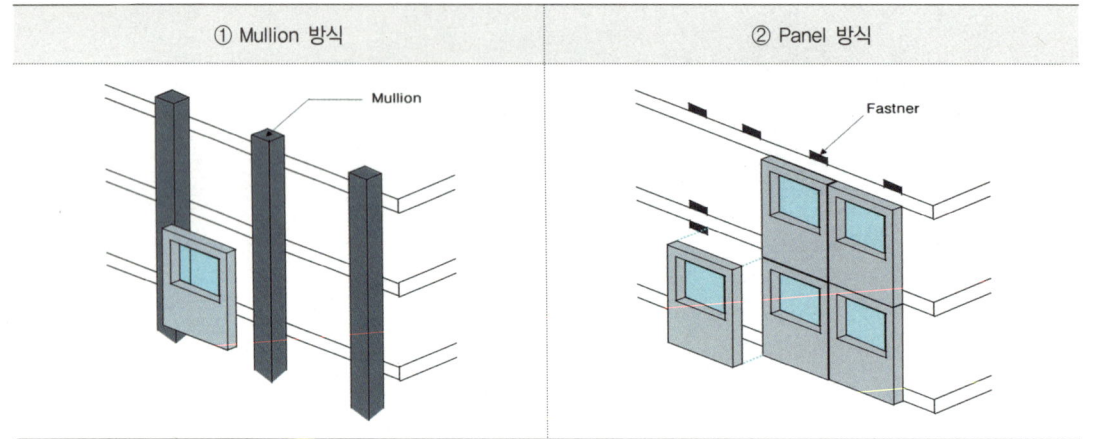

① Mullion 방식　　② Panel 방식

(2) 조립방식에 의한 분류

Stick Wall 방식
- 구성 부재를 현장에서 조립·연결하여 창틀이 구성되는 형식
- 현장 적응력이 우수하여 공기조절이 가능

Unit Wall 방식
- 창호와 유리, 패널의 일괄발주 방식
- 구성 부재 모두가 공장에서 조립된 프리패브(Pre-Fab) 형식
- 업체의 의존도가 높아서 현장상황에 융통성을 발휘하기가 어려움

Window Wall 방식
- 창호와 유리, 패널의 개별발주 방식
- 창호구조가 패널 트러스에 연결할 수 있어서
  재료의 사용 효율이 높아 비교적 경제적인 시스템 구성이 가능한 방식

(3) 입면에 의한 분류

샛기둥(Mullion) 방식
- 수직기둥을 노출시키고, 그 사이에 유리창이나 스팬드럴 패널을 끼우는 방식

스팬드럴(Spandrel) 방식
- 수평선을 강조하는 창과 스팬드럴 조합으로 이루어지는 방식

격자(Grid) 방식
- 수직, 수평의 격자형 외관을 보여주는 방식

피복(Sheath) 방식
- 구조체를 외부에 노출시키지 않고 패널로 은폐시키고 새시는 패널 안에서 끼워지는 방식

2024 출제예상문제

01 4점

대표적인 고층건물의 비내력벽 구조로써 사용이 증가되고 있는 커튼월공법은 재료에 의한 분류, 구조형식, 조립방식별 분류 등 다양한 분류방식이 존재하는데, 구조형식과 조립방식에 의한 커튼월공법을 각각 2가지씩 쓰시오.

(1) 구조형식에 따른 분류 2가지:
① _____ ② _____

(2) 조립방식에 의한 분류 2가지:
① _____ ② _____

02 [23②] 4점

다음 【보기】에서 커튼월구조의 조립방식에 의한 분류를 3가지 골라 번호로 쓰고, 설명하는 내용의 조립방식을 골라 번호로 쓰시오.

보기
① 패널(Panel) 방식 ② 그리드(Grid) 방식
③ 유닛월(Unit Wall) 방식 ④ 윈도우월(Window Wall) 방식
⑤ 스틱월(Stick Wall) 방식

	조립방식에 의한 분류
(1)	
(2)	구성 부재 모두가 공장에서 조립된 프리패브(Pre-Fab) 형식으로 창호와 유리, 패널의 일괄발주 방식으로, 이 방식은 업체의 의존도가 높아서 현장상황에 융통성을 발휘하기가 어려움
(3)	창호와 유리, 패널의 개별발주 방식으로 창호 주변이 패널로 구성됨으로써 창호의 구조가 패널 트러스에 연결할 수 있어서 재료의 사용 효율이 높아 비교적 경제적인 시스템 구성이 가능한 방식

03 4점

커튼월 공법의 외관형태별 분류방식에 대한 설명이다. 【보기】에서 그 명칭을 골라 번호를 쓰시오.

보기
① 격자방식 ② 샛기둥 방식
③ 피복방식 ④ 스팬드럴 방식

(1) 수평선을 강조하는 창과 스팬드럴 조합으로 이루어지는 방식
(2) 수직기둥을 노출시키고, 그 사이에 유리창이나 스팬드럴 패널을 끼우는 방식
(3) 수직, 수평의 격자형 외관을 보여주는 방식
(4) 구조체를 외부에 노출시키지 않고 패널로 은폐시키고 새시는 패널 안에서 끼워지는 방식

(1) _____ (2) _____ (3) _____ (4) _____

04 4점

커튼월의 외관형태 타입 4가지를 쓰시오.

① _____ ② _____
③ _____ ④ _____

05 3점

커튼월 구조의 스팬드럴(Spandrel) 방식을 설명하시오.
_____
_____

정답 및 해설

01
(1) ① Mullion 방식
    ② Panel 방식
(2) ① Stick Wall 방식
    ② Unit Wall 방식

02
(1) ③, ④, ⑤
(2) ③
(3) ④

03
(1) ④ (2) ② (3) ① (4) ③

04
① 샛기둥 방식 ② 스팬드럴 방식
③ 피복방식   ④ 격자방식

05
수평선을 강조하는 창과 스팬드럴 조합으로 이루어지는 커튼월구조의 외관형태 방식

POINT 04 커튼월(Curtain Wall) 공사(Ⅱ)

(1) Fastener

①	설치목적	구조체의 층간변위, 커튼월의 열팽창, 변위 등을 해결
②	설치방식	회전 방식(Locking Type), 수평이동 방식(Sliding Type), 고정 방식(Fixed Type)

(2) SSG 공법(Structural Sealant Glazing System)

① 공법의 정의
건물의 창과 외벽을 구성하는 유리와 패널류를 구조 실런트(Structural Sealant)를 사용하여 실내측의 멀리온(Mullion)이나 프레임(Frame) 등에 접착고정하는 공법

② 주요 검토사항: 풍압력, 지진하중, 유리중량, 온도 무브먼트

【※ 커튼월공사에서 발생될 수 있는 유리의 열파손 매커니즘】
➡ 유리가 두꺼운 경우 열축적이 크므로 가공 시 발생한 국부적 결함이 있는 곳으로 온도응력이 집중되어 열파손 가능성이 커지게 된다.

(3) 커튼월 공사의 누수 방지대책

①	Closed Joint System	커튼월의 개별접합부를 Seal재로 완전히 밀폐시켜 틈새를 없애는 방법
②	Open Joint System	벽의 외측면과 내측면 사이에 공간을 두고 외기압과 등압을 유지하여 압력차를 없애는 방법

(4) 커튼월공사의 성능시험 항목: 기밀성능 시험, 수밀성능 시험, 구조성능 시험, 영구변형 시험

(5) 풍동시험(Wind Tunnel Test), 실물대시험(Mock-Up Test, 외벽성능시험)

건물 주변 600m 반경의 지형 및 건물배치를 축척모형으로 만들어 원형 턴테이블 풍동 속에 설치 후, 과거 10~50년간의 최대풍속을 가하여 풍압에 대한 영향을 평가하는 시험

풍동시험을 근거로 설계된 실물모형을 만들어 건축예정지에서 최악의 외기 조건으로 커튼월공사의 성능을 평가하는 시험

2024 출제예상문제

01 3점
커튼월 공사에서 구조체의 층간변위, 커튼월의 열팽창, 변위 등을 해결하기 위한 긴결방법 3가지를 쓰시오.

① ② ③

02 6점
건물의 창과 외벽을 구성하는 유리와 패널류를 구조 실런트(Structural Sealant)를 사용하여 실내측의 멀리온이나 Frame 등에 접착고정하는 공법의 명칭과 검토사항을 쓰시오.

(1) 공법의 명칭:

(2) 검토사항

① ②
③ ④

03 3점
커튼월공사에서 발생될 수 있는 유리의 열파손 매커니즘(Mechanism)에 대해 설명하시오.

04 4점
커튼월 공사 시 누수 방지대책과 관련된 다음 용어에 대해 설명하시오.

(1) Closed Joint

(2) Open Joint

05 [21③] 3점
커튼월공사의 필수적인 성능시험 항목을 3가지 쓰시오.

① ② ③

06 4점
Wind Tunnel Test(풍동시험)과 Mock-Up Test(외벽성능시험)에 관하여 기술하시오.

(1) Wind Tunnel Test(풍동시험)

(2) Mock-Up Test(외벽성능시험)

정답 및 해설

01
① 회전 방식
② 수평이동 방식
③ 고정 방식

02
(1) SSG 공법
(2) ① 풍압력에 대한 검토
   ② 지진하중에 대한 검토
   ③ 유리중량에 대한 검토
   ④ 온도 무브먼트에 대한 검토

03
유리가 두꺼운 경우 열축적이 크므로 가공 시 발생한 국부적 결함이 있는 곳으로 온도응력이 집중되어 열파손 가능성이 커지게 된다.

04
(1) 커튼월의 개별접합부를 Seal재로 완전히 밀폐시켜 틈새를 없애는 방법
(2) 벽의 외측면과 내측면 사이에 공간을 두고 외기압과 등압을 유지하여 압력차를 없애는 방법

05
① 기밀성능 시험
② 수밀성능 시험
③ 구조성능 시험

06
(1) 건물 주변 600m 반경의 지형 및 건물배치를 축척모형으로 만들어 원형 턴테이블 풍동 속에 설치 후, 과거 10~50년간의 최대풍속을 가하여 풍압에 대한 영향을 평가하는 시험
(2) 풍동시험을 근거로 설계된 실물모형을 만들어 건축예정지에서 최악의 외기 조건으로 커튼월공사의 성능을 평가하는 시험

02 수장 및 그 밖의 공사

POINT 01 수장 및 그 밖의 공사(Ⅰ)

(1) 금속 철물

   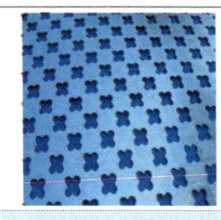

① 와이어 메쉬(Wire Mesh) ② 와이어 라스(Wire Lath) ③ 메탈 라스(Metal Lath) ④ 펀칭 메탈(Punching Metal)

① 연강 철선을 직교시켜 전기 용접한 것
② 철선을 꼬아 만든 철망
③ 얇은 철판에 자름금을 내어 당겨 늘린 것
④ 얇은 철판에 각종 모양을 도려낸 것

(2) 액세스 플로어(Access Floor)

① 정의: 공조설비, 배관설비, 통신설비 등을 설치하기 위한 2중바닥 구조			
② 지지방식	• Panel 조정 방식	• Pedestal 일체 방식
	• Support Bolt 방식	• Trench 방식

(3) 수장공사 및 도배공사 관련

①	징두리벽	수장공사 시 바닥에서 1m~1.5m 정도의 높이까지 널을 댄 것
②	드라이브 핀 (Drive Pin)	드라이비트라는 일종의 못박기총을 사용하여 콘크리트나 강재 등에 박는 특수못
③	경량철골 칸막이 공사 시공순서: 바탕 처리 ➡ 벽체틀 설치 ➡ 단열재 설치 ➡ 석고보드 설치 ➡ 마감(벽지마감)	
④	도배공사	온통바름	도배지 전체에 풀칠하여 바르는 방법
		봉투바름	도배지 주변(둘레)에만 풀칠하여 바르는 방법
		비늘바름	도배지 한쪽면에만 풀칠하여 비늘처럼 붙여나가는 방법

2024 출제예상문제

01 4점

금속공사에 이용되는 철물이 뜻하는 용어를 【보기】에서 골라 그 번호를 쓰시오.

보기
① 철선을 꼬아 만든 철망
② 얇은 철판에 각종 모양을 도려낸 것
③ 벽, 기둥의 모서리에 대어 미장바름을 보호하는 철물
④ 테라죠 현장갈기의 줄눈에 쓰이는 것
⑤ 얇은 철판에 자름금을 내어 당겨 늘린 것
⑥ 연강 철선을 직교시켜 전기 용접한 것
⑦ 천장, 벽 등의 이음새를 감추고 누르는 것

(1) 와이어 라스: _____ (2) 메탈 라스: _____
(3) 와이어 메쉬: _____ (4) 펀칭 메탈: _____

02 4점

다음이 설명하는 금속공사의 철물을 쓰시오.
(1) 철선을 꼬아 만든 철망
(2) 얇은 철판에 자름금을 내어 당겨 늘린 것
(3) 연강 철선을 직교시켜 전기 용접한 것
(4) 얇은 철판에 각종 모양을 도려낸 것

(1) _____ (2) _____
(3) _____ (4) _____

03 2점

다음이 설명하는 용어를 쓰시오.

공조설비, 배관설비, 통신설비 등을 설치하기 위한 2중바닥 구조

04 4점

2중 바닥구조인 Acess Floor의 지지방식을 4가지 쓰시오.

① _____ ② _____
③ _____ ④ _____

05 3점

다음이 설명하는 용어를 쓰시오.

수장공사 시 바닥에서 1m~1.5m 정도의 높이까지 널을 댄 것

06 3점

다음이 설명하는 용어를 쓰시오.

드라이비트라는 일종의 못박기총을 사용하여 콘크리트나 강재 등에 박는 특수못으로 머리가 달린 것을 H형, 나사로 된 것을 T형이라고 한다.

정답 및 해설

01
(1) ①   (2) ⑤   (3) ⑥   (4) ②

02
(1) 와이어 라스(Wire Lath)
(2) 메탈 라스(Metal Lath)
(3) 와이어 메쉬(Wire Mesh)
(4) 펀칭 메탈(Punching Metal)

03
액세스 플로어(Access Floor)

04
① Panel 조정 방식
② Pedestal 일체 방식
③ Support Bolt 방식
④ Trench 방식

05
징두리벽

06
드라이브 핀(Drive Pin)

2024 출제예상문제

07 4점

경량철골 칸막이 공사에 관한 내용이다. 【보기】의 항목을 이용하여 순서대로 번호로 나열하시오.

① 벽체틀 설치　② 단열재 설치
③ 바탕 처리　　④ 석고보드 설치
⑤ 마감(벽지마감)

08 [21①] 6점

도배공사에서 도배지에 풀칠하는 방법인 다음 3가지를 설명하시오.

(1) 온통바름:

(2) 봉투바름:

(3) 비늘바름:

정답 및 해설

07
③ ➡ ① ➡ ② ➡ ④ ➡ ⑤

08
(1) 도배지 전체에 풀칠하여 바르는 방법
(2) 도배지 주변(둘레)에만 풀칠하여 바르는 방법
(3) 도배지 한쪽면에만 풀칠하여 비늘처럼 붙여나가는 방법

MEMO

POINT 02 수장 및 그 밖의 공사(Ⅱ)

(1) 단열의 구분, 단열재의 요구조건

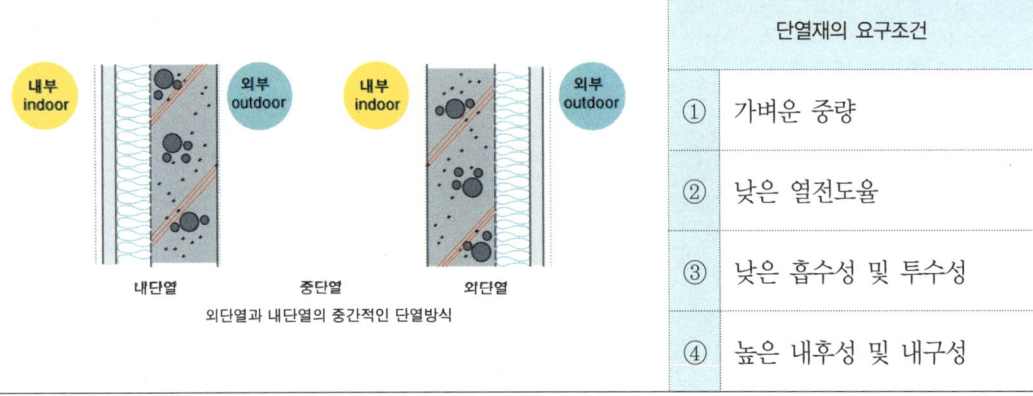

	단열재의 요구조건
①	가벼운 중량
②	낮은 열전도율
③	낮은 흡수성 및 투수성
④	높은 내후성 및 내구성

(2) 외단열공법의 순서

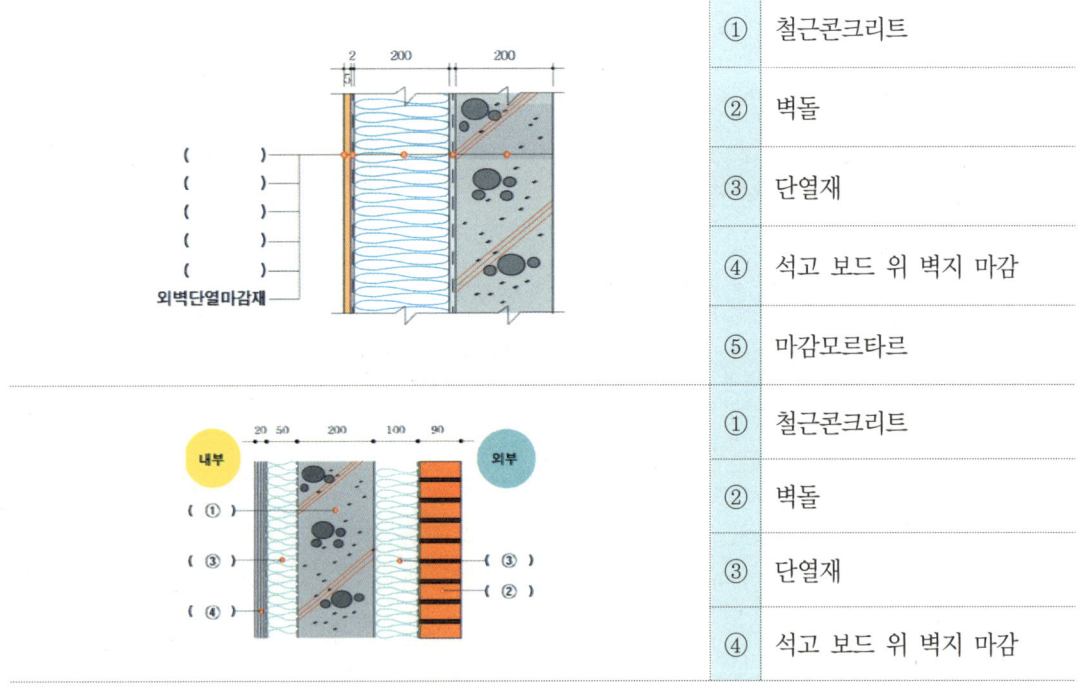

①	철근콘크리트
②	벽돌
③	단열재
④	석고 보드 위 벽지 마감
⑤	마감모르타르

①	철근콘크리트
②	벽돌
③	단열재
④	석고 보드 위 벽지 마감

- 단열재는 폭이 짧은쪽을 바닥과 수평하게 만들어서 하부에서 상부로 붙여 나가되, 수직방향의 이음은 통줄눈이 생기지 않도록 하고, 각 이음 부위는 밀착되게 정밀시공 하여야 한다.
- 접착모르타르 및 단열재 시공시 시공 바탕면을 별도의 가열 및 보온조치를 하지 않는 경우 주위온도가 5℃ 이상인 경우에 한하여 시공한다.

2024 출제예상문제

01 3점

건축공사의 단열공법에서 단열부의 위치에 따른 벽단열 공법의 종류를 3가지 쓰시오.

① _____ ② _____ ③ _____

02 [21②] 4점

일반적인 단열재의 요구조건을 4가지만 적으시오.

① _____ ② _____
③ _____ ④ _____

03 [23③] 3점

다음 그림에서 가리키는 재료의 명칭을 쓰시오.

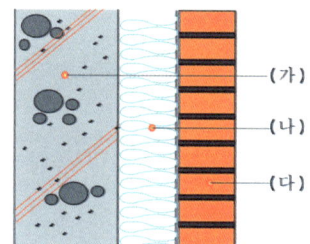

(가) _____ (나) _____ (다) _____

04 [21②] 5점

외단열공법의 순서를 【보기】에서 골라 기호로 쓰시오.

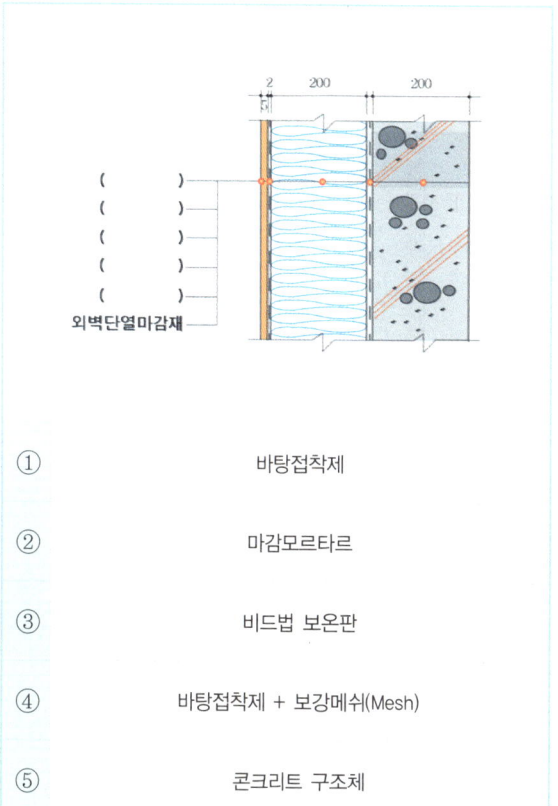

① 바탕접착제

② 마감모르타르

③ 비드법 보온판

④ 바탕접착제 + 보강메쉬(Mesh)

⑤ 콘크리트 구조체

정답 및 해설

01
① 내단열 ② 중단열 ③ 외단열

02
① 가벼운 중량
② 낮은 열전도율
③ 낮은 흡수성 및 투수성
④ 높은 내후성 및 내구성

03
(가) 콘크리트 (나) 단열재 (다) 벽돌

04
⑤ ➡ ① ➡ ③ ➡ ④ ➡ ②

2024 출제예상문제

05 [21①] 5점 □□□□□

다음 【보기】의 재료를 이용하여 그림에서 표시한 ( ) 안에 들어갈 적당한 항목을 번호로 쓰시오. (단, 중복 기재도 가능함)

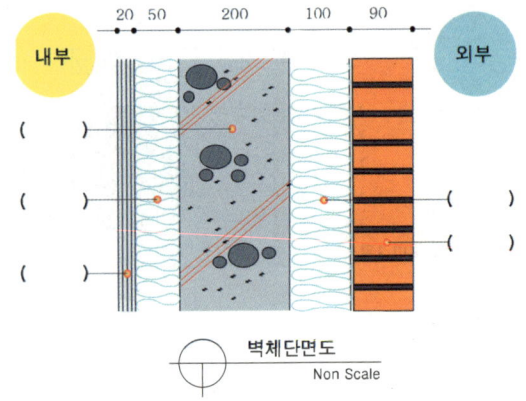

보기
① 철근콘크리트 ② 벽돌
③ 단열재 ④ 석고 보드 위 벽지 마감

06 [23③] 4점 □□□□□

단열재의 시공에 관한 주의사항과 관련하여 다음 물음에 답하시오.

(1) 빈칸에 알맞은 것을 하나씩 고르시오.

> 단열재는 폭이 (긴쪽 / 짧은쪽)을 바닥과 수평하게 만들어서 (위 / 아래)에서 (위 / 아래)로 시공한다.

(2) 빈칸에 알맞은 내용을 적으시오.

> 접착모르타르 및 단열재 시공시 시공 바탕면을 별도의 가열 및 보온조치를 하지 않는 경우 주위온도가 ( )℃ 이상인 경우에 한하여 시공한다.

정답 및 해설

05

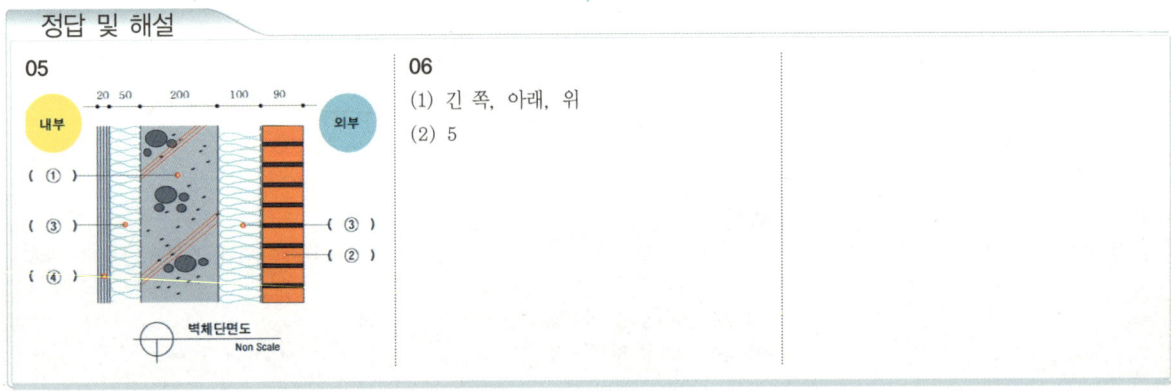

06
(1) 긴 쪽, 아래, 위
(2) 5

MEMO

POINT 03 수장 및 그 밖의 공사(Ⅲ)

(1) 지붕공사

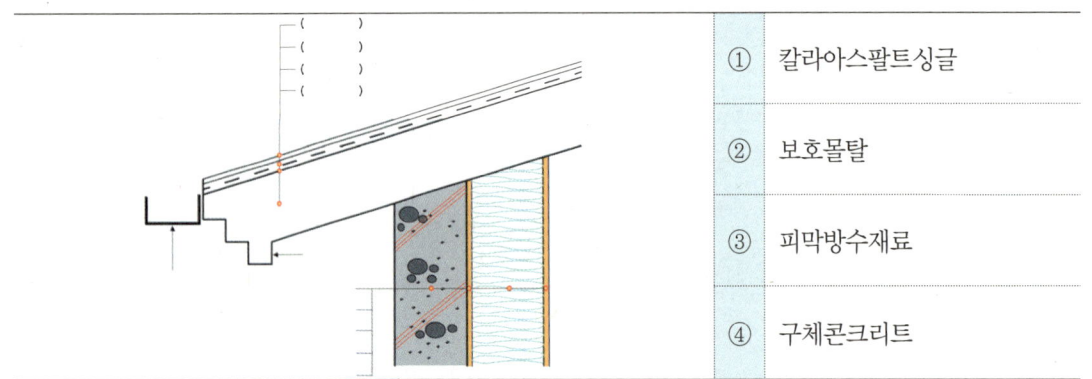

① 칼라아스팔트싱글
② 보호몰탈
③ 피막방수재료
④ 구체콘크리트

(2) 바닥 슬래브 단면도

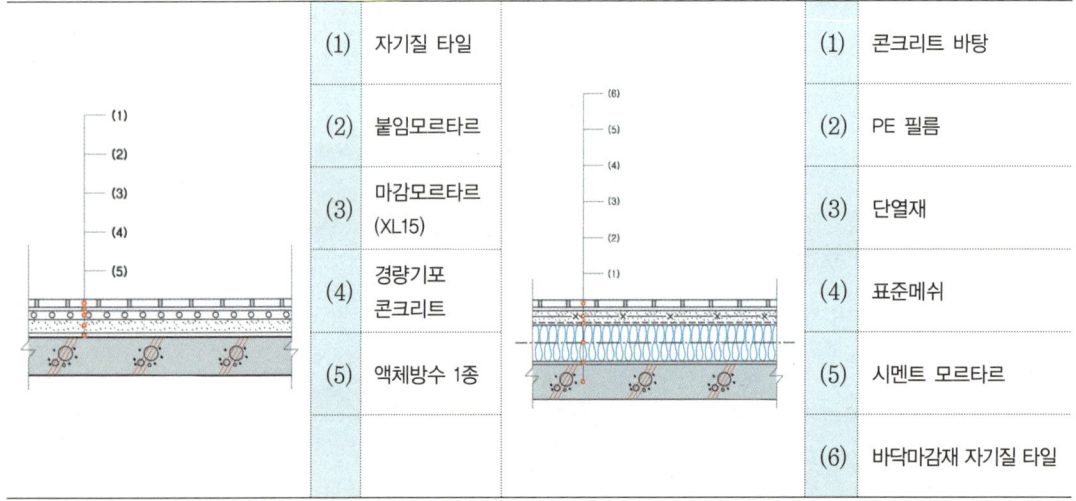

(1) 자기질 타일
(2) 붙임모르타르
(3) 마감모르타르 (XL15)
(4) 경량기포 콘크리트
(5) 액체방수 1종

(1) 콘크리트 바탕
(2) PE 필름
(3) 단열재
(4) 표준메쉬
(5) 시멘트 모르타르
(6) 바닥마감재 자기질 타일

(3) 화장실 단면도

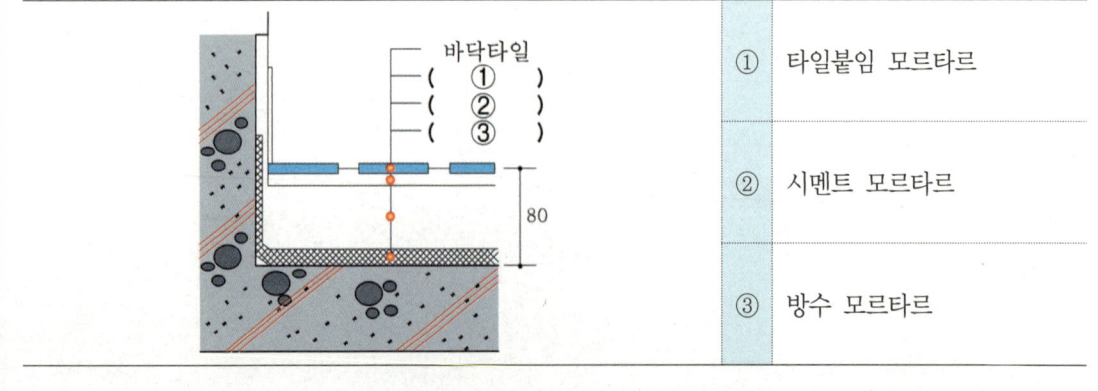

① 타일붙임 모르타르
② 시멘트 모르타르
③ 방수 모르타르

2024 출제예상문제

01 [23①, 24①, 24②] 4점

욕실 바닥 타일 붙이기 순서이다. 그림을 보고 【보기】에서 골라 알맞게 기재하시오.

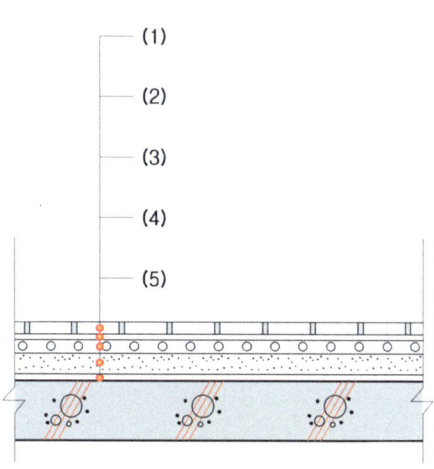

보기

기포 콘크리트, 자기질 타일, 고름 모르타르, 보호모르타르(XL15), 액체 방수 1종

(1)　　　　(2)　　　　(3)
(4)　　　　(5)

02 [22②] 6점

다음 도면을 보고 각 번호에 해당하는 재료를 【보기】에서 골라 쓰시오.

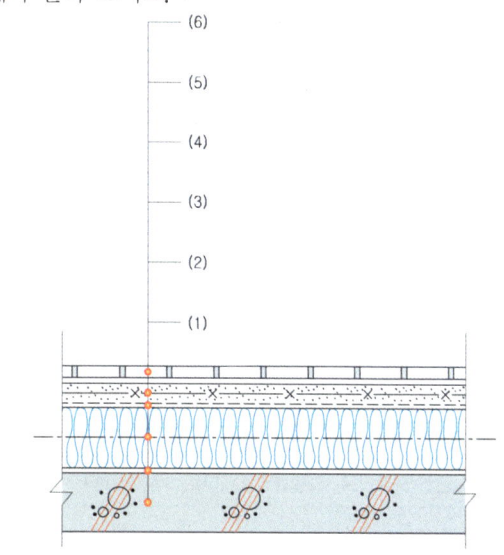

보기

PE필름, 바닥마감재 자기질 타일, 시멘트 모르타르, 콘크리트 바탕, 단열재, 표준메쉬

(1)　　　　(2)　　　　(3)
(4)　　　　(5)　　　　(6)

정답 및 해설

01
(1) 자기질 타일
(2) 고름모르타르
(3) 보호모르타르(XL15)
(4) 기포콘크리트
(5) 액체방수 1종

02
(1) 콘크리트 바탕
(2) PE 필름
(3) 단열재
(4) 표준메쉬
(5) 시멘트 모르타르
(6) 바닥마감재 자기질 타일

2024 출제예상문제

03 [22①] 3점 □□□□

다음의 화장실 단면도의 ①, ②, ③에 들어갈 재료를 【보기】에서 골라 쓰시오.

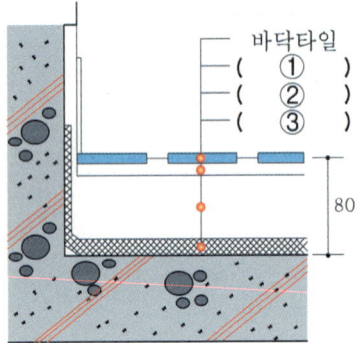

보기

시멘트 모르타르, 타일붙임모르타르, 방수모르타르

① _____ ② _____ ③ _____

정답 및 해설

03
① 타일붙임 모르타르
② 시멘트 모르타르
③ 방수 모르타르

8 건축시공 총론

01 건축시공 총론(Ⅰ)
02 건축시공 총론(Ⅱ)

건축시공 총론(Ⅰ)

POINT 01 입찰방식(Bidding System)

(1) 입찰 순서

입찰공고 → 현장설명 → 견적 → 입찰등록 → 입찰 → 낙찰 → 계약

(2) 현장설명 시 필요사항

현장위치, 공사개요, 공사범위, 공사기간, 관급자재 현황, 사토장 또는 토취장 거리표, 개산계약, 설계도서 열람장소

(3) 기본적인 입찰방식(Bidding System)

①	공개경쟁입찰 (Open Bid)		입찰참가를 공모하여 유자격자에게 모두 참가기회를 주는 방식
		장점	• 기회균등의 민주적 방식 • 담합의 우려가 적음 • 경쟁으로 인한 공사비 절감
		단점	• 입찰사무가 복잡함 • 부적격자에게 낙찰될 우려가 있음 • 과다경쟁으로 인한 부실공사 우려
②	지명경쟁입찰 (Limited Open Bid)		해당 공사에 가장 적격하다고 인정되는 3~7개 정도의 시공회사를 선정하여 입찰시키는 방식
		장점	• 부적격자가 제거되어 적정공사 기대 • 시공상 신뢰성 기대
		단점	• 담합(談合, Cartel, 짬짜미)의 우려가 큼 • 공개경쟁입찰보다 공사비가 상승
③	지역제한경쟁입찰		공사현장이 소재하는 지역(광역시, 도)에 주된 사무소를 두고 있는 건설업체만을 대상으로 경쟁입찰에 부치도록 함으로써 비교적 소규모 공사를 해당 지역업체가 수주하도록 하는 제도
④	특명입찰(Individual Negotiation, 수의계약)		건축주가 가장 적합한 1개의 시공회사를 선정하여 입찰시키는 방식으로, 입찰수속이 간단해지고 공사의 보안유지에 유리하지만 부적격 업체선정의 문제, 공사비 결정이 불명확해지는 단점도 있다.

POINT 02 계약 관련제도(Ⅰ)

(4) 특명입찰(Individual Negotiation, 수의계약)

①	정의	건축주가 가장 적합한 1개의 시공회사를 선정하여 입찰시키는 방식
②	장점	• 입찰수속이 간단해진다. • 공사의 보안유지에 유리하다.
③	단점	• 부적격 업체가 선정될 수 있다. • 공사비 결정이 불명확해질 수 있다.

(5) PQ 제도(Pre-Qualification, 입찰참가 사전심사 제도)

①	정의	건설업체의 공사 수행능력을 기술적 능력, 재무 능력, 조직 및 공사능력 등 비가격적 요인을 검토하여 가장 효율적으로 공사를 수행할 수 있는 업체에 입찰 참가자격을 부여하는 제도
②	장점	• 무자격 및 부적격 업체로부터 적격 업체의 보호 • 입찰자 감소에 따른 입찰 시간과 비용의 감소 • 부실공사의 방지 및 건설수주의 패턴 변화
③	단점	• 적용 대상공사의 제한 • PQ 심사제도의 기준 미정립 • 실적 위주의 참가에 따른 중소업체에 대해 불리한 제도

2024 출제예상문제

01 [21①, 23②] 3점, 4점

공개경쟁입찰의 순서를【보기】에서 골라 번호로 쓰시오.

> 보기
> ① 입찰   ② 현장설명   ③ 설계도서 열람 및 교부
> ④ 계약   ⑤ 개찰   ⑥ 참가등록
> ⑦ 입찰공고 ⑧ 견적기간 ⑨ 질의응답
> ⑩ 낙찰   ⑪ 입찰등록

02 [23①] 3점

다음 설명이 뜻하는 입찰방식을 쓰시오.

(1)	최소한의 자격을 가진 업체가 참여할 수 있는 입찰방식
(2)	3~7개 업체를 지명. 부적격자의 사전제거로 공사의 신뢰성 확보가 가능하지만 담합의 우려가 있는 입찰방식
(3)	1개의 업체와 협의하여 계약. 공사기밀 유지는 가능하지만 공사비 상승 우려가 있는 입찰방식

03 [22①, 24①] 4점

건설공사의 입찰방법 중 일반 공개입찰의 장점 2가지와 단점 2가지를 쓰시오.

(1) 장점
① _____
② _____

(2) 단점
① _____
② _____

04 [21②] 6점

공개경쟁입찰을 지명경쟁입찰과 비교하여 설명하고, 공개경쟁입찰의 장점을 2가지 쓰시오.

(1) 비교:

(2) 장점
① _____
② _____

> **정답 및 해설**
>
> **01**
> ⑦ ➡ ⑥ ➡ ③ ➡ ② ➡ ⑨ ➡ ⑧
> ➡ ⑪ ➡ ① ➡ ⑤ ➡ ⑩ ➡ ④
>
> **02**
> (1) 공개경쟁입찰
> (2) 지명경쟁입찰
> (3) 특명입찰
>
> **03**
> (1) ① 경쟁으로 인한 공사비 절감
>   ② 균등기회 보장(민주적 방식)
> (2) ① 부적격자에게 낙찰우려
>   ② 과다경쟁으로 부실공사 우려
>
> **04**
> (1) 해당 공사에 가장 적격하다고 인정되는 3~7개 정도의 시공회사를 선정하여 입찰시키는 방식이 지명경쟁입찰이라면, 입찰참가자를 공모하여 유자격자에게 모두 참가기회를 주는 방식이 공개경쟁입찰이다.
> (2) ① 민주주의 원리에 입각한 기회균등의 입찰방식이다.
>   ② 경쟁으로 인한 공사비 절감이 가능하고 업체간 담합의 우려가 적다.

2024 출제예상문제

05 3점

다음이 설명하는 적합한 입찰방식의 명칭을 쓰시오.

> 공사현장이 소재하는 지역(광역시, 도)에 주된 사무소를 두고 있는 건설업체만을 대상으로 경쟁입찰에 부치도록 함으로써 비교적 소규모 공사를 해당 지역업체가 수주하도록 하는 제도

06 [23②] 4점

특명입찰의 정의와 장점을 2가지 쓰시오.
(1) 정의

(2) 장점
①
②

07 [24①] 4점

건설공사 입찰과정에서 실시하는 PQ(Pre-Qualification) 제도의 장점과 단점을 각각 2가지씩 쓰시오.
(1) 장점
①
②
(2) 단점
①
②

08 [23③] 4점

PQ(Pre-Qualification) 제도에 대해 설명하시오.

09 4점

건설공사 입찰과정에서 실시하는 PQ(Pre-Qualification) 제도의 장점과 단점을 각각 2가지씩 쓰시오.
(1) 장점
①
②
(2) 단점
①
②

정답 및 해설

05
지역제한경쟁입찰

06
(1) 건축주가 가장 적합한 1개의 시공회사를 선정하여 입찰시키는 방식
(2) ① 입찰수속 간단
② 공사 보안유지 유리

07
(1) ① 입찰수속이 간단해진다.
② 공사의 보안유지에 유리하다.
(2) ① 부적격 업체가 선정될 수 있다.
② 공사비 결정이 불명확해질 수 있다.

08
건설업체의 공사수행능력을 기술적 능력, 재무능력 조직 및 공사능력 등 비가격적 요인을 검토하여 가장 효율적으로 공사를 수행할 수 있는 업체에 입찰 참가자격을 부여하는 제도

09
(1) ① 무자격, 부적격 업체로부터 적격 업체의 보호
② 입찰자 감소에 따른 입찰 시간과 비용의 감소
(2) ① 적용 대상공사의 제한
② PQ 심사제도의 기준 미정립

POINT 02 계약 관련제도(Ⅰ)

(1) 직영공사(Direct Management System)

①	정의	건축주가 직접 재료구입, 노무자 수배, 기계설치, 감독 등을 시공하는 방식
②	장점	• 영리를 도외시한 확실성 있는 공사 가능 • 계약에 구속됨이 없이 임기응변 처리 가능 • 발주계약 등의 수속(사무) 절감
③	단점	• 공사비의 증대 우려 • 재료의 낭비 또는 잉여 • 시공관리 능력의 부족으로 공사기간 연장 우려

(2) 설계와 시공이 분리된 도급공사의 계약방식

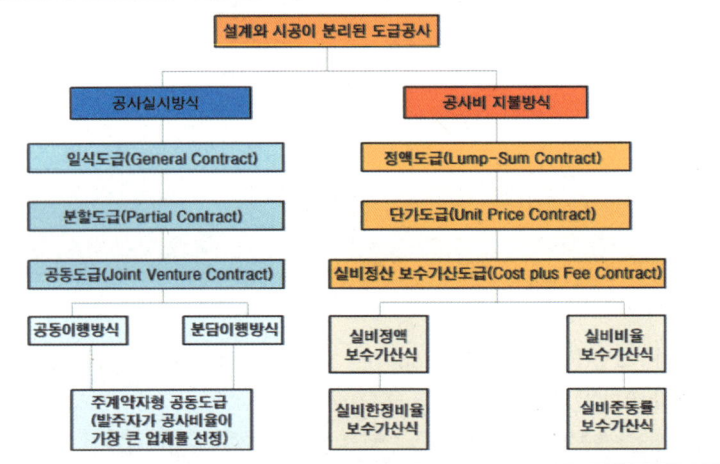

(3) 공동도급(Joint Venture Contract)

①	정의		하나의 공사를 2개 이상의 사업자가 공동으로 도급을 받아 계약을 이행하는 방식
②	분류	공동이행방식(Sponsorship)	참여 회사들이 일정 비율의 노무, 기계, 자금을 제공하여 새로운 조직으로 시공하는 방식
		분담이행방식(Consortium)	각자의 회사가 공사를 분할시공하는 형태의 방식
		주계약자형 공동도급(Partnership)	주계약자가 전체 프로젝트를 계획, 관리, 조정하는 방식
③	장점	• 여러 회사 참여로 위험이 분산된다. • 공사이행의 확실성이 보장된다.	• 자본력과 신용도가 증대된다. • 기술의 향상, 경험의 확충이 기대된다.
④	단점	• 단일회사 도급보다 경비가 증대된다. • 하자 발생시 책임소재가 불분명해진다.	• 이해관계의 충돌, 책임회피의 우려가 있다. • 사무관리, 현장관리 혼란의 우려가 있다.

POINT 02 계약 관련제도(Ⅰ)

(4) 정액도급(Lump Sum Contract)

①	정의	공사비 총액을 확정하고 계약하는 방식
②	장점	• 공사총액이 확정되므로 자금계획이 명확하다. • 공사관리업무가 간편하고 공사비 절감노력이 향상된다.
③	단점	• 설계변경에 따른 도급급액의 증감이 곤란하다. • 이윤발생을 위해 전체 공사의 질이 낮아질 우려가 있다.

(5) 단가도급(Unit Price Contract)

①	정의	단위공사의 단가만을 계약하고 실시수량 확정에 따라 차후 정산하는 방식
②	장점	• 공사를 신속히 착공할 수 있다. • 긴급공사 및 설계변경으로 인한 공사비 계산이 용이해진다.
③	단점	• 총공사비 예측이 어렵다. • 공사비 절감노력이 낮아질 우려가 있다.

(6) 실비정산 보수가산 도급

①	정의	공사실비를 건축주와 도급자가 확인정산 후 건축주는 미리 정한 보수율에 따라 도급자에게 보수를 지불하는 방식		
②	장점	• 설계도서 및 공사비 산정이 명확하지 않을 때 적용이 용이하다. • 신용계약으로 인한 양심시공 및 우수한 시공결과를 기대할 수 있다.		
③	단점	• 공사기간 연장의 우려가 있다. • 공사비 절감노력이 낮아질 우려가 있다.		
④	종류	실비정액 보수가산식	$A+F$	• A: 공사실비
		실비비율 보수가산식	$A+A \cdot f$	• A': 한정된 실비
		실비한정비율 보수가산식	$A'+A' \cdot f$	• F: 정액보수
		실비준동률 보수가산식	$A+A' \cdot f$	• f: 비율보수

(7) 턴키도급(Turn-Key Contract, Design-Build Contract, 설계·시공 일괄계약방식)

①	정의	도급자가 대상 프로젝트(Project)의 기획 및 타당성 조사, 설계(Design), 구매 및 조달(기업, 금융, 토지조달), 시공(Construction), 시운전 및 완공하여 주문자가 필요로 하는 모든 것을 조달하여 주문자에게 인도하는 방식	
②	특징	장점	• 설계와 시공의 통합관리에 의한 의사소통 개선 • 원가절감 및 공기단축 가능
		단점	• 건축주 의도가 반영되지 않을 우려가 있다. • 공사비 사전 파악이 어렵고 최저가낙찰제인 경우 공사품질이 저하된다.

2024 출제예상문제

01 [24③] 4점
직영공사의 정의와 장점 2가지를 쓰시오.
(1) 정의:

(2) 장점
①
②
③

02 [24②] 3점
전통적인 계약방식에서 도급공사와 비교한 직영공사의 장점을 3가지 쓰시오.
①
②
③

03 [21③, 22①] 4점, 5점
공동도급(Joint Venture)의 정의와 장점 3가지를 쓰시오.
(1) 정의:

(2) 장점
①
②
③

04 [22①] 5점
공동도급(Joint Venture Contract)의 장점을 2가지 적고, 공동도급의 운영방식을 3가지 적으시오.
(1) 장점
①
②

(2) 운영방식
①
②
③

05 [24①] 3점
설계와 시공이 분리된 도급공사에서 공사비 지불방식과 관련된 계약방식을 3가지 쓰시오.
①
②
③

정답 및 해설

01
(1) 건축주가 직접 재료구입, 노무자 수배, 기계설치, 감독 등을 시공하는 방식
(2)
① 도급공사와 비교하여 확실한 공사가 가능하다.
② 도급계약에 구속됨 없이 임기응변의 처리가 가능하다.

02
① 도급공사와 비교하여 확실한 공사가 가능하다.
② 도급계약에 구속됨 없이 임기응변의 처리가 가능하다.
③ 발주계약 등의 수속사무가 절감된다.

03
(1) 하나의 공사를 2개 이상의 사업자가 공동으로 도급을 받아 계약을 이행하는 방식
(2)
① 여러 회사 참여로 위험이 분산된다.
② 자본력과 신용도가 증대된다.
③ 공사이행의 확실성이 보장된다.

04
(1)
① 여러 회사 참여로 위험이 분산된다.
② 자본력과 신용도가 증대된다.
(2)
① 공동이행방식
② 분담이행방식
③ 주계약자형 공동도급방식

05
① 정액도급
② 단가도급
③ 실비정산보수가산도급

출제예상문제

06 [22②] 4점
정액도급과 단가도급의 장점을 각각 2가지씩 쓰시오.

(1) 정액도급

① _____
② _____

(2) 단가도급

① _____
② _____

07 [21①] 4점
공사비 지불방식에 따른 계약방식인 단가도급 방식의 장단점을 각각 2가지씩 쓰시오.

(1) 장점

① _____
② _____

(2) 단점

① _____
② _____

08 [21②] 4점
단가도급의 공사비 지불방식과 장점 2가지를 쓰시오.

(1) 공사비 지불방식:

(2) 장점

① _____
② _____

09 [22②, 22③] 4점
실비정산 보수가산식 도급의 정의와 단점 2가지를 쓰시오.

(1) 정의:

(2) 단점

① _____
② _____

정답 및 해설

06
(1) ① 공사총액이 확정되므로 자금계획이 명확하다.
② 공사관리업무가 간편하고 공사비 절감노력이 향상된다.
(2) ① 공사를 신속히 착공할 수 있다.
② 긴급공사 및 설계변경으로 인한 공사비 계산이 용이해진다.

07
(1) ① 공사를 신속히 착공할 수 있다.
② 긴급공사 및 설계변경으로 인한 공사비 계산이 용이해진다.

(2) ① 총공사비 예측이 어렵다.
② 공사비 절감노력이 낮아질우려가 있다.

08
(1) 단위공사의 단가만을 계약하고 실시수량 확정에 따라 차후 정산하는 방식
(2)
① 공사를 신속히 착공할 수 있다.
② 긴급공사 및 설계변경으로 인한 공사비 계산이 용이해진다.

09
(1) 공사실비를 건축주와 도급자가 확인정산 후 건축주는 미리 정한 보수율에 따라 도급자에게 보수를 지불하는 방식
(2) ① 공사기간 연장의 우려가 있다.
② 공사비 절감노력이 낮아질 우려가 있다.

2024 출제예상문제

10 4점

공사비 지급방식에 따른 도급방식 중 실비정산보수가산 도급에서 공사비 산정방식의 종류를 4가지 쓰시오.

① _____ ② _____
③ _____ ④ _____

11 5점

도급공사의 설명을 읽고 해당되는 도급명을 쓰시오.

①	대규모 공사의 시공에 있어서 시공자의 기술·자본 및 위험 등의 부담을 분산, 감소시킬 수 있다.
②	양심적인 공사를 기대할 수 있으나 공사비 절감 노력이 없어지고 공사기일이 연체되는 경향이 있다.
③	모든 요소를 포괄한 도급 계약으로 주문자가 필요로 하는 모든 것을 조달 및 완수한다.
④	도급업자에게 균등한 기회를 주며, 공기단축·시공기술 향상 및 공사의 높은 성과를 기대할 수 있다.
⑤	공사비 총액을 확정하여 계약하는 방식으로, 공사발주와 동시에 공사비가 확정되고 관리업무를 간편하게 한다.

① _____ ② _____
③ _____ ④ _____
⑤ _____

12 [24③] 2점

다음 설명에 알맞은 용어를 쓰시오.

①	시공업자가 건설공사에 대한 재원조달, 토지구매, 설계와 시공, 운전 등의 모든 서비스를 발주자를 위하여 제공하는 방식
②	건축주와 시공자가 공사실비를 확인정산하고 정해진 보수율에 따라 시공자에게 지급하는 방식

① _____ ② _____

13 [21③] 4점

사업(Project)의 집행절차 중 중간에 들어갈 적절한 순서를 【보기】에서 골라 번호로 쓰시오.

보기
① 시운전 및 완공 ② 시공
③ 설계(Design) ④ 구매 및 조달

Project의 기획 및 타당성 조사
- ( ) - ( ) - ( ) - ( )
- 건물인도(Turn Over)

정답 및 해설

10
① 실비정액 보수가산식
② 실비비율 보수가산식
③ 실비한정비율 보수가산식
④ 실비준동률 보수가산식

11
① 공동도급
② 실비정산보수가산도급
③ 턴키도급
④ 공구별분할도급
⑤ 정액도급

12
(1) 턴키(Turn-Key) 방식
(2) 실비비율 보수가산식

13
③, ④, ②, ①

MEMO

POINT 03 계약 관련제도(Ⅱ)

CM(Construction Management, 건설사업계약관리)

(1)	정의	건설의 전 과정에 걸쳐 프로젝트를 보다 효율적이고 경제적으로 수행하기 위해 각 부문의 전문가들로 구성된 통합된 관리기술을 건축주에게 서비스하는 것	
(2)	CM의 기본 형태	**대리인형 CM(CM for Fee)**	
		발주자와 하도급업체가 직접 계약을 체결하고, CM은 발주자의 대리인 역할을 수행하여 약정된 보수만을 발주자에게 수령하는 형태	
		시공자형 CM(CM at Risk)	
		하도급업체와 CM이 원도급자 입장으로 발주자의 직접계약을 체결하며 공사의 원가·공정·품질을 직접 관리하여 CM자신의 이익을 추구하는 형태	
(3)	특징	장점	• 설계와 시공의 통합관리에 의한 의사소통 개선 • 원가절감 및 공기단축 가능
		단점	• 건설사업관리자(CMr)의 능력에 CM의 성패가 좌우됨 • CM for Fee(대리인형 CM)의 경우 공사품질 책임발생 시 책임소재 불명확
(4)	계약유형	①	**ACM(Agency CM)** CM의 기본형태로 공사 설계단계에서부터 발주자에게 고용되어 본래의 CM업무를 수행
		②	**XCM(Extended CM)** CM의 본래 업무와 계획에서 설계·시공·유지관리까지 전과정을 관리
		③	**OCM(Owner CM)** 전문적 수준의 자체 조직을 보유하여 발주자 자체가 CM업무를 수행
		④	**GMPCM(Guaranteed Maximum Price CM)** 공사완료 후 계약 시 산정된 공사금액이 초과되지 않기 위한 조치로서 예상금액의 초과 시 CM이 일정비율을 부담하는 형식

2024 출제예상문제

01 3점
CM(Construction Management)을 설명하시오.

02 [24③] 4점
다음의 공사관리 계약방식에 대하여 설명하시오.
(1) CM for Fee 방식:

(2) CM at Risk 방식:

03 4점
건설사업관리(CM)의 장점과 단점을 2가지씩 쓰시오.
(1) 장점
　①
　②
(2) 단점
　①
　②

04 [22③] 4점
다음에서 설명하는 CM(건설사업관리)의 계약유형을 【보기】에서 골라서 번호로 쓰시오.

보기
① ACM(Agency CM)
② XCM(Extended CM)
③ OCM(Owner CM)
④ GMPCM(Guaranteed Maximum Price CM)

(1)	CM이 본래의 역할뿐만 아니라 설계자 및 도급자 또는 시공자로서 복합적인 역할을 수행하는 방식이다.
(2)	계약 조건상 공사금액을 산정해 놓고 공사 완료시 최종공사비가 예상금액을 초과하지 않도록 하는 것으로 공사금액 초과시 CM도 책임을 진다.
(3)	발주자가 자체의 내부 능력에 따라 CM 또는 CM 및 설계업무를 동시에 수행하는 것으로 전문적 수준의 자체 조직을 보유해야 하므로 운영상 상당한 부담이 될 수 있는 방식
(4)	CM의 기본형태로 공사의 계획단계부터 대리인으로 고용되어, 유지관리까지의 전 과정에 대하여 발주자와 별도의 계약을 체결하여 업무를 수행한다.

정답 및 해설

01
건설의 전 과정에 걸쳐 프로젝트를 보다 효율적이고 경제적으로 수행하기 위하여 각 부문의 전문가들로 구성된 통합된 관리기술을 건축주에게 서비스하는 것

02
(1) 발주자와 하도급업체가 직접 계약을 체결하고 CM은 발주자의 대리인 역할을 수행하여 약정된 보수만을 발주자에게 수령하는 형태
(2) 하도급업체와 CM이 원도급자 입장으로 발주자의 직접계약을 체결하며 공사의 원가·공정·품질을 직접 관리하여 CM자신의 이익을 추구하는 형태

03
(1) ① 설계와 시공의 통합관리에 의한 의사소통 개선
　② 원가절감 및 공기단축 가능
(2) ① 건설사업관리자의 능력에 CM의 성패가 좌우됨
　② CM for Fee의 경우 공사품질 책임 발생 시 책임소재 불명확

04
(1) ② (2) ④ (3) ③ (4) ①

2024 출제예상문제

05 [24②] 3점

다음이 설명하는 공사관계자를 쓰시오.

(1)	건축주와 직접 도급계약을 체결한 자
(2)	건축주와는 관계없이 원도급자와 도급공사 전부를 수행하기로 계약을 맺은 자
(3)	건축주와는 관계없이 원도급자와 도급공사 일부를 수행하기로 계약한 자

① _____ ② _____ ③ _____

【참고: 공사관계자】

(1)	원도급자	건축주와 직접 계약을 체결한 자
	재도급자	건축주와는 관계없이 원도급자와 도급공사 전부를 수행하기로 계약을 맺은 자
	하도급자	건축주와는 관계없이 원도급자와 도급공사 일부를 수행하기로 계약한 자
(2)	직용 노무자	원도급업자에게 직접 고용되어 임금을 받는 노무자
	정용 노무자	전문업자 또는 하도급업자에 상시 종속되어 있는 기능 노무자
	임시고용 노무자	날품노무자로써 보조노무자이고, 임금도 싸다.
(3)	감리자	건축물이 설계도서대로 시공되는지의 여부를 확인 및 감독하는 자
(4)	건설사업 관리자	건설프로젝트의 전 과정에 CM업무를 수행하는 자

정답 및 해설

05
① 원도급자(Main Contractor)
② 재도급자(Re-Contractor)
③ 하도급자(Sub-Contractor)

MEMO

POINT 04 계약 관련제도(Ⅲ)

(1) 성능발주방식(Performance Appointed Order)

발주자는 설계에서 시공까지 건물의 요구성능만을 제시하고 시공자가 재료나 시공방법을 선택하여 요구성능을 실현하는 방식

(2) 파트너링(Partnering) 계약방식

발주자가 직접 설계·시공에 참여하고 사업관련자들이 상호신뢰를 바탕으로 팀(Team)을 구성하여 사업성공과 상호 이익확보를 목표로 사업을 집행관리 하는 방식

(3) SOC(Social Overhead Capital, 사회간접자본)

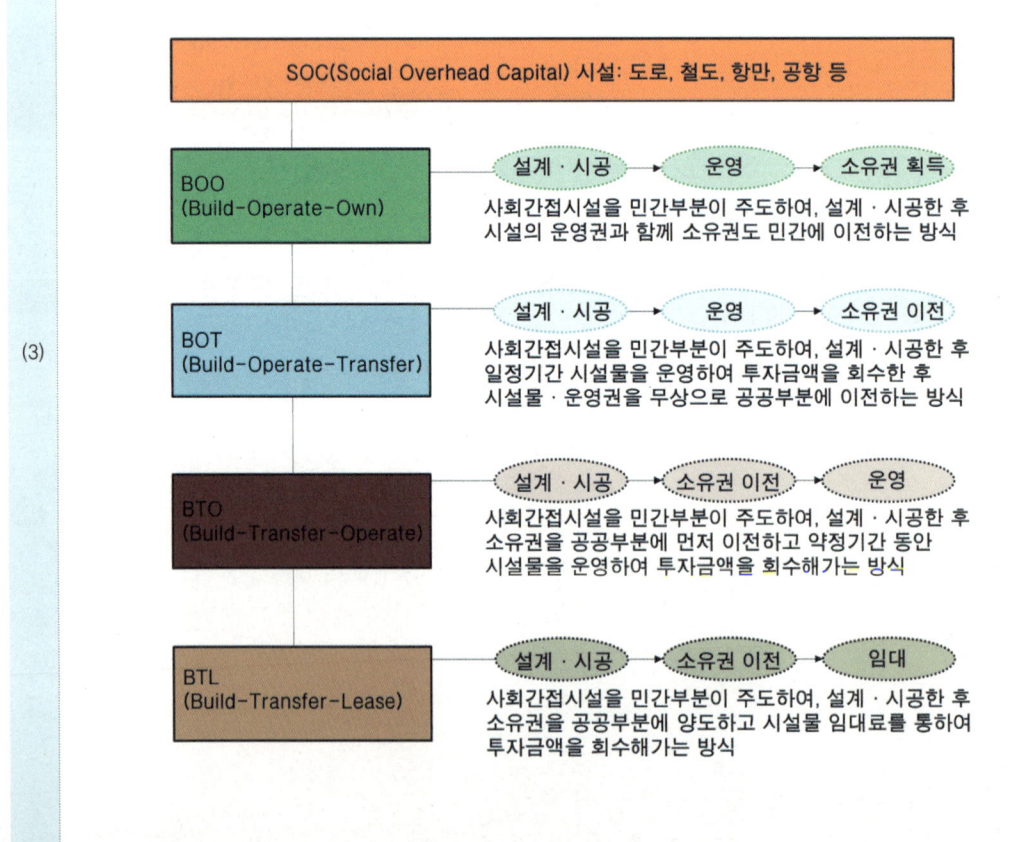

SOC(Social Overhead Capital) 시설: 도로, 철도, 항만, 공항 등

BOO (Build-Operate-Own): 설계·시공 → 운영 → 소유권 획득
사회간접시설을 민간부분이 주도하여, 설계·시공한 후 시설의 운영권과 함께 소유권도 민간에 이전하는 방식

BOT (Build-Operate-Transfer): 설계·시공 → 운영 → 소유권 이전
사회간접시설을 민간부분이 주도하여, 설계·시공한 후 일정기간 시설물을 운영하여 투자금액을 회수한 후 시설물·운영권을 무상으로 공공부분에 이전하는 방식

BTO (Build-Transfer-Operate): 설계·시공 → 소유권 이전 → 운영
사회간접시설을 민간부분이 주도하여, 설계·시공한 후 소유권을 공공부분에 먼저 이전하고 약정기간 동안 시설물을 운영하여 투자금액을 회수해가는 방식

BTL (Build-Transfer-Lease): 설계·시공 → 소유권 이전 → 임대
사회간접시설을 민간부분이 주도하여, 설계·시공한 후 소유권을 공공부분에 양도하고 시설물 임대료를 통하여 투자금액을 회수해가는 방식

2024 출제예상문제

01 4점

다음 설명이 뜻하는 계약방식의 용어를 쓰시오.

| (1) | 건축주는 발주시에 설계도서를 사용하지 않고 요구성능만을 표시하고 시공자는 거기에 맞는 시공법, 재료 등을 자유로이 선택할 수 있게 하는 일종의 특명입찰방식 |
| (2) | 발주자가 직접 설계·시공에 참여하고 사업 관련자들이 상호신뢰를 바탕으로 Team을 구성하여 사업성공과 상호 이익확보를 목표로 사업을 집행관리하는 방식 |

02 [24②] 3점

다음 설명이 뜻하는 계약방식의 용어를 쓰시오.

(1)	사회간접시설을 민간부분이 주도하여 설계·시공한 후 시설의 운영권과 함께 소유권도 민간에 이전하는 방식
(2)	사회간접시설을 민간부분이 주도하여 설계·시공한 후 소유권을 공공부분에 먼저 이전하고 약정기간 동안 시설물을 운영하여 투자금액을 회수해가는 방식
(3)	사회간접시설을 민간부분이 주도하여 설계·시공한 후 소유권을 공공부분에 양도하고 시설물 임대료를 통하여 투자금액을 회수해가는 방식

03 [24①] 6점

다음의 계약방식에 대해 설명하시오.

(1) BOT(Build-Operate-Transfer):

(2) BTO(Build-Transfer-Own):

(3) BOO(Build-Operate-Own):

04 [21③, 23②] 4점, 5점

BOT(Build-Operate-Transfer)와 BTO(Build-Transfer-Operate)의 차이점을 비교하여 설명하시오.

정답 및 해설

01
(1) 성능발주방식
(2) 파트너링(Partnering) 계약방식

02
① BOO(Build-Operate-Own)
② BTO(Build-Transfer-Operate)
③ BTL(Build-Transfer-Lease)

03
(1) 발주측이 프로젝트 공사비를 부담하는 것이 아니라 민간부분 수주측이 설계, 시공 후 일정기간 시설물을 운영하여 투자금을 회수하고 시설물과 운영권을 무상으로 발주측에 이전하는 방식
(2) 사회간접시설의 확충을 위해 민간이 자금조달과 공사를 완성하여 소유권을 공공부분에 먼저 이양하고, 약정기간 동안 그 시설물을 운영하여 투자금액을 회수하는 방식
(3) 민간부분이 설계, 시공 주도 후 그 시설물의 운영과 함께 소유권도 민간에 이전되는 방식

04
사회간접시설을 민간부분이 주도하여 설계·시공한 후 일정기간 시설물을 운영하여 투자금액을 회수한 후 시설물과 운영권을 무상으로 공공부분에 이전하는 방식이 BOT라면, BTO방식은 소유권을 공공부분에 먼저 이전하고 약정기간 동안 시설물을 운영하여 투자금액을 회수해가는 방식이다.

POINT 05 · VE(Value Engineering, 가치공학)

(1) 정의

발주자가 요구하는 성능, 품질을 보장하면서 최소의 비용으로 공사를 수행하기 위한 수단을 찾고자 하는 체계적이고 과학적인 공사방법

(2) 기본 원리

$$V = \dfrac{F}{C}$$

- V : 가치(Value)
- F : 기능(Function)
- C : 비용(Cost)

- 기능을 일정하게 유지하고 비용을 낮춘다.
- 기능을 높이면서 비용을 일정하게 유지한다.
- 기능을 높이면서 비용을 낮춘다.
- 기능을 많이 높이면서 비용을 약간 낮춘다.

(3) 효율적으로 적용할 수 있는 공사

- 공사금액이 큰 공사
- 반복하여 수행되는 공사
- 시간과 인력이 많이 투입되는 공사

(4) 사고방식

① 고정관념을 제거한 자유로운 발상
② 기능 중심의 시공방식
③ 사용자(발주자) 중심의 사고
④ 조직적이고 순서화된 활동

(5) 기본 추진절차

대상 선정 및 정보수집 단계
→ 기능 분석 단계 (기능 정의 / 기능 정리 / 기능 평가)
→ 아이디어 창출 단계 — Brain Storming (자유 분방 / 대량 발언 / 수정 발언 / 비판 금지)
→ 대안 평가 및 제안, 실시 단계

2024 출제예상문제

01 2점
다음이 설명하는 용어를 쓰시오.

> 발주자가 요구하는 성능, 품질을 보장하면서 최소의 비용으로 공사를 수행하기 위한 수단을 찾고자 하는 체계적이고 과학적인 공사방법

02 3점
Value Engineering 개념에서 $V = \dfrac{F}{C}$ 식의 각 기호를 설명하시오.
(1) V: (2) C: (3) F:

03 [22②] 3점
대안창출을 통한 원가절감 방안인 VE(Value Engineering: 가치공학)을 가장 효율적으로 적용할 수 있는 공사의 종류 3가지를 쓰시오.
①
②
③

04 4점
건설공사의 원가절감기법 중 Value Engineering의 사고방식을 4가지를 쓰시오.
①   ②
③   ④

05 4점
가치공학(Value Engineering)의 기본추진 절차를 보기에서 골라 번호로 쓰시오.

> **보기**
> ① 대안 평가 및 제안, 실시 단계
> ② 기능 분석 단계
> ③ 아이디어 창출 단계
> ④ 대상 선정 및 정보수집 단계

06 4점
VE(Value Engineering: 가치공학)의 아이디어 창출 기법으로 사용되는 Brain Storming의 4가지 원칙을 기술하시오.
①   ②
③   ④

정답 및 해설

01
VE(Value Engineering, 가치공학)

02
(1) Value(가치)
(2) Cost(비용)
(3) Function(기능)

03
① 공사금액이 큰 공사
② 반복하여 수행되는 공사
③ 시간과 인력이 많이 투입되는 공사

04
① 고정관념을 제거한 자유로운 발상
② 기능 중심의 시공방식
③ 사용자(발주자) 중심의 사고
④ 조직적이고 순서화된 활동

05
④ ➡ ② ➡ ③ ➡ ①

06
① 자유 분방
② 대량 발언
③ 수정 발언
④ 비판 금지

POINT 06 건설공사 관련용어

(1)	CIC (Computer Intergated Construction)	건설생산에 초점을 맞추고 이와 관련된 계획, 관리, 엔지니어링, 설계, 구매, 계약, 시공, 유지 및 보수 등의 요소들을 주요 대상으로 하는 건설 프로세스의 효율적인 운영을 위해 형성된 개념	
(2)	CALS (Continuous Acquisition & Life Cycle Support)	건설공사 기획부터 설계, 입찰 및 구매, 시공, 유지관리의 전(全)단계에 걸쳐 업무절차의 전자화를 추구하는 종합건설 정보망 체계	
(3)	리드타임 (Lead Time)	계약 체결후 현장공사 착수시 까지의 준비기간으로 자재나 제품 발주 후 물품이 납입되고 검사가 끝나서 출고 요구에 응할 수 있도록 되기까지의 기간.	
(4)	적시생산시스템 (JIS, Just In Time)	무재고를 목표로 작업에 필요한 자재 및 인력을 적재·적소·적시에 공급함으로써 운반·대기시간을 절약하는 효율적 생산방식	
(5)	LCC (Life Cycle Cost)	건축물의 초기단계에서 설계, 시공, 유지관리, 해체에 이르는 일련의 과정과 제비용	
(6)	클레임(Claim) 해결방안	합의	분쟁 당사자간 협상에 의한 합의서 작성(1차적 해결)
		조정 및 중재	조정자와 조정위원회에 대한 해결(2차적 해결)
		소송	재판에 의한 법정 판결로 해결(최종 해결방안)
(7)	위험도(Risk) 대응방안	회피 (Avoidance)	애초에 위험이 발생할 수 있는 상황이나 가능성을 제거함
		절감 (Reduction)	위험의 발생 가능성이나 예상 손실을 낮추기 위한 대책을 적용함
		전가 (Tranceference)	일정한 수수료(Premium)를 지불하고 다른 개체에 위험을 이전함
		용인 (Acceptance)	위험 사건이 실제로 발생하면 사후 대응함
		감시 (Monitoring)	아무런 대처를 하지 않으며 예상 영향 및 가능성을 감시함

2024 출제예상문제

01 [22①, 23③] 2점, 3점
LCC(Life Cycle Cost)에 대하여 간단히 설명하시오.

02 [22③] 3점
다음이 설명하는 건설공사 관련용어들을 【보기】에서 골라 번호로 쓰시오.

보기
① CIC(Computer Integtated Construction)
② Life Cycle Cost(L.C.C)
③ CALS(Continuous Acquisition & Life Cycle Support)
④ V.E.(Value Engineering)
⑤ 리드타임(Lead Time)
⑥ JIS(Just In Time)

(1)	무재고를 목표로 하는 생산 System으로 작업에 필요한 자재·인력을 적재, 적소, 적시에 공급함으로써 운반·대기시간을 절약하는 효율적 생산방식.
(2)	계약 체결후 현장공사 착수시 까지의 준비기간으로 자재나 제품 발주 후 물품이 납입되고 검사가 끝나서 출고 요구에 응할 수 있도록 되기까지의 기간.
(3)	발주자가 요구하는 기능, 성능을 보장하면서 가장 저렴한 비용으로 공사를 수행하는 대안 창출을 통한 원가절감기법이다.

03 [22③] 3점
다음이 설명하는 건설공사 관련용어들을 【보기】에서 골라 번호로 쓰시오.

보기
성능발주방식, BOT, BTO, BOO, 턴키(Turn Key), 공동도급
CM(Construction Management), 파트너링(Partnering)

(1)	발주자는 설계에서 시공까지 건물의 요구성능만을 제시하고 시공자가 재료나 시공방법을 선택하여 요구성능을 실현하는 방식
(2)	발주자가 직접 설계 및 시공에 참여하고 사업 관련자들이 상호신뢰를 바탕으로 Team을 구성하여 사업성공과 상호 이익확보를 목표로 사업을 집행관리하는 방식
(3)	사회간접시설을 민간부분이 주도하여 설계 및 시공한 후 시설의 운영권과 함께 소유권도 민간에 이전하는 방식
(4)	기획, 설계, 시공 등의 주문자가 필요로 하는 모든 것을 조달하여 주문자에게 인도하는 모든 요소를 포괄한 도급계약 방식

04 [23②] 3점
건설공사에서 계약분쟁의 해결방법 3가지를 쓰시오.
① ② ③

05 [22①] 3점
건설사업 집행 시 위험도(Risk) 대응방안을 4가지 쓰시오.
① ②
③ ④

정답 및 해설

01
건축물의 초기단계에서 설계, 시공, 유지관리, 해체에 이르는 일련의 과정과 제비용

02
(1) ⑥   (2) ⑤   (3) ④

03
① 성능발주방식
② 파트너링(Partnering)
③ BOO
④ 턴키(Turn Key)

04
① 합의   ② 조정 및 중재   ③ 소송

05
① 회피(Avoidance)   ② 절감(Reduction)
③ 전가(Tranceference)   ④ 용인(Acceptance)

02 건축시공 총론(Ⅱ)

POINT 01 품질관리(QC, Quality Control)

(1)	PDCA Cycle	Plan(계획) ➡ Do(실시) ➡ Check(검토) ➡ Action(조치)		
(2)	품질관리 관리대상	Man(사람, 인력)	Material(재료, 자재)	Machine(기계, 장비)
		Money(자금)	Method(공법)	Memory(경험)
(3)	TQC: 종합적 품질관리	①	②	③
		④	⑤	⑥

① 히스토그램		데이터가 어떤 분포를 나타내고 있는지를 알아보기 위해 작성하는 그림
② 파레토도		데이터를 불량 크기순서대로 나열해 놓은 그림
③ 특성요인도		결과에 어떤 원인이 관계하는지를 알 수 있도록 작성한 그림
④ 체크시트		데이터가 어디에 집중되어 있는지를 나타낸 그림이나 표
⑤ 산점도		대응되는 두 개의 짝으로 된 데이터를 하나의 점으로 나타낸 그림
⑥ 층별		집단을 구성하고 있는 데이터를 특징에 따라 몇 개의 부분집단으로 나누는 것

2024 출제예상문제

01 [21②, 24①] 3점, 4점
품질관리 PDCA 싸이클(Cycle) 4단계 순서를 쓰시오.

( ) – ( ) – ( ) – ( )

02 [21③, 22①] 4점
품질관리(QC)에서 관리대상 6M 중 4M을 쓰시오.

① _____ ② _____
③ _____ ④ _____

03 [22③] 4점
품질관리에 사용되는 TQC 수법의 도구들의 명칭을 4가지 쓰시오.

① _____ ② _____
③ _____ ④ _____

04 [21①, 24①, 24③] 4점
다음에서 설명하는 품질관리(QC) 도구의 명칭을 쓰시오.

①	치수, 무게, 강도 등 계량치의 Data가 어떤 분포를 하고 있는지 알기 위해 기둥 그래프와 같은 형태로 만든 것
②	결과에 대해 원인이 어떻게 관계하는지를 알기 쉽게 작성한 그림이다.
③	결함부나 기타 시공불량 등 항목을 구분하여 크기순으로 나열하여 결함항목을 집중적으로 감소시키는데 효과적으로 사용된다.
④	서로 대응하는 두 변수간의 상관관계를 그래프 용지 위에 점으로 나타낸 그림

05 [22②] 3점
다음에서 설명하는 품질관리(QC)도구의 명칭을 쓰시오.

①	결함부나 기타 시공불량 등 항목을 구분하여 크기순으로 나열하여 결함항목을 집중적으로 감소시키는데 효과적으로 사용된다.
②	결과(특성)에 대해 원인(요인)이 어떻게 관계하는지를 알기 쉽게 작성한 그림이다.
③	서로 대응하는 데이터를 그래프 용지 위에 점으로 나타낸 그림. 두 변수간 상관관계를 파악할 수 있다.

정답 및 해설

01
① Plan(계획)
② Do(실시)
③ Check(검토)
④ Action(조치)

02
① Man(사람, 인력)
② Material(재료, 자재)
③ Machine(기계, 장비)
④ Money(자금)

03
① 히스토그램 ② 파레토도
③ 특성요인도 ④ 체크시트

04
① 히스토그램 ② 특성요인도
③ 파레토도   ④ 산점도

05
① 파레토도
② 특성요인도
③ 산점도

2024 출제예상문제

06 [23②] 3점
TQC의 7도구에 대한 설명이다. 해당되는 도구명을 쓰시오.

①	계량치의 데이터가 어떠한 분포를 하고 있는지 알아보기 위하여 작성하는 그림
②	결과에 원인이 어떻게 관계하고 있는가를 한 눈에 알 수 있도록 작성한 그림
③	대응되는 두 개의 짝으로 된 데이터를 하나의 점으로 나타낸 그림

07 [24②] 5점
TQC의 7도구에 대한 설명이다. 해당되는 도구명을 쓰시오.

①	결과에 대해 원인이 어떻게 관계하는지를 알기 쉽게 작성한 생선등뼈 모양의 그림
②	서로 대응하는 두 변수간의 상관관계를 그래프 용지 위에 점으로 나타낸 그림
③	치수, 무게, 강도 등 계량치의 Data가 어떤 분포를 하고 있는지 알기 위해 기둥 그래프와 같은 형태로 만든 것
④	집단을 구성하고 있는 데이터를 특징에 따라 몇 개의 부분집단으로 나누는 것
⑤	결함부나 기타 시공불량 등 항목을 구분하여 크기순으로 나열하여 결함항목을 집중적으로 감소시키는데 효과적으로 사용된다.

08 [23①] 4점
히스토그램(Histogram)의 정의와 작성 순서를 간략히 기재하시오.
(1) 정의:

(2) 작성 순서:

정답 및 해설

06
① 히스토그램
② 특성요인도
③ 산점도

07
① 특성요인도
② 산점도
③ 히스토그램
④ 층별
⑤ 파레토도

08
(1) 계량치의 데이터가 어떠한 분포를 하고 있는지 알아보기 위하여 작성하는 그림
(2) 데이터 수집
➡ 최소값과 최대값을 구하여 범위 산정
➡ 구간폭 결정
➡ 도수분포도 및 히스토그램 작성
➡ 히스토그램을 규격값과 대조하여 안정상태 검토

MEMO

POINT 02 원가관리 및 기타

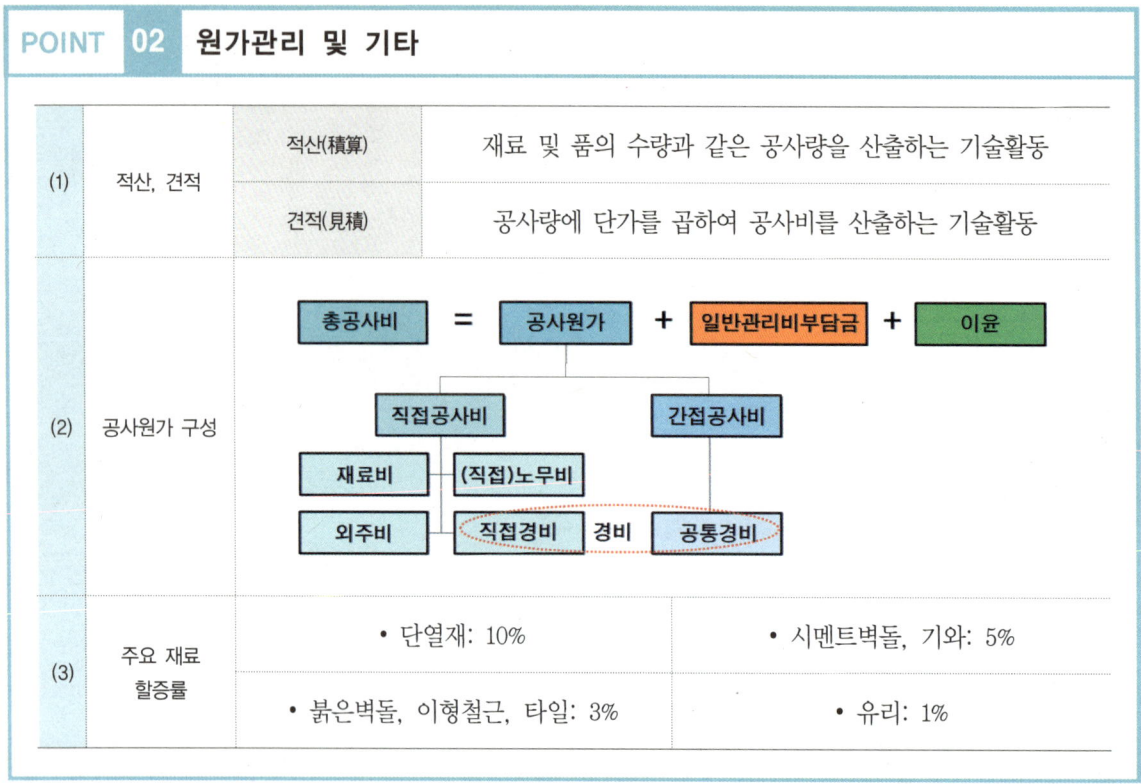

2024 출제예상문제

01 [22②] 4점
다음 용어를 설명하시오.
(1) 적산(積算)

(2) 견적(見積)

02 3점
원가계산과 관련된 다음 설명에 알맞은 용어를 쓰시오.
(1) 공사과정에서 발생하는 재료비, 노무비, 경비의 합계액
(2) 기업의 유지를 위한 관리활동 부분에서 발생하는 제비용
(3) 공사계약 목적물을 완성하기 위하여 직접 작업에 종사하는 종업원 및 기능공에 제공되는 노동력의 대가
(1)   (2)   (3)

정답 및 해설

01
(1) 재료 및 품의 수량과 같은 공사량을 산출하는 기술활동
(2) 공사량에 단가를 곱하여 공사비를 산출하는 기술활동

02
(1) 공사원가
(2) 일반관리비
(3) 직접노무비

2024 출제예상문제

03 4점
다음 아래 보기의 자료에 의한 공사원가와 총공사비를 산출하시오.

① 자재비 : 60,000,000원
② 노무비 : 20,000,000원
③ 현장경비 : 10,000,000원
④ 간접공사비 : 20,000,000원
⑤ 일반관리비 부담금 : 10,000,000원
⑥ 이윤 : 10,000,000원

(1) 공사원가: _____
(2) 총공사비: _____

04 [22①] 4점
각 재료의 할증률을 쓰시오.

① 유리 : ( )%　　② 기와 : ( )%
③ 붉은벽돌 : ( )%　　④ 단열재 : ( )%

05 4점
각 재료의 할증률을 쓰시오.

① 유리 : ( )%　　② 단열재 : ( )%
③ 시멘트벽돌 : ( )%　　④ 붉은 벽돌 : ( )%

정답 및 해설

03
(1) ①+②+③+④=110,000,000원
(2) ①+②+③+④+⑤+⑥=130,000,000원

04
① 1
② 5
③ 3
④ 10

05
① 1
② 10
③ 5
④ 3

9

공정관리

01 공정관리 관련 용어

02 PERT&CPM에 의한 Network 공정표

01 공정관리 관련 용어

POINT 01 공정관리 관련 용어

(1)	Network 분류	①	공기단축을 위해 작업시간을 3점추정하는 PERT(Program Evaluation & Review Technic) 공정표와 CPM(Critical Path Method) 공정표가 있다.
		②	CPM공정표는 작업중심의 ADM(Arrow Diagram Method), 결합점 중심의 PDM(Procedence Diagram Method) 공정표가 있다.
(2)	PERT 3점추정식	$T_e = \dfrac{t_o + 4t_m + t_p}{6}$	• T_e: 기대시간　• t_o: 낙관시간 • t_m: 정상시간　• t_p: 비관시간
(3)	더미(Dummy)	네트워크 작업의 상호관계를 나타내는 점선 화살선	• 넘버링 더미(Numbering Dummy) • 로지컬 더미(Logical Dummy) • 타임랙 더미(Time-Lag Dummy) • 커넥션 더미(Connection Dummy)
(4)	패스(Path)		네트워크 중의 둘 이상의 작업이 연결된 작업의 경로
	최장패스(Longest Path)		임의의 두 결합점간의 경로 중 소요일수가 가장 긴 경로
	주공정선(Critical Path)		최초결합점에서 최종결합점에 이르는 가장 긴 경로
(5)	플로우트(Float)	작업의 여유시간	TF (Total Float, 전체 여유): 임의작업의 EST에 소요일수를 더한 것을 해당작업의 LFT에서 뺀 것
			FF (Free Float, 자유 여유): 임의작업의 EST에 소요일수를 더한 것을 후속작업의 EST에서 뺀 것
	슬랙(Slack)		PERT 기법에서 결합점이 갖는 여유시간
(6)	비용경사(Cost Slope, 비용구배)	작업을 1일 단축할 때 추가되는 직접비용	
	특급점(Crash Point)	직접비 곡선에서 더 이상 공기를 단축시킬 수 없는 한계점	비용경사 = (특급비용 − 정상비용) / (정상공기 − 특급공기)
	MCX(Minimum Cost eXpediting)		최소의 비용으로 최적의 공기를 찾는 공기조정 기법

출제예상문제

01 3점
다음 (   )안에 들어갈 알맞은 용어를 쓰시오.

> Network 공정표는 공기단축을 위해 작업시간을 3점 추정하는 (①)공정표와 CPM공정표가 있다. CPM공정표는 작업중심의 (②), 결합점 중심의 (③) 공정표가 있다.

①   ②   ③

02 4점
PERT에 의한 공정관리 방법에서 낙관시간이 4일, 정상시간이 5일, 비관시간이 6일 일 때, 공정상의 기대시간 (T_e)을 구하시오.

03 4점
PERT 기법에 의한 기대시간(Expected Time)을 구하시오.

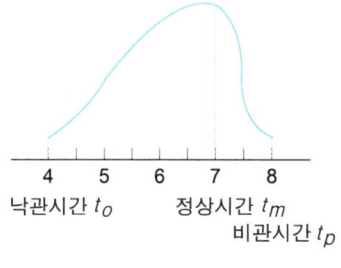

낙관시간 t_o 정상시간 t_m 비관시간 t_p

04 3점
Network 공정표에서 작업 상호간의 연관 관계만을 나타내는 명목상의 작업인 더미(Dummy)의 종류를 3가지 쓰시오.

①   ②   ③

05 [21②] 3점
네트워크 공정관리에 관한 다음이 설명하는 용어를【보기】에서 골라 번호로 쓰시오.

> 보기
> ① 더미(Dummy)
> ② 최장패스(Longest Path)
> ③ 크리티컬패스(Critical Path)
> ④ 슬랙(Slack)
> ⑤ TF(Total Float)
> ⑥ FF(Free Float)
> ⑦ DF(Dependant Float)

(1)	최초 개시일에 작업을 시작하고, 후속작업을 최초 개시일에서 시작하여도 생기는 여유
(2)	네트워크 상에서 최초 결합점에서 최종 결합점에 이르기까지 소요일수가 가장 긴 경로
(3)	결합점이 가지는 여유시간

정답 및 해설

01
① PERT
② ADM
③ PDM

02
$T_e = \dfrac{4+4\times 5+6}{6} = 5$일

03
$T_e = \dfrac{4+4\times 7+8}{6} = 6.67$

04
① 넘버링 더미(Numbering Dummy)
② 로지컬 더미(Logical Dummy)
③ 타임랙 더미(Time-Lag Dummy)

05
⑥, ③, ④

2024 출제예상문제

06 [22③] 3점 ☐☐☐☐☐

다음이 설명하는 네트워크(Network) 공정표의 용어를 【보기】에서 골라 번호로 쓰시오.

보기
① Critical Path(CP) ② 플로우트(Float)
③ 슬랙(Slack) ④ LP(Longest Path)
⑤ 패스(Path) ⑥ 더미(Dummy)

(1)	개시 결합점에서 종료 결합점까지 연결된 패스 중 가장 많은 날 수를 소모하는 경로(Path)를 말한다
(2)	네트워크 중 둘 이상의 작업의 이어짐 상태를 의미
(3)	화살표형 Network에서 정상 표현할 수 없는 작업의 상호 관계를 표시하는 파선으로 된 화살표를 말한다.

07 [23③] 3점 ☐☐☐☐☐

다음이 설명하는 공정관리 용어를 【보기】에서 골라 쓰시오.

보기
EST, EFT, LST, Slack, CP, Float, DF, FF, TF

(1)	작업을 시작하는 가장 빠른 시각
(2)	네트워크 공정표에서 결합점이 가지는 여유시간
(3)	후속작업의 자유여유에 영향을 주는 여유

08 3점 ☐☐☐☐☐

최소비용에 의한 공기단축이론((Minimum Cost eXpediting)에서 공기를 1일 단축하는데 추가되는 비용경사(Cost Slope)를 식으로 나타내시오.

09 [21②, 24①] 4점 ☐☐☐☐☐

다음 데이터를 이용하여 A작업과 B작업의 비용경사를 구하시오.

작업명	표준(Normal)		특급(Crash)	
	공기(Time)	공비(Cost)	공기(Time)	공비(Cost)
A	8일	10,000원	6일	12,000원
B	6일	60,000원	4일	90,000원

(1) A작업:

(2) B작업:

정답 및 해설

06
(1) ① (2) ⑤ (3) ⑥

07
(1) EST (2) Slack (3) DF

08
비용구배 = $\dfrac{\text{특급비용} - \text{정상비용}}{\text{정상시간} - \text{특급시간}}$

09
(1) $\dfrac{12,000 - 10,000}{8 - 6} = 1,000$원/일

(2) $\dfrac{90,000 - 60,000}{6 - 4} = 15,000$원/일

MEMO

02 PERT&CPM에 의한 Network 공정표

POINT 01 PERT&CPM Network 공정표 작성, 일정계산, 주공정선(CP), 여유계산

(1) Network 공정표 작성 기본요소

요소	표현	주의사항
작업 (Activity) ──▶	작업의 이름 ──────▶ 소요일수	① 실선의 화살표 위에 작업의 이름, 화살표 아래에 작업의 소요일수가 기입되어야 한다. ② 화살표의 머리는 좌향이 될 수 없고 항상 수직 내지는 우향이 되어야 한다.
결합점 (Event) ○	⓪ ─작업의 이름─▶ ① 소요일수	① 작업의 시작과 끝은 반드시 결합점으로 처리되어야 한다. ② 결합점에는 반드시 숫자가 기입되어야 하는데, 최초는 0 또는 1번부터 시작하여 왼쪽에서 오른쪽으로 큰 번호를 기입하되, 번호가 중복되어서는 안된다. ③ 문제의 조건에서 공정관계가 제시될 경우 문제조건을 최우선으로 한다.

더미
(Dummy)
----▶
	⓪ ------▶ ①	① 점선의 화살표 위에 작업의 이름과 작업의 소요일수가 기입되어서는 안된다.
		② 더미의 종류 4가지
		   Numbering Dummy, Logical Dummy,
		   Time-Lag Dummy, Connection Dummy

(2) Network 공정표 일정계산, 여유계산

1) EST(Earliest Starting Time), EFT(Earliest Finishing Time)
  ① 최초작업의 EST는 0이며, EST+소요일수=EFT가 된다.
  ② 작업의 흐름에 따라 좌에서 우로 전진하여 덧셈의 일정계산을 하는데, 결합점에서 여러 개의 숫자가 있을 경우 가장 큰값으로 선정한다.

2) LST(Latest Starting Time), LFT(Latest Finishing Time)
  ① 최종결합점의 LFT는 전진일정에 의해 계산된 공기와 같고, LFT-소요일수=LST가 된다.
  ② 작업의 흐름에 역진하여 우에서 좌로 뺄셈의 일정계산을 하는데, 결합점에서 여러 개의 숫자가 있을 경우 가장 작은값으로 선정한다.

3) CP(Critical Path, 주공정선): 공정표 상에서 소요일수가 가장 긴 경로

4) TF(Total Float, 전체여유), FF(Free Float, 자유여유), DF(Dependent Float, 후속여유)
  ① TF=LFT-EFT, FF=후속작업EST-해당작업EFT로서, 공정표상에서 직접적으로 계산된다.
  ② TF=FF+DF의 관계를 통해서, DF=TF-FF로 구하게 된다.

POINT 02　Network 공정표 작성 5단계 순서

■□□□□ STEP Ⅰ : 문제의 조건에서 제시된 DATA를 구분 짓기
① 선행작업이 없는 작업까지 1묶음으로 구분 짓는다.
② 1묶음으로 구분지어진 이후의 작업들 중에서 선행 작업으로 요구되는 작업이 앞서의 묶음 내에 포함된 곳까지 구분 짓는다.
③ ②의 과정을 반복하여 문제의 조건에서 제시된 DATA를 전체 구분 짓는다.

■■□□□ STEP Ⅱ : 좌우대칭, 상하대칭을 연상하면서 공정표를 작성
④ 최초 결합점을 하나 그린 후, STEP Ⅰ의 1묶음으로 구분지어진 곳의 선행 작업의 개수가 없는 만큼 실선의 작업화살선을 그린다.
⑤ ②의 과정을 통한 묶음 내에서 작업의 개수가 적은 것부터 그려나간다.
　만약, 작업의 개수가 같을 때는 공통의 작업을 가운데 위치시키고 공통의 작업을 종료시킨다.
⑥ ⑤의 과정을 반복하여 최종 결합점을 하나 그린 다음 모든 화살선이 최종 결합점에 모이도록 공정표를 그린다.

■■■□□ STEP Ⅲ : 결합점 넘버링(Event Numbering)
⑦ 문제의 조건에서 공정관계를 제시할 경우 공정관계를 그대로 따라준다.
⑧ 공정관계를 제시하지 않을 때는 최초 결합점에 0번을 기입하고 좌에서 우로 순차적으로 1,2,3……의 숫자를 기입한다.

■■■■□ STEP Ⅳ : 전진일정계산 및 주공정선 표시
⑨ 최초작업의 EST는 0이며, EST+소요일수=EFT을 이용하여 공정표상에 전진일정계산을 해나간다.
⑩ 최종 결합점에서의 숫자가 나오는 경로가 주공정선이므로 이것을 관찰하여 굵은 선으로 표시한다.
　주공정선은 하나가 될 수도 있고, 두 개 이상일 수도 있다.

■■■■■ STEP Ⅴ : 역진일정계산 및 여유시간계산
⑪ 주공정선은 여유가 없는 경로이므로, 주공정선을 지나가는 결합점들은 전진일정계산값과 역진일정계산값이 같다는 것을 이용하여 같은 숫자를 기입한다.
⑫ 계산이 안 된 결합점들에서 LFT−소요일수=LST를 이용하여 역진일정계산을 한다.
⑬ 주공정선의 작업들은 TF=0, FF=0, DF=0 이다.
⑭ 해당 작업의 뒤쪽에 있는 결합점 위의 세모 안의 숫자에서, 해당 작업의 앞쪽에 있는 결합점 위의 네모안의 숫자와 해당 작업의 소요일수를 더한 수를 빼면 TF가 된다.
⑮ 해당 작업의 뒤쪽에 있는 결합점 위의 세모 옆의 숫자에서, 해당 작업의 앞쪽에 있는 결합점 위의 네모안의 숫자와 해당 작업의 소요일수를 더한 수를 빼면 FF가 된다.

【예제】
다음 데이터를 네트워크공정표로 작성하고, 각 작업의 여유시간을 구하시오.

작업명	작업일수	선행작업	비고
A	5	없음	(1) 결합점에서는 다음과 같이 표시한다.
B	2	없음	
C	4	없음	
D	4	A, B, C	
E	3	A, B, C	(2) 주공정선은 굵은선으로 표시한다.
F	2	A, B, C	

■□□□□ STEP Ⅰ: 문제의 조건에서 제시된 DATA를 구분 짓기

작업명	작업일수	선행작업	비고
A	5	없음	(1) 결합점에서는 다음과 같이 표시한다.
B	2	없음	
C	4	없음	
D	4	A, B, C	
E	3	A, B, C	(2) 주공정선은 굵은선으로 표시한다.
F	2	A, B, C	

이 문제는 A,B,C가 1묶음이고 D,E,F가 1묶음이 되어 2묶음의 DATA로 구분지을 수 있다.

■■□□□ STEP Ⅱ: 좌우대칭, 상하대칭을 연상하면서 공정표를 작성

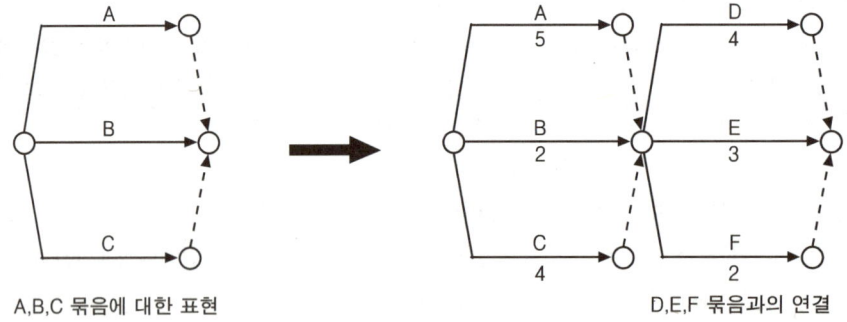

A,B,C 묶음에 대한 표현   D,E,F 묶음과의 연결

결합점과 결합점 사이에는 오직 단 하나의 실선화살표만 존재해야 한다는 공정표 작성의 기본원칙을 기억하도록 한다.
최초결합점에서 선행작업이 없는 개수가 3개이므로 3개의 실선이 출발한다. A,B,C가 만나서 D,E,F 3개의 실선이 다시 출발하는 형태인데, A,B,C의 종료결합점에서는 하나의 실선과 두 개의 더미로 들어와야 한다는 것과 D,E,F의 종료결합점에서도 하나의 실선과 두 개의 더미로 들어와야 한다는 것만 이해할 수 있다면 공정표작성은 전혀 어려움이 없게 된다.

■ ■ ■ □ □ STEP Ⅲ: 결합점 넘버링(Event Numbering)

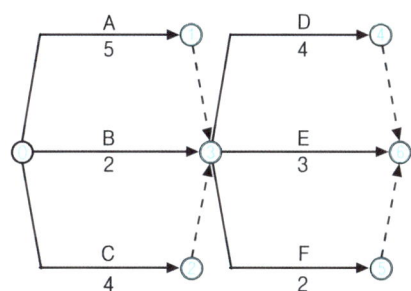

■ ■ ■ ■ □ STEP Ⅳ: 전진일정계산 및 주공정선 표시

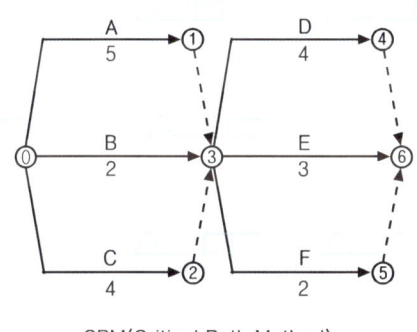

CPM(Critical Path Method)
결합점 일정표현

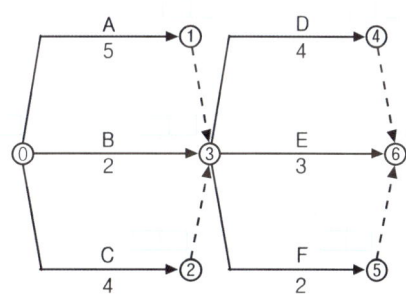

PERT(Program Evaluation Review and Technic)
결합점 일정표현

전진일정계산 단계에서 문제의 요구조건에서 결합점 표현을 어떻게 할 것이냐를 비고란을 통해 확인한다. CPM 과 PERT 두가지 기법이 대표적인 Network공정표 기법인데, 문제의 요구조건에 맞게 결합점을 일괄적으로 표현 하고 전진일정계산을 준비한다.

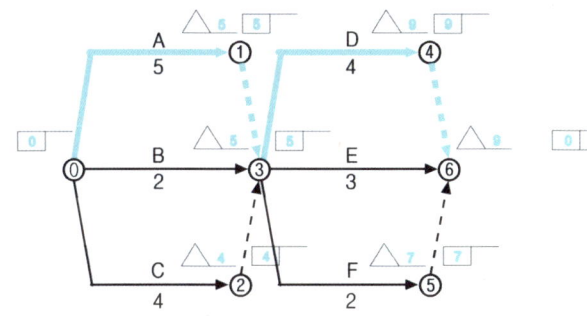

CPM(Critical Path Method)
전진일정계산 & 주공정선 표시

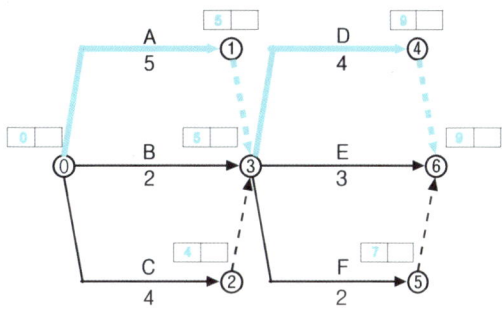

PERT(Program Evaluation Review and Technic)
전진일정계산 & 주공정선 표시

Ⅸ. 공정관리 271

(1) CPM기법에 의한 전진일정계산 및 주공정선 표시
① 최초의 EST는 항상 0이다.
② 결합점①에 들어가는 화살표는 A작업 하나밖에 없으므로 0+5=5가 되는데, 5일은 결합점①의 EFT가 되면서 또한 결합점①에서 가장 빠른 EST가 되므로 결국, 5라는 숫자를 가운데 두 번 적는다고 생각하면 편리하다.
③ 결합점②에 들어가는 화살표는 C작업 하나밖에 없으므로 0+4=4가 되는데, 4일은 결합점②의 EFT가 되면서 결합점②에서 가장 빠른 EST가 되므로 결국, 4라는 숫자를 가운데 두 번 적는다고 생각하면 편리하다.
④ 결합점③에 들어가는 화살표는 세 개가 있다. ⓪→③은 0+2=2, ①→③은 5+0=5, ②→③은 4+0=4가 되며 2,5,4 중에서 가장 큰값인 5라는 숫자를 가운데 두 번 적는다.
⑤ 결합점④에 들어가는 화살표는 D작업 하나밖에 없으므로 5+4=9라는 숫자를 가운데 두 번 적는다.
⑥ 결합점⑤에 들어가는 화살표는 F작업 하나밖에 없으므로 5+2=7이라는 숫자를 가운데 두 번 적는다.
⑦ 결합점⑥에 들어가는 화살표는 세 개가 있다. ③→⑥은 5+3=8, ④→⑥은 9+0=9, ⑤→⑥은 7+0=7이 되며 8,9,7 중에서 가장 큰값인 9라는 숫자를 세모 옆에 적는다.
⑧ 전진일정계산에 의해 공정표 전체의 가장 긴 경로는 9일이 되며, 이것을 계산공기라고 한다. 계산공기 9일이 나오는 경로(Path)는 A-D경로가 되는데, 이것을 주공정선(CP, Critical Path)라고 하며, 문제의 요구 조건에 맞게 굵은선으로 표현한다.

(2) PERT기법에 의한 전진일정계산 및 주공정선 표시
① 최초의 ET는 항상 0이다.
② 결합점①에 들어가는 화살표는 A작업 하나밖에 없으므로 0+5=5가 되는데, 5일은 결합점①의 ET가 되며 앞의 네모에 한 번 적는다.
③ 결합점②에 들어가는 화살표는 C작업 하나밖에 없으므로 0+4=4가 되는데, 4일은 5일은 결합점②의 ET가 되며 앞의 네모에 한 번 적는다.
④ 결합점③에 들어가는 화살표는 세 개가 있다. ⓪→③은 0+2=2, ①→③은 5+0=5, ②→③은 4+0=4가 되며 2,5,4 중에서 가장 큰값인 5라는 숫자를 앞의 네모에 한 번 적는다.
⑤ 결합점④에 들어가는 화살표는 D작업 하나밖에 없으므로 5+4=9라는 숫자를 앞의 네모에 한 번 적는다.
⑥ 결합점⑤에 들어가는 화살표는 F작업 하나밖에 없으므로 5+2=7이라는 숫자를 앞의 네모에 한 번 적는다.
⑦ 결합점⑥에 들어가는 화살표는 세 개가 있다. ③→⑥은 5+3=8, ④→⑥은 9+0=9, ⑤→⑥은 7+0=7이 되며 8,9,7 중에서 가장 큰값인 9라는 숫자를 앞의 네모에 한 번 적는다.
⑧ 전진일정계산에 의해 공정표 전체의 가장 긴 경로는 9일이 되며, 이것을 계산공기라고 한다. 계산공기 9일이 나오는 경로(Path)는 A-D경로가 되는데, 이것을 주공정선(CP, Critical Path)라고 하며, 문제의 요구 조건에 맞게 굵은선으로 표현한다.

(3) CPM기법은 결합점 일정시간을 EST, EFT, LST, LFT 4개의 시간으로 표현하는 반면, PERT기법은 ET, LT 2개의 시간으로 표현하는 방법이다. 결국, CPM기법이나 PERT기법은 결합점에서의 표현방법만 다르고, 계산과정은 동일하다는 것을 이해하고 있어야 한다.
   참고로, 대부분의 시험문제는 10번의 시험 중 7~8번은 CPM, 1~2번은 PERT의 출제빈도를 보이고 있다.

■■■■■ STEP V: 역진일정계산 및 여유시간계산

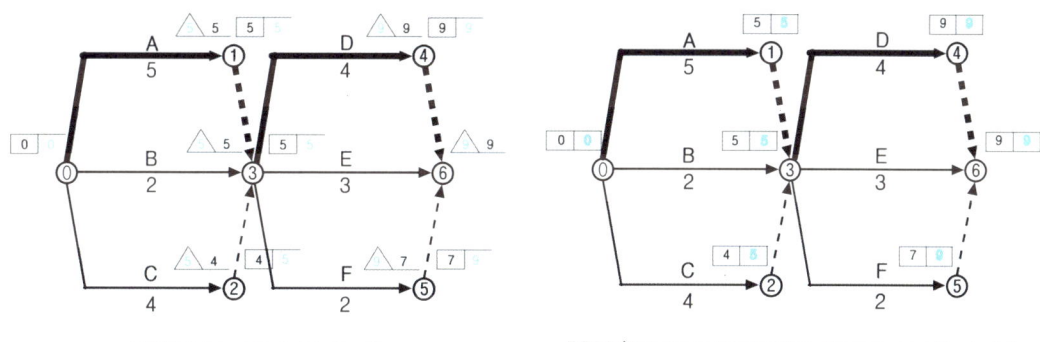

CPM(Critical Path Method)
역진일정계산

PERT(Program Evaluation Review and Technic)
역진일정계산

(1) CPM기법에 의한 역진일정계산 및 여유시간 계산

❶ 최종의 LFT는 항상 계산공기와 같으므로 세모에 9를 적는다.

❷ 주공정선상의 A-D 경로를 지나는 ⓪→①→③→④→⑥은 전진일정계산에 의해 표현된 숫자와 동일한 숫자를 맨앞, 맨뒤에 두 번 적는다. 주공정선은 여유(Float)가 없는 특징을 활용한 고급 테크닉이라고 볼 수 있다.

❸ 결합점⑤에서 출발하는 화살표는 ⑥번으로 하나밖에 없다. 따라서, ⑥번의 세모안의 숫자 9에서 소요일수 0일을 빼면 9가 되는데, 이것을 ⑤번 결합점의 맨앞, 맨뒤에 두 번 적는다.

❹ 결합점②에서 출발하는 화살표는 ③번으로 하나밖에 없다. 따라서, ③번의 세모안의 숫자 5에서 소요일수 0일을 빼면 5가 되는데, 이것을 ②번 결합점의 맨앞, 맨뒤에 두 번 적는다.

❺ 주공정선상의 작업 A와 D는 전체여유 TF=0, 자유여유 FF=0, 후속여유 DF=0이다.

❻ B작업의 EST=0이고 소요일수 2를 더하면 2가 되는데, 이것을 ③번의 세모안의 숫자 5에서 빼면 5-(0+2)=3일이 되며 B작업의 TF가 된다. 또한, ③번의 세모옆의 숫자 5에서 빼면 5-(0+2)=3일이 되며 B작업의 FF가 된다.

TF=FF+DF의 관계에서 DF=TF-FF=3-3=0이 B작업의 DF가 된다. B작업은 종료시점 ③번에서 하나 이상의 주공정선이 있으므로 절대로 후속여유 DF라는 것이 발생할 수 없다는 것을 의미한다.

❼ C작업은 결합점②에서 여유시간을 계산하는 것이 아니라 결합점③에서 계산한다는 것을 반드시 기억하고 있어야 한다. 결합점②는 단지 B작업과의 중복을 피하기 위해 발생한 넘버링더미(Numbering Dummy)에 의한 결합점일 뿐이며, 이러한 결합점에서는 여유시간을 계산하면 안된다는 것을 항상 조심하도록 한다.

C작업의 EST=0이고 소요일수 4를 더하면 4가 되는데, 이것을 ②번이 아닌 ③번의 세모안의 숫자 5에서 빼면 5-(0+4)=1일이 되며 C작업의 TF가 된다. 또한, ③번의 세모옆의 숫자 5에서 빼면 5-(0+4)=1일이 되며 C작업의 FF가 된다. TF=FF+DF의 관계에서 DF=TF-FF=1-1=0이 C작업의 DF가 된다. C작업은 종료시점 ③번에서 하나 이상의 주공정선이 있으므로 절대로 후속여유 DF라는 것이 발생할 수 없다는 것을 의미한다.

❽ E작업의 EST=5이고 소요일수 3을 더하면 8이 되는데, 이것을 ⑥번의 세모안의 숫자 9에서 빼면 9-(5+3)=1일이 되며 E작업의 TF가 된다. 또한, ⑥번의 세모옆의 숫자 9에서 빼면 9-(5+3)=1일이 되며 E작업의 FF가 된다. TF=FF+DF의 관계에서 DF=TF-FF=1-1=0이 E작업의 DF가 된다. 결합점⑥번은 전체 공정표의 종료시점이므로 E작업은 후속작업에게 물려줄 수 있는 후속여유 DF라는 것이 발생할 수 없다는 것을 의미한다.

❾ F작업은 결합점⑤에서 여유시간을 계산하는 것이 아니라 결합점⑥에서 계산한다는 것을 반드시 기억하고 있어야한다. 결합점⑤는 단지 E작업과의 중복을 피하기 위해 발생한 넘버링더미(Numbering Dummy)에 의한 결합점일 뿐이며, 이러한 결합점에서는 여유시간을 계산하면 안된다는 것을 항상 조심하도록 한다.

F작업의 EST=5이고 소요일수 2를 더하면 7이 되는데, 이것을 ⑤번이 아닌 ⑥번의 세모안의 숫자 9에서 빼면 9-(5+2)=2일이 되며 F작업의 TF가 된다. 또한, ⑥번의 세모옆의 숫자 9에서 빼면 9-(5+2)=2일이 되며 F작업의 FF가 된다. TF=FF+DF의 관계에서 DF=TF-FF=2-2=0이 C작업의 DF가 된다.

결합점⑥번은 전체 공정표의 종료시점이므로 F작업은 후속작업에게 물려줄 수 있는 후속여유 DF라는 것이 발생할 수 없다는 것을 의미한다.

❿ 지금까지의 과정을 하나의 표로 나타내면 다음과 같으며, 시험문제에서는 빈칸으로 제시되어 있는 곳을 위의 계산과정을 통해 빈칸을 채워나가는 형태라고 생각하면 된다.

작업명	TF	FF	DF	CP
A	0	0	0	※
B	3	3	0	
C	1	1	0	
D	0	0	0	※
E	1	1	0	
F	2	2	0	

(2) PERT기법에 의한 역진일정계산 및 여유시간 계산

❶ 최종의 LT는 항상 계산공기와 같으므로 뒤의 네모에 9를 적는다.

❷ 주공정선상의 A-D 경로를 지나는 ⓪→①→③→④→⑥은 전진일정계산에 의해 표현된 숫자와 동일한 숫자를 뒤의 네모에 적는다. 주공정선은 여유(Float)가 없는 특징을 활용한 고급 테크닉이라고 볼 수 있다.

❸ 결합점⑤에서 출발하는 화살표는 ⑥번으로 하나밖에 없다. 따라서, ⑥번의 뒤의 네모안의 숫자 9에서 소요일수 0일을 빼면 9가 되는데, 이것을 ⑤번 결합점의 뒤의 네모에 적는다.

❹ 결합점②에서 출발하는 화살표는 ③번으로 하나밖에 없다. 따라서, ③번의 뒤의 네모 안의 숫자 5에서 소요일수 0일을 빼면 5가 되는데, 이것을 ②번 결합점의 뒤의 네모에 적는다.

❺ 주공정선상의 작업 A와 D는 전체여유 TF=0, 자유여유 FF=0, 후속여유 DF=0이다.

❻ B작업의 ET=0이고 소요일수 2를 더하면 2가 되는데, 이것을 ③번의 뒤의 네모 안의 숫자 5에서 빼면 5-(0+2)=3일이 되며 B작업의 TF가 된다. 또한, ③번의 앞의 네모 안의 숫자 5에서 빼면 5-(0+2)=3일이 되며 B작업의 FF가 된다. TF=FF+DF의 관계에서 DF=TF-FF=3-3=0이 B작업의 DF가 된다. B작업은 종료시점 ③번에서 하나 이상의 주공정선이 있으므로 절대로 후속여유 DF라는 것이 발생할 수 없다는 것을 의미한다.

❼ C작업은 결합점②에서 여유시간을 계산하는 것이 아니라 결합점③에서 계산한다는 것을 반드시 기억하고 있어야한다. 결합점②는 단지 B작업과의 중복을 피하기 위해 발생한 넘버링더미(Numbering Dummy)에 의한 결합점일 뿐이며, 이러한 결합점에서는 여유시간을 계산하면 안된다는 것을 항상 조심하도록 한다.

C작업의 ET=0이고 소요일수 4를 더하면 4가 되는데, 이것을 ②번이 아닌 ③번의 뒤의 네모 안의 숫자 5에서 빼면 5-(0+4)=1일이 되며 C작업의 TF가 된다. 또한, ③번의 앞의 네모 안의 숫자 5에서 빼면 5-(0+4)=1일이 되며 C작업의 FF가 된다. TF=FF+DF의 관계에서 DF=TF-FF=1-1=0이 C작업의 DF가 된다.

C작업은 종료 시점 ③번에서 하나 이상의 주공정선이 있으므로 절대로 후속여유 DF라는 것이 발생할 수 없다는 것을 의미한다.

❽ E작업의 ET=5이고 소요일수 3을 더하면 8이 되는데, 이것을 ⑥번의 뒤의 네모 안의 숫자 9에서 빼면 9−(5+3)=1일이 되며 E작업의 TF가 된다. 또한, ⑥번의 앞의 네모 안의 숫자 9에서 빼면 9−(5+3)=1일이 되며 E작업의 FF가 된다. TF=FF+DF의 관계에서 DF=TF−FF=1−1=0이 E작업의 DF가 된다. 결합점 ⑥번은 전체 공정표의 종료시점이므로 E작업은 후속작업에게 물려줄 수 있는 후속여유 DF라는 것이 발생할 수 없다는 것을 의미한다.

❾ F작업은 결합점⑤에서 여유시간을 계산하는 것이 아니라 결합점⑥에서 계산한다는 것을 반드시 기억하고 있어야 한다. 결합점⑤는 단지 E작업과의 중복을 피하기 위해 발생한 넘버링더미(Numbering Dummy)에 의한 결합점일 뿐이며, 이러한 결합점에서는 여유시간을 계산하면 안된다는 것을 항상 조심하도록 한다.
F작업의 ET=5이고 소요일수 2를 더하면 7이 되는데, 이것을 ⑤번이 아닌 ⑥번의 뒤의 네모 안의 숫자 9에서 빼면 9−(5+2)=2일이 되며 F작업의 TF가 된다. 또한, ⑥번의 앞의 네모 안의 숫자 9에서 빼면 9−(5+2)=2일이 되며 F작업의 FF가 된다. TF=FF+DF의 관계에서 DF=TF−FF=2−2=0이 C작업의 DF가 된다. 결합점⑥번은 전체 공정표의 종료시점이므로 F작업은 후속작업에게 물려줄 수 있는 후속여유 DF라는 것이 발생할 수 없다는
것을 의미한다.

❿ 지금까지의 과정을 하나의 표로 나타내면 다음과 같으며, 시험문제에서는 빈칸으로 제시되어 있는 곳을 위의 계산과정을 통해 빈칸을 채워나가는 형태라고 생각하면 된다.

작업명	TF	FF	DF	CP
A	0	0	0	※
B	3	3	0	
C	1	1	0	
D	0	0	0	※
E	1	1	0	
F	2	2	0	

(3) 결국, CPM기법이나 PERT기법이나 결합점에서의 일정표현만 다를 뿐 동일한 공정표가 작성되고, 동일한 주공정선을 가지며, 주공정선을 지나지 않는 작업들의 여유시간을 계산하면 동일한 결과가 나온다는 것을 알 수 있다. 사실상 PERT기법이 2개의 시간으로 표현하므로 간단명료한 일정계산과 표현방법을 제공 하지만 1956년 미국 Dupant Company라는 화학회사에서의 CPM기법이 Network공정표의 시초이므로 건축 관련 실기시험에서는 대부분 CPM기법에 의한 표현을 요구하고 있다.

2024 출제예상문제

01 [21③] 5점

다음 공정표를 보고 일정계산을 하시오. (단, 각 작업의 일정계산 방법으로 다음과 같이 한다.)

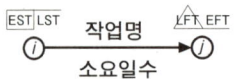

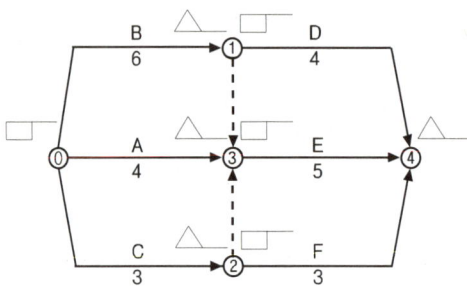

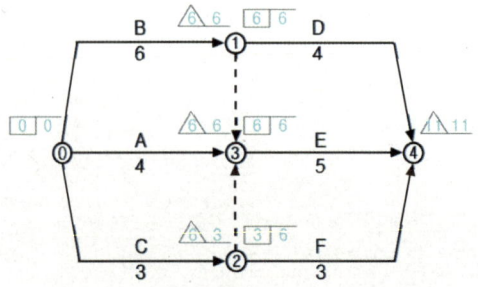

02 [24①] 4점

다음 데이터를 네트워크공정표로 작성하시오.

작업명	작업일수	선행작업	비고
A	5	없음	(1) 결합점에서는 다음과 같이 표시한다.
B	6	없음	
C	5	A, B	
D	4	B	(2) 주공정선은 굵은선으로 표시한다.

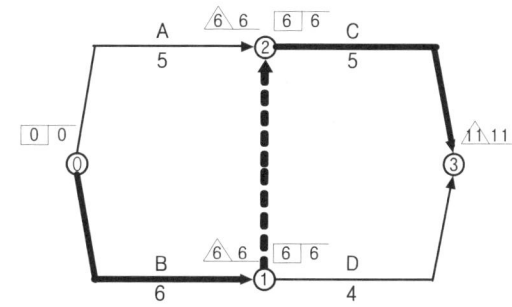

03 [23③] 4점

다음 데이터를 네트워크공정표로 작성하시오.

작업명	작업일수	선행작업	비고
A	2	없음	(1) 결합점에서는 다음과 같이 표시한다.
B	3	없음	
C	5	A	
D	5	A, B	
E	2	A, B	
F	3	C, D, E	(2) 주공정선은 굵은선으로 표시한다.
G	5	E	

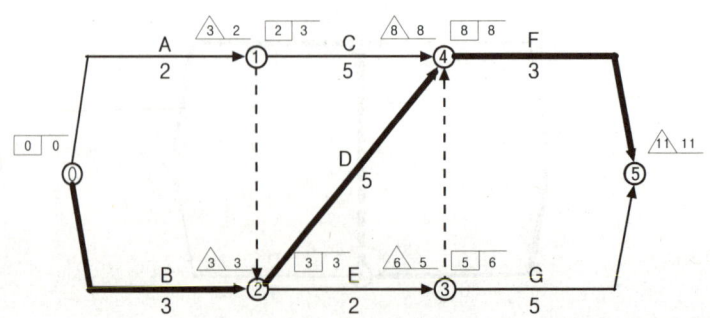

04 [22③] 4점

다음 데이터를 네트워크공정표로 작성하고, 각 작업의 여유시간을 구하시오.

작업명	작업일수	선행작업	비고
A	7	없음	(1) 결합점에서는 다음과 같이 표시한다.
B	4	없음	
C	4	없음	EST LST 작업명 LFT EFT
D	3	B	○―――→○
E	7	A, B	소요일수
F	6	A, C	(2) 주공정선은 굵은선으로 표시한다.

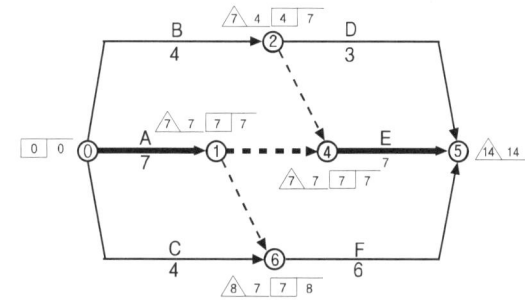

05 [22①, 23①] 4점, 8점

다음 데이터를 네트워크공정표로 작성하고, 각 작업의 여유시간을 구하시오.

작업명	작업일수	선행작업	비고
A	3	없음	(1) 결합점에서는 다음과 같이 표시한다.
B	2	없음	
C	4	없음	
D	5	C	
E	2	B	
F	3	A	
G	3	A, C, E	(2) 주공정선은 굵은선으로 표시한다.
H	4	D, F, G	

작업명	TF	FF	DF	CP
A				
B				
C				
D				
E				
F				
G				
H				

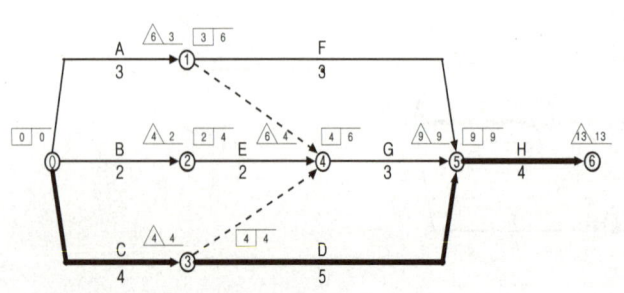

작업명	TF	FF	DF	CP
A	3	0	3	
B	2	0	2	
C	0	0	0	※
D	0	0	0	※
E	2	0	2	
F	3	3	0	
G	2	2	0	
H	0	0	0	※

06 [21①, 24③] 5점, 6점

다음 데이터를 네트워크공정표로 작성하고, 각 작업의 여유시간을 구하시오.

작업명	작업일수	선행작업	비고
A	5	없음	(1) 결합점에서는 다음과 같이 표시한다.
B	3	없음	
C	2	없음	EST LST 작업명 LFT EFT
D	2	A, B	ⓘ ─────→ ⓙ
E	5	A, B, C	소요일수
F	4	A, C	(2) 주공정선은 굵은선으로 표시한다.

작업명	TF	FF	DF	CP
A				
B				
C				
D				
E				
F				

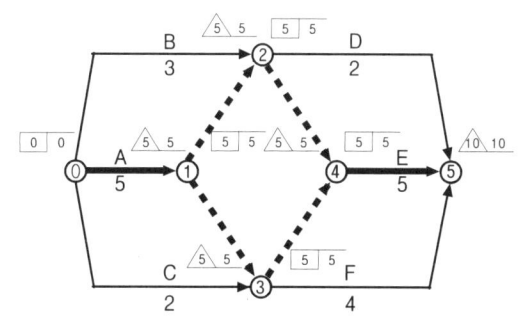

작업명	TF	FF	DF	CP
A	0	0	0	※
B	2	2	0	
C	3	3	0	
D	3	3	0	
E	0	0	0	※
F	1	1	0	

07 8점

다음 데이터를 네트워크공정표로 작성하고, 각 작업의 여유시간을 구하시오.

작업명	작업일수	선행작업	비고
A	5	없음	(1) 결합점에서는 다음과 같이 표시한다.
B	6	없음	
C	5	A	
D	2	A, B	
E	3	A	
F	4	C, E	
G	2	D	(2) 주공정선은 굵은선으로 표시한다.
H	3	F, G	

작업명	TF	FF	DF	CP
A				
B				
C				
D				
E				
F				
G				
H				

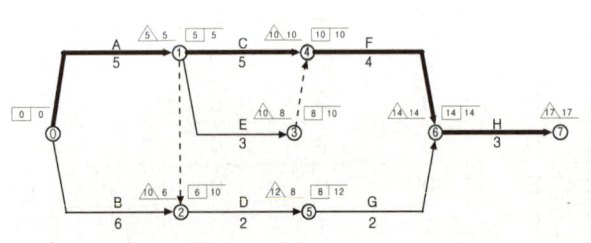

작업명	TF	FF	DF	CP
A	0	0	0	※
B	4	0	4	
C	0	0	0	※
D	4	0	4	
E	2	2	0	
F	0	0	0	※
G	4	4	0	
H	0	0	0	※

08 [22②, 24②] 8점

다음 데이터를 네트워크공정표로 작성하고, 각 작업의 여유시간을 구하시오. (10점)

작업명	작업일수	선행작업	비고
A	3	없음	(1) 결합점에서는 다음과 같이 표시한다.
B	4	없음	
C	5	없음	
D	6	A, B	
E	7	B	
F	4	D	
G	5	D, E	(2) 주공정선은 굵은선으로 표시한다.
H	6	C, F, G	
I	7	F, G	

작업명	TF	FF	DF	CP
A				
B				
C				
D				
E				
F				
G				
H				
I				

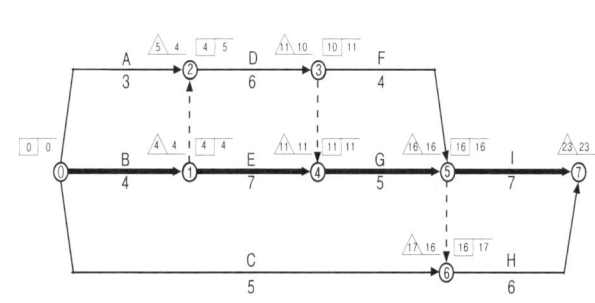

작업명	TF	FF	DF	CP
A	2	1	1	
B	0	0	0	※
C	12	11	1	
D	1	0	1	
E	0	0	0	※
F	2	2	0	
G	0	0	0	※
H	1	1	0	
I	0	0	0	※

09 [23②] 8점

다음 데이터를 네트워크공정표로 작성하고, 각 작업의 일정시간 및 여유시간을 구하시오.

작업명	작업일수	선행작업	비고
A	5	없음	(1) 결합점에서는 다음과 같이 표시한다.
B	2	없음	
C	4	없음	
D	4	A, B, C	
E	3	A, B, C	(2) 주공정선은 굵은선으로 표시한다.
F	2	A, B, C	

작업명	TF	FF	DF	CP
A				
B				
C				
D				
E				
F				

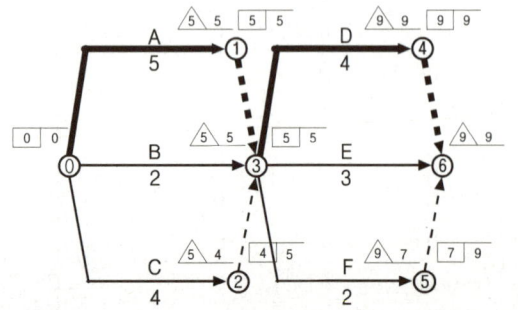

작업명	TF	FF	DF	CP
A	0	0	0	※
B	3	3	0	
C	1	1	0	
D	0	0	0	※
E	1	1	0	
F	2	2	0	

10 10점

다음 데이터를 네트워크공정표로 작성하고, 각 작업의 일정시간 및 여유시간을 구하시오.

작업명	작업일수	선행작업	비고
A	5	없음	(1) 결합점에서는 다음과 같이 표시한다.
B	2	없음	
C	4	없음	
D	4	A, B, C	
E	3	A, B, C	(2) 주공정선은 굵은선으로 표시한다.
F	2	A, B, C	

작업명	EST	EFT	LST	LFT	TF	FF	DF	CP
A								
B								
C								
D								
E								
F								

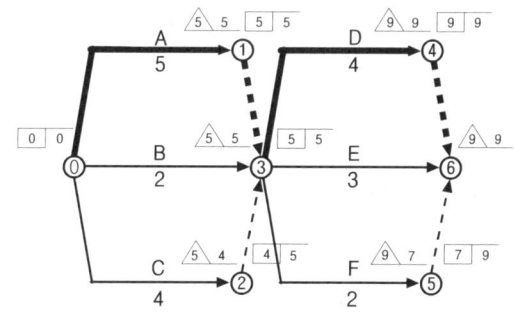

작업명	EST	EFT	LST	LFT	TF	FF	DF	CP
A	0	5	0	5	0	0	0	※
B	0	2	3	5	3	3	0	
C	0	4	1	5	1	1	0	
D	5	9	5	9	0	0	0	※
E	5	8	6	9	1	1	0	
F	5	7	7	9	2	2	0	

【일정 및 여유계산 LIST 답안작성 순서】

(1) TF, FF, DF, CP를 먼저 채운다.

작업명	EST	EFT	LST	LFT	TF	FF	DF	CP
A					0	0	0	※
B					3	3	0	
C					1	1	0	
D					0	0	0	※
E					1	1	0	
F					2	2	0	

(2) 각 작업명 옆에 소요일수를 연필로 기입한다.

작업명	EST	EFT	LST	LFT	TF	FF	DF	CP
A 5					0	0	0	※
B 2					3	3	0	
C 4					1	1	0	
D 4					0	0	0	※
E 3					1	1	0	
F 2					2	2	0	

(3) 공정표를 보고 해당 작업의 앞쪽에 있는 결합점의 네모칸의 숫자를 기입한 것이 EST이며, 이것을 종축으로 전체 기입해 나간다.

작업명	EST	EFT	LST	LFT	TF	FF	DF	CP
A 5	0				0	0	0	※
B 2	0				3	3	0	
C 4	0				1	1	0	
D 4	5				0	0	0	※
E 3	5				1	1	0	
F 2	5				2	2	0	

(4) 각 작업의 소요일수에 EST를 더한 값이 EFT이며, 이것을 종축으로 전체 기입해 나간다.

작업명	EST	EFT	LST	LFT	TF	FF	DF	CP
A 5	0	5			0	0	0	※
B 2	0	2			3	3	0	
C 4	0	4			1	1	0	
D 4	5	9			0	0	0	※
E 3	5	8			1	1	0	
F 2	5	7			2	2	0	

(5) 공정표를 보고 해당 작업의 뒷쪽에 있는 결합점의 세모칸의 숫자를 기입한 것이 LFT이며, 이것을 종축으로 전체 기입해 나간다.

작업명	EST	EFT	LST	LFT	TF	FF	DF	CP
A 5	0	5		5	0	0	0	※
B 2	0	2		5	3	3	0	
C 4	0	4		5	1	1	0	
D 4	5	9		9	0	0	0	※
E 3	5	8		9	1	1	0	
F 2	5	7		9	2	2	0	

(6) 각 작업의 LFT에서 소요일수를 뺀 값이 LST이며, 이것을 종축으로 전체 기입해 나간다.

작업명	EST	EFT	LST	LFT	TF	FF	DF	CP
A 5	0	5	0	5	0	0	0	※
B 2	0	2	3	5	3	3	0	
C 4	0	4	1	5	1	1	0	
D 4	5	9	5	9	0	0	0	※
E 3	5	8	6	9	1	1	0	
F 2	5	7	7	9	2	2	0	

(7) 각 작업명 옆에 소요일수를 지우개로 깨끗이 지운다.

작업명	EST	EFT	LST	LFT	TF	FF	DF	CP
A	0	5	0	5	0	0	0	※
B	0	2	3	5	3	3	0	
C	0	4	1	5	1	1	0	
D	5	9	5	9	0	0	0	※
E	5	8	6	9	1	1	0	
F	5	7	7	9	2	2	0	

부록

과년도 출제문제

01 2021년도

02 2022년도

03 2023년도

04 2024년도

■□■ 수험자 유의사항 ■□■

(1) 수험자 인적사항 및 답안작성(계산식 포함)은 흑색 필기구만 사용하여야 한다.

(2) 흑색을 제외한 유색 필기구 또는 연필류를 사용하거나 2가지 이상의 색을 혼합하여 사용할 경우 해당 문항은 0점 처리된다.

(3) 답란에는 해당 문제와 관련이 없는 불필요한 낙서나 특이한 기록사항 등을 기재해서는 안되며, 부정의 목적으로 특이한 표식을 하였다고 판단될 경우 모든 문항이 0점 처리된다.

(4) 답안을 정정할 때에는 정정 부분을 두 줄로 그어 표시하며, 수정테이프 또는 수정액 사용은 불가하다.

(5) 계산문제는 반드시 계산과정과 답이 정확히 기재되어야 하며, 계산과정이 틀리거나 없는 경우 0점 처리된다.

(6) 답에 단위가 없으면 오답으로 처리된다.

(7) 문제의 요구조건에서 특별한 지시가 없는 한 소수 셋째자리에서 반올림하여 둘째자리까지 구하는 것을 원칙으로 하지만 문제의 특수한 성격에 따라 소수점 처리는 변경될 수 있다.

(8) 한 문제에서 여러 문제로 파생되는 문제나, 가지수를 요구하는 문제는 대부분의 경우 부분배점을 적용한다.

(9) 문제에서 요구한 항목 이상을 답란에 표기한 답을 기재한 순으로 채점하고, 한 항목에 여러 가지를 기재하더라도 한 가지로 평가한다.

(10) 답안에 정답과 오답이 함께 기재되어 있을 경우 오답으로 처리된다.

2021. 1회 건축산업기사

1. 현장에서 작업을 하는 근로자에 대해서는 산업안전보건기준에 따라서 그 작업조건에 맞는 보호구를 작업하는 근로자에게 지급하고 착용하여야 한다. 문제에서 설명하는 작업에 적합한 보호구를 【보기】에서 골라 쓰시오.

   보기

   방한모, 방열복, 보안면, 절연용 보호구, 보안경, 안전화, 방진마스크, 안전대, 안전모

①		물체가 떨어지거나 날아올 위험 또는 근로자가 추락할 위험이 있는 작업
②		높이 또는 깊이 2미터 이상의 추락할 위험이 있는 장소에서 하는 작업
③		용접 시 불꽃이나 물체가 흩날릴 위험이 있는 작업
④		물체의 낙하·충격, 물체에의 끼임, 감전 또는 정전기의 대전(帶電)에 의한 위험이 있는 작업
⑤		선창 등에서 분진(粉塵)이 심하게 발생하는 하역작업

2. 건축공사의 단열부위의 위치에 따른 벽단열공법의 종류를 3가지 쓰시오.

   ① _____ ② _____ ③ _____

3. 타일의 재질과 용도에 관한 내용이다. 보기에 있는 타일을 이용하여 다음에서 설명하는 내용 중 ( ) 안에 알맞은 타일의 번호를 적으시오. (단, 번호는 중복하여 기재 가능)

   보기

   ① 토기질   ② 도기질   ③ 석기질   ④ 자기질 타일

   (1) 외장용 타일은 ( ) 또는 ( )로 하고, 내동해성이 우수한 것으로 한다.
   (2) 내장용 타일은 ( ) 또는 ( ) 또는 ( )로 하고, 한랭지 및 이와 준하는 장소의 노출된 부위에는 ( ), ( )로 한다.
   (3) 바닥용 타일은 유약을 바르지 않고, 재질은 ( ) 또는 ( )로 한다.

4. 강구조공사 습식 내화피복 공법의 종류를 4가지 쓰시오.

득점	배점
	4

① ______________________ ② ______________________

③ ______________________ ④ ______________________

5. 철근공사에서 철근의 이음위치 선정 시 주의사항을 2가지 쓰시오.

득점	배점
	4

① ____

② ____

6. 다음이 설명하는 비계의 명칭을 쓰시오.

득점	배점
	4

①		강관 등으로 미리 제작한 틀을 현장에서 조립하여 세우는 형태의 비계
②		천장과 벽면의 실내 내장 마무리 등을 위해 바닥에서 일정높이의 발판을 설치하여 이용한다.
③		건물에 고정된 보나 지지대에 와이어로프로 달아맨 비계로 외부수리, 마감, 청소 등에 사용된다.
④		수직재, 수평재, 가새재 등 각각의 부재를 공장에서 제작하고 현장에서 조립하여 사용하는 조립형 비계로 고소 작업에서 작업자가 작업장소에 접근하여 작업할 수 있도록 작업대를 지지하는 가설 구조물

7. 목공사에서 다음의 그림이 나타내는 쪽매의 명칭을 쓰시오.

득점	배점
	5

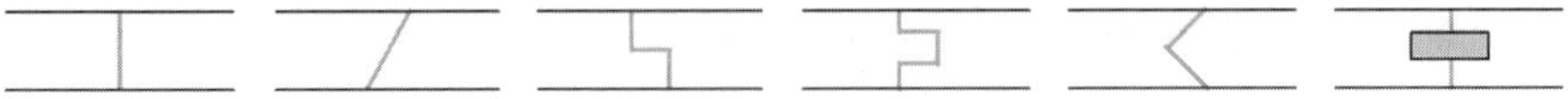

맞댄쪽매 ① ② ③ ④ ⑤

①	②	③	④	⑤
(　　)쪽매	(　　)쪽매	(　　)쪽매	(　　)쪽매	(　　)쪽매

8. 바닥용 시멘트방수공사 시공순서를 보기의 내용을 이용하여 번호로 나열하시오.
   (단, 보기의 내용은 중복하여 사용가능함)

   보기

   ① 방수모르타르   ② 방수시멘트페이스트 1차
   ③ 방수시멘트페이스트 2차   ④ 방수액 침투
   ⑤ 바탕면 정리 및 물청소

   1층: _____ 2층: _____ 3층: _____ 4층: _____ 5층: _____

9. 다음에서 설명하는 품질관리(QC) 도구의 명칭을 쓰시오.

①		치수, 무게, 강도 등 계량치의 Data가 어떤 분포를 하고 있는지 알기 위해 기둥 그래프와 같은 형태로 만든 것
②		결과에 대해 원인이 어떻게 관계하는지를 알기 쉽게 작성한 그림이다.
③		결함부나 기타 시공불량 등 항목을 구분하여 크기순으로 나열하여 결함항목을 집중적으로 감소시키는데 효과적으로 사용된다.
④		서로 대응하는 두 변수간의 상관관계를 그래프 용지 위에 점으로 나타낸 그림

10. 도배공사에서 도배지에 풀칠하는 방법인 다음 3가지를 설명하시오.
(1) 온통바름:

(2) 봉투바름:

(3) 비늘바름:

11. 알루미늄 창호의 장점을 4가지 쓰시오.

① _____ ② _____

③ _____ ④ _____

12. 다음이 설명하는 방수재료를 보기에서 골라 기호로 쓰시오.

보기
① 방수모르타르   ② 발수제   ③ 방수시멘트페이스트
④ 프라이머(Primer)   ⑤ 백업(Back-Up)재   ⑥ 방수용액
⑦ 실링(Sealing)재   ⑧ 벤토나이트(Bentonite)
⑨ 시멘트 혼입 폴리머계 방수재   ⑩ 경화제

(1)		시멘트, 모래와 방수제 및 물을 혼합하여 반죽한 것
(2)		물에 방수제를 넣어 희석 또는 용해한 것
(3)		시멘트와 방수제 및 물을 혼합하여 반죽한 것
(4)		분산제와 수경성 무기분체(시멘트와 규사 및 기타 첨가물)를 혼합하여 분산제에 함유된 수분을 시멘트 경화반응에 공급하고 급속히 응집, 고화시켜 피막을 형성하는 방수재

13. 공사비 지불방식에 따른 계약방식인 단가도급 방식의 장단점을 각각 2가지씩 쓰시오.
(1) 장점

① _____

② _____

(2) 단점

① _____

② _____

14. 【보기】의 내용을 이용하여 벽체에 시멘트모르타르 바름하는 일반적인 미장공사의 시공순서를 기호로 쓰시오.

    보기
    ① 초벌바름 및 라스먹임   ② 바탕처림 및 청소
    ③ 재벌바름   ④ 고름질
    ⑤ 마무리 및 보양   ⑥ 정벌바름

15. 【보기】의 항목 중에서 방청도료로 사용되는 재료를 모두 골라서 번호를 쓰시오.

    보기
    ① 합성수지 에멀젼 도료   ② 광명단 조합페인트
    ③ 아연분말 프라이머   ④ 아크릴 도료
    ⑤ 알루미늄 도료   ⑥ 래커 프라이머

16. 【보기】의 재료를 이용하여 그림에서 표시한 (   ) 안에 들어갈 적당한 항목을 번호로 쓰시오. (단, 중복 기재도 가능함)

    보기
    ① 철근콘크리트   ② 벽돌   ③ 단열재   ④ 석고 보드 위 벽지 마감

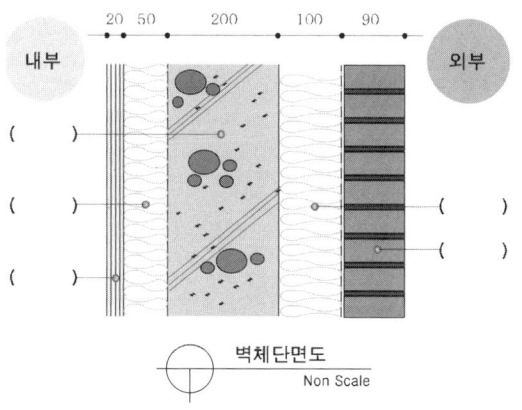

17. 기본형벽돌(190×90×57)을 이용하여 10㎡의 벽체에 1.0B 쌓기로 시공하는 경우 벽돌수량을 구하시오. (단, 붉은벽돌, 줄눈나비는 10mm이며 할증을 고려하고 수량은 정수로 표시하시오.)

(1) 산출근거:

(2) 정답:

18. 다음 데이터를 네트워크공정표로 작성하시오.

작업명	작업일수	선행작업	비고
A	5	없음	(1) 결합점에서는 다음과 같이 표시한다.
B	3	없음	
C	2	없음	
D	2	A, B	
E	5	A, B, C	(2) 주공정선은 굵은선으로 표시한다.
F	4	A, C	

19. 공개경쟁입찰의 순서를 【보기】의 내용을 이용하여 번호로 쓰시오.

> **보기**
> ① 참가등록 ② 입찰 ③ 입찰등록
> ④ 낙찰 ⑤ 개찰 ⑥ 현장설명

20. 콘크리트를 타설할 때 거푸집 측압에 영향을 주는 요소와 이를 설명한 우측의 내용 중 올바로 설명한 내용을 번호로 쓰시오.

(1)	Concrete 타설속도	① 타설속도가 빠를수록 측압이 작다. ② 타설속도가 빠를수록 측압이 크다.
(2)	컨시스턴시	① 슬럼프가 클수록 측압이 크다. ② 슬럼프가 클수록 측압이 작다.
(3)	시멘트량	① 시멘트량이 많을수록 측압이 작다. ② 시멘트량이 많을수록 측압이 크다.
(4)	거푸집 투수성	① 투수성이 클수록 측압이 작다. ② 투수성이 클수록 측압이 크다.
(5)	거푸집 수평단면	① 수평단면이 클수록 측압이 작다. ② 수평단면이 클수록 측압이 크다.
(6)	거푸집 강성	① 강성이 클수록 측압이 작다. ② 강성이 클수록 측압이 크다.

21. 다음의 우측 항목에서 설명하고 있는 굳지않은 콘크리트와 관련된 적절한 용어를 좌측 항목에 기재하시오.

(1)		단위수량에 의해 변화하는 콘크리트 유동성의 정도, 혼합물의 묽기 정도
(2)		작업의 난이도를 의미함, 정량적으로 표시할 수 없음
(3)		거푸집 등의 형상에 순응하여 채우기 쉽고, 재료분리가 일어나지 않는 성질로서 거푸집에 잘 채워질 수 있는 지의 난이정도
(4)		골재의 최대치수에 따르는 표면정리의 난이정도, 마감작업의 용이성을 나타내는 성질

22. 다음 그림이 의미하는 용접결함의 용어를 쓰시오.

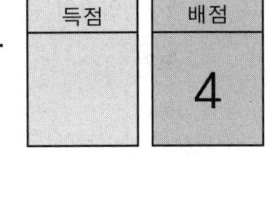

─빈틈	─슬래그	─기포	─겹침
①	②	③	④

23. 강구조 용접부의 비파괴 시험방법을 3가지 쓰시오.

①　　　　　　　②　　　　　　　③

2021. 1회 기출문제 해답

1.
① 안전모   ② 안전대   ③ 보안면   ④ 안전화   ⑤ 방진마스크

2.
① 내단열   ② 중단열   ③ 외단열

3.
(1) ④, ③
(2) ④, ③, ②
(3) ④, ③

4.
① 타설 공법   ② 뿜칠 공법   ③ 미장 공법   ④ 조적 공법

5.
① 큰 응력을 받는 곳을 피한다.
② 한 곳에서 철근 수의 1/2 이상을 집중시키지 않고 엇갈려 잇는다.

6.
① 강관틀비계   ② 말비계   ③ 달비계   ④ 시스템비계

7.
① 빗   ② 반턱   ③ 제혀   ④ 오니   ⑤ 딴혀

8.
1층: ⑤   2층: ②   3층: ④   4층: ③   5층: ①

9.
① 히스토그램   ② 특성요인도   ③ 파레토도   ④ 산점도

10.
(1) 도배지 전체에 풀칠하여 바르는 방법
(2) 도배지 주변(둘레)에만 풀칠하여 바르는 방법
(3) 도배지 한쪽 면에만 풀칠하여 비늘처럼 붙여나가는 방법

11.
① 비중이 철의 1/3 정도로 가볍다.
② 녹슬지 않고 내구연한이 길다.
③ 공작이 자유롭고 착색이 가능하다.
④ 기밀성 및 수밀성이 우수하다.

12.
(1) ①   (2) ⑥   (3) ③   (4) ⑨

13.
(1) ① 공사를 신속히 착공할 수 있다.
    ② 긴급공사 및 설계변경으로 인한 공사비 계산이 용이해진다.
(2) ① 총공사비 예측이 어렵다.
    ② 공사비 절감노력이 낮아질 우려가 있다.

14.
② → ① → ④ → ③ → ⑥ → ⑤

15.
②, ③, ⑤

16.
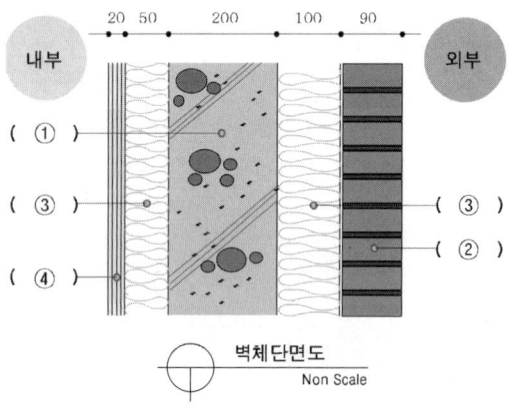

17.
(1) 산출근거: $10 \times 149 \times 1.03 = 1,534.7$
(2) 정답: 1,535매

18.

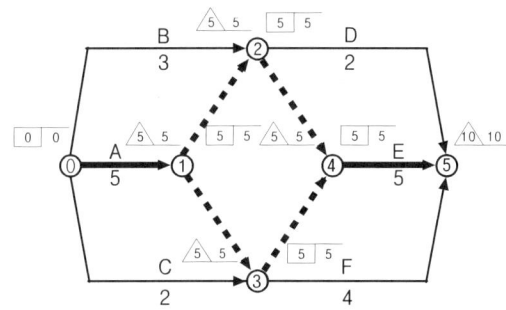

19.
① → ⑥ → ③ → ② → ⑤ → ④

20.
(1) ②　(2) ①　(3) ②　(4) ①　(5) ②　(6) ②

21.
(1) 반죽질기(Consistency, 컨시스턴시)　　(2) 시공연도(Workability, 워커빌리티)
(3) 성형성(Plasticity, 플라스티시티)　　(4) 마감성(Finishability, 피니셔빌리티)

22.
① 언더컷　　② 슬래그감싸들기　　③ 블로홀　　④ 오버랩

23.
① 방사선 투과시험　　② 초음파 탐상법　　③ 자기분말 탐상법

2021. 2회 건축산업기사

1. 강구조 내화피복 공법 중 건식공법을 보기에서 골라 번호로 쓰시오.

보기
① 내화도료 공법　② 타설 공법　③ 조적 공법　④ 성형판 붙임 공법 ⑤ 합성 공법　⑥ 세라믹울 공법　⑦ 뿜칠공법

2. 다음 데이터를 이용하여 A작업과 B작업의 비용경사를 구하시오.

작업명	표준(Normal)		특급(Crash)	
	공기(Time)	공비(Cost)	공기(Time)	공비(Cost)
A	8일	10,000원	6일	12,000원
B	6일	60,000원	4일	90,000원

    (1) A작업:

    (2) B작업:

3. 다음은 수밀콘크리트에 관한 설명이다. ( )안을 채우시오.
    (단, (1)항은 크게 또는 작게로 표현할 것)

    (1) 배합은 콘크리트의 소요품질이 얻어지는 범위 내에서 단위수량 및 물결합재비를 가급적
    　　(　　)하고, 단위굵은골재량은 가급적 (　　) 한다.
    (2) 콘크리트의 소요 슬럼프는 가급적 적게 하고 (　　)를 넘지 않도록 하며, 타설이 용이
    　　할 때에는 120mm 이하로 한다.
    (3) 물결합재비는 (　　) 이하를 표준으로 한다.

4. 50cm×50cm의 단면을 갖는 3m 높이의 기둥 10개에 소요되는 거푸집량과 콘크리트량을 구하시오.

(1) 거푸집량:

   $(0.5+0.5) \times 2 \times 3 \times 10 = 60 \, m^2$

(2) 콘크리트량:

   $0.5 \times 0.5 \times 3 \times 10 = 7.5 \, m^3$

5. 다음이 설명하는 계약방식을 보기에서 골라 번호로 쓰시오.

   보기

   성능발주방식, BOT, BTO, BOO, 턴키(Turn Key),
   CM(Construction Management), 파트너링(Partnering), 공동도급

①	발주자는 설계에서 시공까지 건물의 요구성능만을 제시하고 시공자가 재료나 시공방법을 선택하여 요구성능을 실현하는 방식
②	발주자가 직접 설계 및 시공에 참여하고 사업관련자들이 상호신뢰를 바탕으로 Team을 구성하여 사업성공과 상호 이익확보를 목표로 사업을 집행관리하는 방식
③	사회간접시설을 민간부분이 주도하여 설계 및 시공한 후 시설의 운영권과 함께 소유권도 민간에 이전하는 방식
④	기획, 설계, 시공 등의 주문자가 필요로 하는 모든 것을 조달하여 주문자에게 인도하는 모든 요소를 포괄한 도급계약 방식

6. 거푸집 존치기간에 관한 사항이다. 빈칸에 알맞은 일수를 기입하시오.
   (단, 콘크리트의 압축강도를 시험하지 않을 경우 거푸집널의 해체 시기이며 기초, 보, 기둥 및 벽의 측면의 경우)

	조강포틀랜드시멘트	보통포틀랜드시멘트
20℃ 이상		
20℃ 미만 10℃ 이상		

7. 품질관리 PDCA 싸이클(Cycle) 4단계 순서를 한글로 쓰시오.

( ) - ( ) - ( ) - ( )

8. 외단열공법의 순서를 보기에서 골라 기호로 쓰시오.

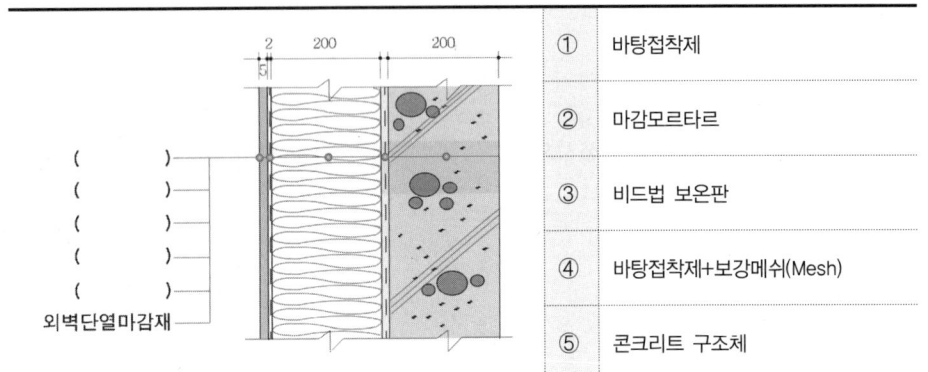

① 바탕접착제
② 마감모르타르
③ 비드법 보온판
④ 바탕접착제+보강메쉬(Mesh)
⑤ 콘크리트 구조체

9. 벽타일 붙이기 공법의 종류를 4가지 쓰시오.

①   ②

③   ④

10. 다음이 설명하는 콘크리트의 명칭을 쓰시오.

①	보통 부재단면 최소치수가 80cm 이상(하단이 구속된 경우에는 50cm 이상), 콘크리트 내외부 온도차가 25℃ 이상으로 예상되는 콘크리트
②	거푸집 안에 미리 굵은 골재를 채워 넣은 후 그 공극 속으로 특수한 모르타르를 주입하여 만든 콘크리트
③	콘크리트의 인장응력이 생기는 부분에 미리 압축력을 주어 콘크리트의 인장강도를 증가시켜 휨저항을 크게 한 콘크리트
④	일평균 기온이 25℃를 초과하는 경우에 적용하는 콘크리트

11. 건설현장에서 사용되는 추락 재해 방지시설의 종류를 3가지 쓰시오.

① _____ ② _____ ③ _____

12. 통나무비계와 비교한 강관파이프비계의 장점을 4가지 쓰시오.

① _____ ② _____

③ _____ ④ _____

13. 공개경쟁입찰을 지명경쟁입찰과 비교하여 설명하고, 공개경쟁입찰의 장점을 2가지 쓰시오.

(1) 비교:

(2) 장점

① _____

② _____

14. 네트워크 공정관리에 관한 다음이 설명하는 용어를 보기에서 골라 번호로 쓰시오.

보기

① 더미(Dummy) ② 최장패스(Longest Path)
③ 크리티컬패스(Critical Path) ④ 슬랙(Slack)
⑤ TF(Total Float) ⑥ FF(Free Float) ⑦ DF(Dependant Float)

| 최초 개시일에 작업을 시작하고, 후속작업을 최초 개시일에서 시작하여도 생기는 여유 |
| 네트워크 상에서 최초 결합점에서 최종 결합점에 이르기까지 소요일수가 가장 긴 경로 |
| 결합점이 가지는 여유시간 |

15. 다음은 조적공사와 관련된 내용이다. 괄호 안을 채우시오.

(1) 가로 및 세로줄눈의 너비는 도면 또는 공사시방서에서 정한 바가 없을 때에는 (   )mm를 표준으로 한다.
(2) 벽돌쌓기는 도면 또는 공사시방서에서 정한 바가 없을 때에는 (   ) 또는 (   )로 한다.
(3) 하루의 쌓기높이는 (   )m를 표준으로 하고, 최대 1.5m 이하로 한다.

16. 단열재의 요구조건을 4가지 쓰시오.

① _____ ② _____

③ _____ ④ _____

17. 목재에 가능한 방부처리법을 3가지 쓰시오.

① _____ ② _____ ③ _____

18. 산업안전보건법에 의한 가설통로의 구조에 관한 기준이다. (   )안에 적당한 숫자를 기입하시오.

(1) 가설통로의 경사는 (   )도 이하로 하며, 경사가 (   )도를 초과하는 경우에는 미끄러지지 아니하는 구조로 할 것
(2) 수직갱에 가설된 통로의 길이가 15m 이상인 경우에는 (   )m 이내마다 계단참을 설치 할 것
(3) 건설공사에 사용하는 높이 8m 이상인 비계다리에는 (   )m 이내마다 계단참을 설치 할 것

19. 강구조 용접공사에서 발생할 수 있는 용접결함의 종류를 4가지 쓰시오.

① _____ ② _____

③ _____ ④ _____

20. 워커빌리티의 정의와 시험법 3가지를 쓰시오.
(1) 정의:

(2) 시험법:

① _____ ② _____ ③ _____

21. 도장공사에서 사용하는 용어의 정의를 보기에서 골라 쓰시오.

보기

도막, 연마, 눈먹임, 퍼티, 상도, 중도, 하도, 연마, 착색, 조색

①		몇 가지 색의 도료를 혼합해서 얻어지는 도막의 색이 희망하는 색이 되도록 하는 작업
②		바탕의 파임·균열·구멍 등의 결함을 메워 바탕의 평편함을 향상시키기 위해 사용하는 살붙임상의 도료. 안료분을 많이 함유하고 대부분은 페이스트상이다.
③		목부 바탕재의 도관 등을 메우는 작업

22. 단가도급의 공사비 지불방식과 장점 2가지를 쓰시오.
(1) 공사비 지불방식:

(2) 장점

① _____

② _____

23. AE제 사용 시 장점 4가지를 쓰시오.

① _____

② _____

③ _____

④ _____

24. 강구조 공사에서 용접접합의 장점을 4가지 쓰시오.

① _____

② _____

③ _____

④ _____

2021. 2회 기출문제 해답

1.
④, ⑥

2.
(1) A작업: $\dfrac{12,000-10,000}{8-6} = 1,000$원/일 (2) B작업: $\dfrac{90,000-60,000}{6-4} = 15,000$원/일

3.
(1) 작게, 크게
(2) 180mm
(3) 50%

4.
(1) 거푸집량: $(0.5+0.5) \times 2 \times 3 \times 10$개 $= 60\text{m}^2$
(2) 콘크리트량: $0.5 \times 0.5 \times 3 \times 10$개 $= 7.5\text{m}^3$

5.
① 성능발주방식
② 파트너링(Partnering)
③ BOO
④ 턴키(Turn Key)

6.

	조강포틀랜드시멘트	보통포틀랜드시멘트
20℃ 이상	2일	4일
20℃ 미만 10℃ 이상	3일	6일

7.
(계획) - (실시) - (검토) - (조치)

8.
⑤, ①, ③, ④, ②

9.
① 떠붙임 공법 ② 개량떠붙임 공법 ③ 압착붙임 공법 ④ 개량압착붙임 공법

10.
① 매스 콘크리트
② 프리팩트 콘크리트
③ 프리스트레스트 콘크리트
④ 서중 콘크리트

11.
① 낙하물방지망
② 방호선반
③ 추락방호망

12.
① 조립 및 해체가 용이하다.
② 전용회수가 많아 경제적이다.
③ 재료가 고강도이므로 고층건축에 유리하다.
④ 공사환경이 청결하고 미관상 유리하다.

13.
(1) 해당 공사에 가장 적격하다고 인정되는 3~7개 정도의 시공회사를 선정하여 입찰시키는 방식이 지명경쟁입찰이라면, 입찰참가자를 공모하여 유자격자에게 모두 참가기회를 주는 방식이 공개경쟁입찰이다.
(2) ① 민주주의 원리에 입각한 기회균등의 입찰방식이다.
② 경쟁으로 인한 공사비 절감이 가능하고 업체간 담합의 우려가 적다.

14.
①, ③, ④

15.
(1) 10
(2) 영식쌓기, 화란식쌓기
(3) 1.2

16.
① 가벼운 중량
② 낮은 열전도율
③ 낮은 흡수성 및 투수성
④ 높은 내후성 및 내구성

17.
① 도포법
② 주입법
③ 침지법

18.
30, 15, 10, 7

19.
① 슬래그 감싸들기
② 오버랩
③ 언더컷
④ 블로홀

20.
(1) 반죽질기에 의한 치어붓기 난이도 정도 및 재료분리에 저항하는 정도
(2) 슬럼프(Slump)시험, 흐름(Flow)시험, 비비(Vee Bee)시험

21.
① 조색
② 퍼티
③ 눈먹임

22.
(1) 단위공사의 단가만을 계약하고 실시수량 확정에 따라 차후 정산하는 방식
(2) ① 공사를 신속히 착공할 수 있다.
　　② 긴급공사 및 설계변경으로 인한 공사비 계산이 용이해진다.

23.
① 시공연도 개선　　　　　　　② 수밀성 향상
③ 재료분리 감소　　　　　　　④ 초기강도 감소 및 장기강도 증진

24.
① 응력전달이 확실하다.　　　　② 접합속도가 빠르다.
③ 이음처리와 작업성이 용이하다.　　④ 수밀성 및 기밀성이 유리하다.

2021. 3회 건축산업기사

1. 시공이 빠르고 이음이 없는 수밀한 콘크리트 구조물을 완성할 수 있는 벽체전용 System 거푸집의 종류를 4가지 쓰시오.

① _____ ② _____

③ _____ ④ _____

2. 다음의 도면과 조건을 참조하여 문제에서 요구하는 수량을 산출하시오.

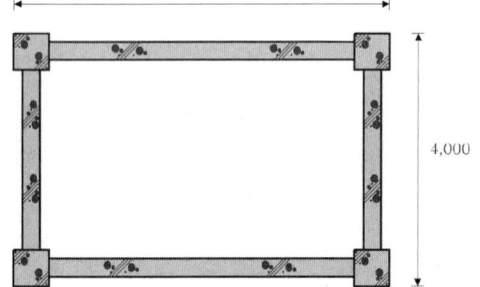

【조건】
- 기둥 크기: 500×500
- 높이: 4m
- 벽두께: 1.5B
- 벽돌크기: 190×90×57
※ 정미량으로 산정할 것

(1) 기둥 콘크리트량
● 산정식:

● 답:

(2) 기둥 거푸집량:
● 산정식:

● 답:

(3) 벽돌수량
● 산정식:

● 답:

3. 피복두께의 정의와 유지목적을 3가지 쓰시오.
(1) 정의:

(2) 유지목적

① _____

② _____

③ _____

4. 다음 설명에 해당하는 줄눈(Joint)을 쓰시오.

①		콘크리트 시공과정 중 휴식시간 등으로 응결하기 시작한 콘크리트에 새로운 콘크리트를 이어칠 때 일체화가 저해되어 생기게 되는 줄눈
②		콘크리트를 한번에 계속하여 부어 나가지 못하는 곳에 발생하는 줄눈(콘크리트 타설물량을 고려하여 미리 계획적으로 고려한 줄눈)
③		건축물의 온도변화에 의한 신축팽창, 부동침하 등에 의하여 발생하는 건축물의 불규칙 균열을 한 곳에 집중시키도록 설계 및 시공시 고려되는 줄눈
④		지반 등 안정된 위치에 있는 바닥판이 수축에 의하여 표면에 균열이 생길 수 있는데 이것을 막기 위하여 설치하는 줄눈

5. 건설현장에서 사용되는 낙하물에 대한 위험방지물이나 방지시설을 3가지 쓰시오.

① _____ ② _____ ③ _____

6. 공동도급(Joint Venture) 방식을 설명하고 장점을 3가지 쓰시오.
(1) 정의:

(2) 장점

① _____

② _____

③ _____

7. 다음 공정표를 보고 일정계산을 하시오. (단, 각 작업의 일정계산 방법으로 다음과 같이 한다.)

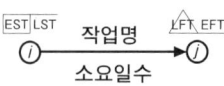

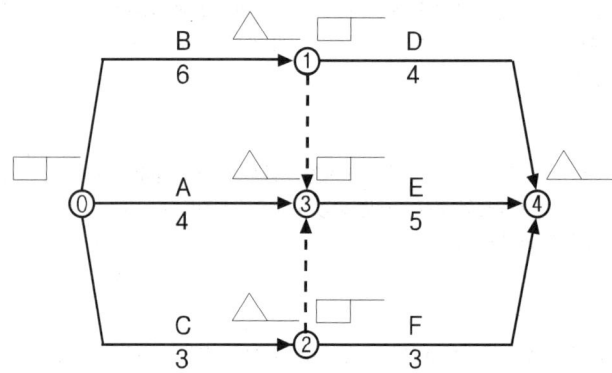

8. 품질관리(QC)에서 관리대상 6M 중 4M을 쓰시오.

①　　　　　　　　　　　②

③　　　　　　　　　　　④

9. 강구조공사에 사용되는 고장력볼트조임의 장점을 4가지 쓰시오.

① _____ ② _____

③ _____ ④ _____

10. 기준점(Bench Mark)의 설치목적과 주의사항을 3가지 쓰시오.
(1) 설치목적:

(2) 주의사항:

① _____

② _____

③ _____

11. 목공사에 활용되는 쪽매(Joint)의 종류를 4가지 쓰시오.

① _____ ② _____

③ _____ ④ _____

12. 관련법규에서 규정하고 있는 작업자의 가설통로와 관련된 규정 중 (   )안에 적당한 수치를 쓰시오.

①	가설통로의 경사는 ( )도 이하로 설치하여야 한다.	
②	가설통로의 경사가 ( )도를 초과하는 경우에는 미끄러지지 않는 구조로 설치하여야 한다.	
③	수직갱에 가설된 통로의 길이가 ( )m 이상인 경우에는 10m 이내마다 계단참을 설치하여야 한다.	
④	건설공사에 사용하는 높이 ( )m 이상인 비계다리에는 7m 이내마다 계단참을 설치하여야 한다.	

13. 다음 설명에 해당되는 용접결함의 용어를 쓰시오.

①	용접봉의 피복재 용해물인 회분이 용착금속 내에 혼입된 것
②	용융금속이 응고할 때 방출되었어야 할 가스가 남아서 생기는 용접부의 빈자리
③	용접금속과 모재가 융합되지 않고 단순히 겹쳐지는 것
④	용접상부에 모재가 녹아 용착금속이 채워지지 않고 흠으로 남게 된 부분

14. 거푸집널 존치기간 중의 평균기온이 10℃ 이상인 경우에 콘크리트의 압축강도 시험을 하지 않고 거푸집을 떼어 낼 수 있는 콘크리트의 재령(일)을 나타낸 표이다. 빈 칸에 알맞은 숫자를 표기하시오.

〈기초, 보옆, 기둥 및 벽의 거푸집널 존치기간을 정하기 위한 콘크리트의 재령(일)〉

평균 기온 \ 시멘트 종류	조강포틀랜드시멘트	보통포틀랜드시멘트
20℃ 이상	(①)일	(②)일
20℃ 미만 10℃ 이상	(③)일	(④)일

①   ②   ③   ④

15. 멤브레인(Membrane) 방수공법의 정의와 종류를 3가지 쓰시오.
(1) 정의:

(2) 종류:

①   ②   ③

16. 다음 보기 중 기경성 미장재료를 골라 번호로 쓰시오.

   보기
   ① 진흙   ② 돌로마이트 플라스터   ③ 시멘트 모르타르
   ④ 킨즈시멘트   ⑤ 회반죽   ⑥ 순석고 플라스터

17. 그림을 보고 보기에 주어진 재료들이 사용되는 순서를 번호로 써 넣으시오.

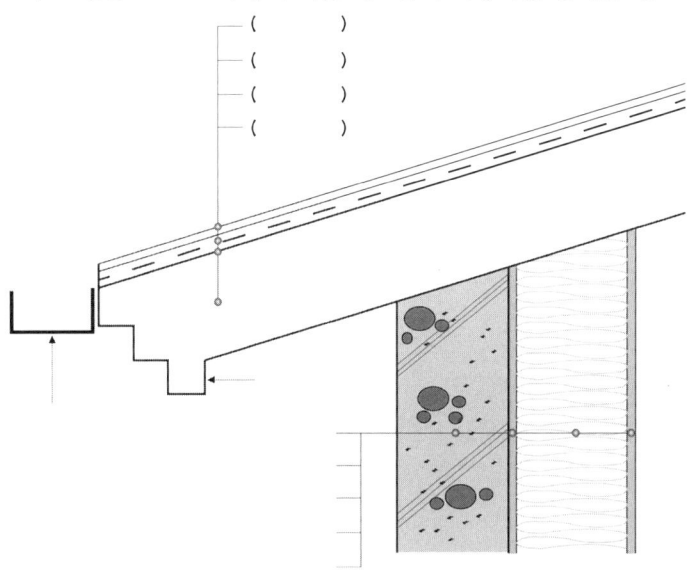

   보기
   ① 구체콘크리트   ② 피막방수재료
   ③ 보호몰탈   ④ 칼라아스팔트싱글

18. BOT(Build-Operate-Transfer)와 BTO(Build-Transfer-Operate)의 차이점을 비교하여 설명하시오.

19. 거푸집 측압에 영향을 주는 요소와 콘크리트 측압에 미치는 영향을 (예시)와 같이 작성하시오.

	요소별 항목	콘크리트 측압에 미치는 영향
(예시)	콘크리트 타설속도	콘크리트 타설속도가 빠를수록 측압이 크다.
①	거푸집의 강성	
②	거푸집의 투수성	
③	거푸집의 수평단면	

20. 강구조 용접부의 비파괴 시험방법의 종류를 4가지 쓰시오.

① ②

③ ④

21. 플라이애시 시멘트의 특징을 4가지 쓰시오.

① ②

③ ④

22. 벽타일 붙이기 공법 중 떠붙이기 공법과 압착붙이기 공법의 시공상 차이점을 설명하시오.

23. 커튼월공사의 필수적인 성능시험 항목을 3가지 쓰시오.

① ② ③

24. 사업(Project)의 집행절차 중 중간에 들어갈 적절한 순서를 보기에서 골라 번호로 쓰시오.

보기

① 시운전 및 완공   ② 시공   ③ 설계(Design)   ④ 구매 및 조달

Project의 기획 및 타당성 조사
    − ( ) − ( ) − ( ) − ( ) − 건물인도(Turn Over)

1.
① 갱 폼
② 클라이밍 폼
③ 슬라이딩 폼
④ 슬립 폼

2.
(1) 기둥 콘크리트량
- 산정식: $0.5 \times 0.5 \times 4 \times 4$개
- 답: $4m^3$

(2) 기둥 거푸집량:
- 산정식: $(0.5+0.5) \times 2 \times 4 \times 4$개
- 답: $32m^2$

(3) 벽돌수량
- 산정식: $(6+3) \times 2 \times 4 \times 224$장
- 답: 16,128장

3.
(1) 콘크리트 표면에서 가장 근접한 철근 표면까지의 거리
(2) ① 소요강도 확보   ② 콘크리트 유동성 확보   ③ 내구성(철근의 방청) 확보

4.
① 콜드 죠인트(Cold Joint)
② 시공줄눈(Construction Joint)
③ 신축줄눈(Expansion Joint)
④ 조절줄눈(Control Joint, 수축줄눈, Contraction Joint)

5.
① 낙하물방지망   ② 방호선반   ③ 추락방호망

6.
(1) 하나의 공사를 2개 이상의 사업자가 공동으로 도급을 받아 계약을 이행하는 방
(2) ① 여러 회사 참여로 위험이 분산된다.
   ② 자본력과 신용도가 증대된다.
   ③ 공사이행의 확실성이 보장된다.

2021. 3회 기출문제 해답

7.
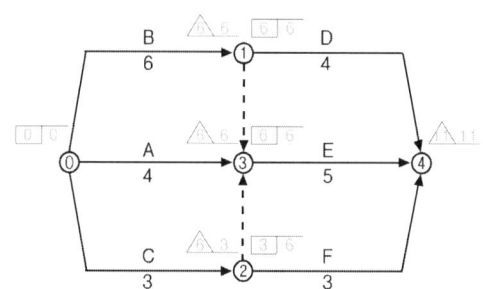

8.
① 사람(Man)   ② 재료(Material)   ③ 기계(Machine)   ④ 자금(Money)

9.
① 마찰접합이므로 소음이 거의 없다.
② 접합부 강도가 크며, 너트가 풀리지 않는다.
③ 응력집중이 적고, 반복응력에 강하다.
④ 현장시공 설비가 간단한다.

10.
(1) 건축물 높낮이 기준이 되며, 기존 공작물이나 신설한 말뚝 등의 높이 기준을 표시하는 것
(2) ① 지면에서 0.5~1.0m에 공사에 지장이 없는 곳에 설치
    ② 이동의 염려가 없는 곳에 설치
    ③ 필요에 따라 보조기준점을 1~2개소 설치

11.
① 맞댄쪽매   ② 반턱쪽매   ③ 오늬쪽매   ④ 빗쪽매

12.
① 30   ② 15   ③ 15   ④ 8

13.
① 슬래그(Slag) 감싸들기   ② 블로홀(Blow Hole)   ③ 오버랩(Over Lap)   ④ 언더컷(Under Cut)

14.
① 2   ② 4   ③ 3

15.
(1) 얇은 피막상의 방수층으로 전면을 덮는 방수공법
(2) 아스팔트(Asphalt) 방수, 시트(Sheet) 방수, 도막방수

16.
①, ②, ⑤

17.
④, ③, ②, ①

18.
사회간접시설을 민간부분이 주도하여 설계·시공한 후 일정기간 시설물을 운영하여 투자금액을 회수한 후 시설물과 운영권을 무상으로 공공부분에 이전하는 방식이 BOT라면, BTO방식은 소유권을 공공부분에 먼저 이전하고 약정기간 동안 시설물을 운영하여 투자금액을 회수해가는 방식이다.

19.
① 거푸집의 강성이 클수록 측압이 크다.
② 거푸집의 투수성이 클수록 측압이 작다.
③ 거푸집의 수평단면이 클수록 측압이 크다.

20.
① 방사선 투과법   ② 초음파 탐상법   ③ 자기분말 탐상법   ④ 침투 탐상법

21.
① 시공연도 개선   ② 수밀성 향상
③ 재료분리 감소   ④ 초기강도 감소 및 장기강도 증진

22.
떠붙임 공법은 타일 뒷면에 붙임모르타르를 얹어 바탕면에 누르듯이 하여 1매씩 붙이는 방법이고, 압착붙임공법은 평평하게 만든 바탕모르타르 위에 붙임모르타르를 바르고 그 위에 타일을 두드려 누르거나 비벼 넣으면서 붙이는 방법이다.

23.
① 기밀성능 시험   ② 수밀성능 시험   ③ 구조성능 시험

24.
③, ④, ②, ①

2022. 1회 건축산업기사

1. 다음 데이터를 네트워크 공정표로 작성하시오.

작업명	작업일수	선행작업	비고
A	3	없음	
B	2	없음	
C	4	없음	(1) 결합점에서는 다음과 같이 표시한다.
D	5	C	EST LST → 작업명 → LFT EFT
E	2	B	소요일수
F	3	A	(2) 주공정선은 굵은선으로 표시한다.
G	3	A, C, E	
H	4	D, F, G	

2. 다음 재료의 할증률을 기입하시오.

① 유리 ─────── (　　　)　② 기와 ─────── (　　　)
③ 붉은 벽돌 ─── (　　　)　④ 단열재 ─────── (　　　)

3. 공동도급(Joint Venture Contract)의 장점을 2가지 적고, 공동도급의 운영방식을 3가지 적으시오.

(1) 장점 :

① _____

② _____

(2) 운영방식 :

① _____ ② _____ ③ _____

4. 보기의 내용을 이용하여 벽체에 시멘트 모르타르 바름하는 일반적인 미장공사의 시공순서를 기호로 쓰시오.

보기
① 초벌바름 및 라스먹임 ② 바탕처리 및 청소 ③ 재벌바름
④ 고름질 ⑤ 보양 ⑥ 정벌바름

5. 건설공사의 입찰방법 중 일반 공개입찰의 장점 2가지와 단점 2가지를 쓰시오.

(1) 장점 :

① _____

② _____

(2) 단점 :

① _____

② _____

6. 강구조 공사에서 용접접합의 장점을 4가지 쓰시오.

① _____
② _____
③ _____
④ _____

7. 건설사업 집행 시 위험도(Risk) 대응방안을 4가지 쓰시오.

① _____ ② _____
③ _____ ④ _____

8. 쉬어 커넥터의 정의와 종류를 3가지 쓰시오.
(1) 정의 :

(2) 종류 :

①_____ ②_____ ③_____

9. 거푸집의 존치기간을 결정하기 위하여 콘크리트의 압축강도 시험을 하는 경우 다음 ( ) 안에 알맞은 수치를 적으시오.

부재		콘크리트의 압축강도
확대기초, 보, 기둥, 벽 등의 측면		(①)MPa 이상
슬래브 및 보의 밑면, 아치 내면	단층구조의 경우	설계기준 압축강도의 (②)배 이상 또한, (③)MPa 이상
	다층구조인 경우	설계기준 압축강도 이상

① _____ ② _____ ③ _____

10. LCC(Life Cycle Cost)에 대하여 간단히 설명하시오.

배점 2

11. 다음 설명에 해당되는 골재를 보기에서 골라 쓰시오.

보기

경량골재, 부순골재, 혼합골재, 순환골재, 동슬래그골재,
천연골재(자연골재), 재생골재, 고로슬래그골재

①	하천, 바다, 산림, 육상 등지에서 채취하며 자연작용에 의하여 만들어진 골재로서 화산분출에서 생성된 경석을 포함한다.
②	천연암석과 공사장에서 나온 자갈 등을 파쇄기를 이용하여 파쇄한 골재를 말한다.
③	제철소에서 선철을 제조하는 과정에서 발생되는 용융상태의 고온 슬래그를 물, 공기 등으로 급랭하여 입상화한 것이다.
④	폐콘크리트로부터 재활용처리를 거쳐 생산된 골재로서 국가에서 제시한 품질기준을 만족시키는 골재

① ② ③ ④

배점 4

12. 다음은 낙하물 방지망에 관한 내용이다. ( )안에 적당한 내용을 쓰시오.

보기

낙하물 방지망의 설치높이는 (①)m 마다 설치하며, 비계 또는 구조체의 외측에서 내민길이는 (②)m 이상 설치하며, 경사는 (③) 이상 (④)를 초과할 수 없다.

① ② ③ ④

배점 4

13. 강구조 공사에서 녹막이칠을 하지 않는 부분을 4가지만 쓰시오.

① ②

③ ④

배점 4

14. 안방수공법과 바깥방수 공법의 특징을 우측보기에서 골라 번호로 표시하시오.

비교항목	안방수	바깥방수	보 기
(1) 사용환경			① 수압이 적은 얕은 지하 ② 수압이 큰 깊은 지하
(2) 공사용이성			① 간단하다. ② 상당한 난점이 있다.
(3) 경제성			① 비교적 싸다. ② 비교적 고가이다.
(4) 보호누름			① 필요하다. ② 없어도 무방하다.

15. 품질관리(QC)에서 관리대상인 6M 중 4M을 쓰시오.

①   ②

③   ④

16. 기준점(Bench Mark)의 정의 및 설치 시 주의사항을 3가지 쓰시오.
(1) 정의 :

(2) 설치 시 주의사항 :

①

②

③

17. 석재의 인력 가공순서를 보기에서 골라 순서대로 기호로 쓰시오.

보기

① 도드락다듬   ② 혹두기   ③ 잔다듬   ④ 정다듬

18. 다음은 고강도 콘크리트에 관한 사항이다. 알맞은 기호를 고르시오.

재료 및 배합		보기	
(1) 단위 수량		① 크게	② 작게
(2) 단위 시멘트량		① 크게	② 작게
(3) 잔골재량		① 크게	② 작게
(4) 슬럼프치		① 크게	② 작게

19. 다음은 산업안전보건기준에 의한 악천후에 따른 철골공사 중지 기준이다. ( ) 안에 적당한 수치를 기재하시오.

(1) 풍속	(2) 강수량	(3) 강설량
( )m/s	( )mm/h	( )cm/h

20. 다음 보기의 설명이 뜻하는 콘크리트의 명칭을 쓰시오.

보기

시멘트 대체 혼화재로서 플라이 애시 및 콘크리트용 고로슬래그 미분말을 결합재로 대량 치환하여 제조된 콘크리트 중 치환율이 50% 이상, 70% 이하인 콘크리트

21. 다음은 목재의 접합에 관한 내용이다. 보기에서 골라 적당한 단어를 쓰시오.

보기

이음, 맞춤, 쪽매, 가새

(1)	2개 이상의 목재를 길이 방향으로 잇는 것	
(2)	사용 널재를 옆으로 이어 대는 것	
(3)	수직재와 수평재 등 각도를 갖고 맞추는 것	

22. 공동도급의 정의와 장점 2가지를 쓰시오.
(1) 정의 :

(2) 장점 :
① _____

② _____

23. 혼화제와 혼화재의 차이점을 설명하고 혼화제의 종류를 3가지 쓰시오.
(1) 차이점 :

(2) 종류 :
①   ②   ③

24. 콘크리트 균열의 원인을 재료상의 원인과 시공상의 원인으로 분류하여 보기에서 골라 번호로 쓰시오.

보기
① 시멘트의 이상응결   ② 혼화재료의 불균질한 분산
③ 펌프 압송 시 시멘트량, 수량의 증량   ④ 콘크리트의 건조수축
⑤ 초기양생 시 급격한 건조   ⑥ 골재에 포함되어 있는 염화물

(1) 재료상의 원인: _____   (2) 시공상의 원인: _____

25. 다음의 화장실 단면도의 ①, ②, ③에 들어갈 재료를 보기에서 골라 쓰시오.

보기
바닥타일
(①)
(②)
(③)
80

시멘트 모르타르
타일붙임모르타르
방수모르타르

①	
②	
③	

26. 거푸집 및 동바리의 품질검사에 관한 내용이다. 빈 칸에 알맞은 검사시기 및 횟수를 보기에서 골라 번호로 쓰시오.

항 목	시험, 검사방법	시기, 횟수
거푸집, 동바리의 재료 및 체결재의 종류, 재질, 형상치수	외관 검사	(1)
동바리의 배치	외관 검사 및 스케일에 의한 측정	(2)
조임재의 위치 및 수량	외관 검사 및 스케일에 의한 측정	(3)
거푸집의 형상치수 및 위치	스케일에 의한 측정	(4)
거푸집과 최외측 철근과의 거리	스케일에 의한 측정	

[보기]

① 거푸집, 동바리 조립 전 ② 동바리 조립 후
③ 콘크리트 타설 전 ④ 콘크리트 타설 전 및 타설 도중

(1)　　　　　(2)　　　　　(3)　　　　　(4)

2022. 1회 기출문제 해답

1.

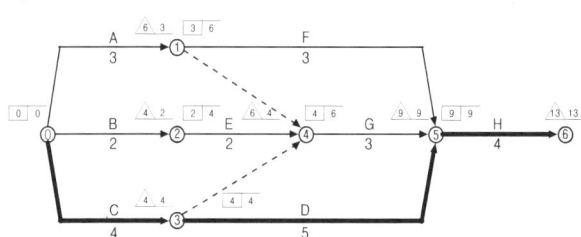

2.
① 1% ② 5% ③ 3% ④ 10%

3.
(1) ① 여러 회사 참여로 위험이 분산된다. ② 자본력과 신용도가 증대된다.
(2) ① 공동이행방식 ② 분담이행방식 ③ 주계약자형 공동도급방식

4.
② ➡ ① ➡ ④ ➡ ③ ➡ ⑥ ➡ ⑤

5.
(1) ① 경쟁으로 인한 공사비 절감 ② 균등기회 보장(민주적 방식)
(2) ① 부적격자에게 낙찰우려 ② 과다경쟁으로 부실공사 우려

6.
① 응력전달이 확실하다. ② 접합속도가 빠르다.
③ 이음처리와 작업성이 용이하다. ④ 수밀성 및 기밀성이 유리하다.

7.
① 회피(Avoidance) ② 절감(Reduction) ③ 전가(Tranceference) ④ 용인(Acceptance)

8.
(1) 합성보나 합성기둥에서 철근콘크리트와 강재 사이의 미끄럼을 방지하고 전단력을 전달하도록 강재에 용접되고 콘크리트 속에 매입된 부재
(2) ① 스터드(Stud)
    ② ㄷ형강(Channel)
    ③ 플레이트(Plate)

2022. 1회 기출문제 해답

9.
(1) 5   (2) 2/3   (3) 14

10.
건축물의 초기단계에서 설계, 시공, 유지관리, 해체에 이르는 일련의 과정과 제비용

11.
① 천연골재   ② 부순골재   ③ 고로슬래그골재   ④ 순환골재

12.
① 10   ② 2   ③ 20°   ④ 30°

13.
① 콘크리트에 묻히는 부분
② 현장용접을 하는 부위
③ 초음파탐상 검사에 지장을 미치는 범위
④ 고장력볼트 마찰접합부의 마찰면

14.

비교항목	안방수	바깥방수
(1)	①	②
(2)	①	②
(3)	①	②
(4)	①	②

15.
① 사람(Man)   ② 재료(Material)   ③ 기계(Machine)   ④ 자금(Money)

16.
(1) 건축물 높낮이 기준이 되며, 기존 공작물이나 신설한 말뚝 등의 높이 기준을 표시하는 것
(2) ① 지면에서 0.5~1.0m에 공사에 지장이 없는 곳에 설치
  ② 이동의 염려가 없는 곳에 설치
  ③ 필요에 따라 보조기준점을 1~2개소 설치

17.
② ➡ ④ ➡ ① ➡ ③

2022. 1회 기출문제 해답

18.
(1) ②   (2) ②   (3) ②   (4) ②

19.
(1) 10   (2) 1   (3) 1

20.
저탄소콘크리트

21.
(1) 이음   (2) 쪽매   (3) 맞춤

22.
(1) 하나의 공사를 2개 이상의 사업자가 공동으로 도급을 받아 계약을 이행하는 방식
(2) ① 여러 회사 참여로 위험이 분산된다.   ② 자본력과 신용도가 증대된다.

23.
(1) 혼화재는 시멘트량의 5% 이상이 사용되어 배합계산에 포함되는 재료이고,
    혼화제는 시멘트량의 1% 전후로 약품적 성질만 가지고 있는 재료이다.
(2) ① AE제   ② 유동화제   ③ 방청제

24.
(1) ①, ④, ⑥   (2) ②, ③, ⑤

25.
① 타일붙임 모르타르   ② 시멘트 모르타르   ③ 방수 모르타르

26.
(1) ①   (2) ②   (3) ③   (4) ④

2022. 2회 건축산업기사

1. 다음 용어에 대해 설명하시오.
(1) 적산 :

(2) 견적 :

2. 다음에서 설명하는 품질관리(QC)도구의 명칭을 쓰시오.

	①	결함부나 기타 시공불량 등 항목을 구분하여 크기순으로 나열하여 결함항목을 집중적으로 감소시키는데 효과적으로 사용된다.
	②	결과(특성)에 대해 원인(요인)이 어떻게 관계하는지를 알기 쉽게 작성한 그림이다.
	③	서로 대응하는 데이터를 그래프 용지 위에 점으로 나타낸 그림. 두 변수간 상관관계를 파악할 수 있다.

①   ②   ③

3. 강구조공사에서 철골에 녹막이칠을 하지 않는 부분을 4가지만 쓰시오.

①   ②

③   ④

4. 실비정산 보수 가산식 도급의 정의와 단점 2가지를 쓰시오.
(1) 정의 :

(2) 단점 :

①

②

5. 정액도급과 단가도급의 장점을 각각 2가지씩 쓰시오.
(1) 정액도급 :

①

②

(2) 단가도급 :

①

②

6. 다음 데이터를 네트워크공정표로 작성하고, 각 작업의 여유시간을 구하시오.

작업명	작업일수	선행작업	비고
A	3	없음	(1) 결합점에서는 다음과 같이 표시한다.
B	4	없음	
C	5	없음	EST LST 작업명 LFT EFT
D	6	A, B	ⓘ ─────────→ ⓙ
E	7	B	소요일수
F	4	D	
G	5	D, E	(2) 주공정선은 굵은선으로 표시한다.
H	6	C, F, G	
I	7	F, G	

(1) 공정표 작성

(2) 여유시간

작업명	TF	FF	DF	CP
A				
B				
C				
D				
E				
F				
G				
H				
I				

7. 용접부의 비파괴 시험방법의 종류를 4가지 쓰시오.

① _____ ② _____

③ _____ ④ _____

8. 대형 시스템거푸집 중에서 갱폼(Gang form)의 장·단점을 각각 2가지씩 쓰시오.
(1) 장점 :

① _____

② _____

(2) 단점 :

① _____

② _____

9. 벽면적 60m²에 붉은벽돌 1.0B 쌓을 때 벽돌의 소요량을 산출하시오.

10. 다음의 내용은 중대재해를 설명하고 있다. 해당 내용에 알맞는 인원수를 쓰시오.

> 중대재해라 함은 산업재해 중 사망 등 재해의 정도가 심한 것으로, 사망자가 (①)인 이상 발생한 재해사고, 3개월 이상 요양을 요하는 부상자가 동시에 (②)인 이상 발생한 재해사고, 부상자 또는 직업성 발병자가 동시에 (③)인 이상 발생한 재해를 말한다.

① _____ ② _____ ③ _____

11. 콘크리트에 사용되는 여러 혼화재료의 사용목적을 1가지씩 기재하시오.
(1) 염화칼슘 :
(2) 플라이애쉬 :
(3) 유동화제 :
(4) 팽창제 :

12. 철골공사에서 내화피복공법 종류에 따른 재료를 각각 2가지씩 쓰시오.

공법	재료	
(1) 타설공법	①	②
(2) 조적공법	①	②

13. 석재 붙임공법 중 앵커긴결공법을 설명하고 습식공법과 비교한 장점 3가지를 쓰시오.
(1) 설명 :

(2) 장점 :
①
②
③

14. 다음이 설명하는 콘크리트의 명칭을 쓰시오.
(1) 보통 부재단면 최소치수가 커서 수화열이 내부에 축적되어 콘크리트 온도가 상승하고 균열이 발생하기 쉬워서 균열발생에 대하여 주의가 필요한 콘크리트
(2) 거푸집 안에 미리 굵은 골재를 채워 넣은 후 그 공극 속으로 특수한 모르타르를 주입하여 만든 콘크리트
(3) 외력에 대한 응력을 소정한도까지 상쇄할 수 있도록 PC강재에 의해 미리 압축력을 주어 인장응력을 증가시킨 콘크리트로써 PS 혹은 PSC라고도 하는 콘크리트
(4) 시멘트 대체 혼화재로서 플라이애시 및 콘크리트용 고로슬래그 미분말을 결합재로 대량 치환하여 제조된 콘크리트 중 치환율이 50% 이상, 70% 이하인 콘크리트

(1)   (2)
(3)   (4)

15. 도장공사의 시공순서를 보기의 내용을 이용하여 번호로 나열하시오.

    보기
    ① 바탕처리   ② 상도 1회   ③ 상도 2회
    ④ 퍼티먹임   ⑤ 연마   ⑥ 하도 1회

16. 대안창출을 통한 원가절감 방안인 VE(Value Engineering: 가치공학)을 가장 효율적으로 적용할 수 있는 공사의 종류 3가지를 쓰시오.

    ①
    ②
    ③

17. 한중기 콘크리트에 대한 다음 보기의 내용이 맞으면 O, 틀리면 X로 표시하시오.

    (1) 물-결합재비는 원칙적으로 60% 이하로 사용한다.
    (2) 단위수량은 콘크리트의 소요성능이 얻어지는 범위 내에서 될 수 있는 한 크게 한다.
    (3) AE제, AE감수제 및 고성능 AE감수제 중 어느 한 종류는 반드시 사용한다.
    (4) 재료를 가열하는 경우, 물을 가열하는 것을 원칙으로 하며, 시멘트는 어떤 방법에 의해서도 가열해서는 안 되고, 골재는 직접 불꽃에 대어 가열해서는 안 된다.

    (1)   (2)   (3)   (4)

18. 지붕 방수공사에 사용되는 도막 방수재료의 종류 3가지를 기재하시오.

    ①   ②   ③

19. 콘크리트 알칼리 골재반응의 정의와 방지대책 3가지를 쓰시오.
(1) 정의 :

(2) 방지대책 :
①
②
③

20. 다음의 설명에 알맞은 낙하물에 대한 위험방지물이나 방지시설을 보기에서 골라 번호로 쓰시오.

보기
① 개구부 수평보호덮개 ② 안전난간 ③ 방호선반
④ 낙하물 방지망 ⑤ 수직보호망 ⑥ 추락 방호망
⑦ 수직형 추락방망

(1) 작업 도중 자재, 공구 등의 낙하로 인한 피해를 방지하기 위하여 개구부 및 비계 외부에 수평으로 설치하는 망
(2) 상부에서 작업도중 자재나 공구 등의 낙하로 인한 재해를 방지하기 위하여 개구부 및 비계 외부 안전통로 출입구 상부에 설치하는 낙하물 방지망 대신 설치하는 목재 또는 금속 판재
(3) 고소 작업 중 근로자의 추락 및 물체의 낙하를 방지하기 위하여 수평으로 설치하는 보호망으로 설치 지점에서 작업 위치까지의 높이 10m를 초과하지 말아야 하는 것
(4) 근로자 또는 장비 등이 바닥 등에 뚫린 부분으로 떨어지는 것을 방지하기 위하여 설치하는 판재 또는 각재나 철판

(1)   (2)   (3)   (4)

21. 조적공사 내용을 설명한 다음의 보기 내용이 맞으면 ○, 틀리면 X로 표시하시오.
(1) 하루의 쌓기 높이는 1.2m를 표준으로 하고, 최대 1.8m 이하로 한다.
(2) 공사시방서에서 정한 바가 없을 때에는 영식 쌓기 또는 화란식 쌓기로 한다.
(3) 가로 및 세로줄눈의 너비는 10mm로 하고, 세로줄눈은 통줄눈이 되지 않도록 한다.
(4) 연속되는 벽면의 일부를 트이게 하여 나중쌓기로 할 때에는 그 부분을 층단 들여쌓기로 한다.

(1)   (2)   (3)   (4)

22. 거푸집 및 동바리의 품질검사에 관한 내용이다. 빈 칸에 알맞은 시험 및 검사방법을 보기에서 골라 번호로 쓰시오.

항 목	시험, 검사방법	시기, 횟수	판 정
거푸집, 동바리의 재료 및 체결재의 종류, 재질 형상치수	(1)	거푸집, 동바리 조립 전	지정한 품질 및 치수의 것일 것
동바리의 배치	(2)	동바리 조립 후	경화한 콘크리트 부재는 거푸집의 허용오차 규정에 적합할 것
조임재의 위치 및 수량	(3)	콘크리트 타설 전	
거푸집의 형상 치수 및 위치	(4)	콘크리트 타설 전 및 타설 도중	
거푸집과 최외측 철근과의 거리	(5)		철근피복 허용오차 규정에 적합할 것

보기

① 외관 검사   ② 스케일에 의한 측정   ③ 외관 검사 및 스케일에 의한 측정

(1) _____ (2) _____ (3) _____ (4) _____ (5) _____

23. 다음에서 설명하는 알맞은 목재제품을 보기에서 골라 기호로 쓰시오.

보기

① OSB(Oriented Stand Board) ② 합판
③ 파티클보드(Particle Board) ④ 집성목재
⑤ MDF ⑥ 섬유판(Fiber Board)
⑦ 경화적층재

(1) 3장 이상의 박판을 1매마다 섬유방향에 직교하도록 겹쳐 붙인 판재로 1매의 박판을 단판이라 하며 3, 5, 7 등 홀수로 접합한다.
(2) Chip Board라고도 하며 깎은 나무조각에 합성수지 접착제를 고열, 고압으로 성형하여 제판한 것. 변형이 극히 적고, 방부, 방화성을 높일 수 있다.
(3) 원목을 정선하여 섬유화시켜 방수제를 첨가하여 교반, 가압, 가열성형, 양생한 뒤 판상으로 재단한 것이다.

(1) _____ (2) _____ (3) _____

24. 포틀랜트 시멘트의 품질시험에 관한 항목이다. 각 항목에 알맞는 시험방법을 1가지씩 쓰시오.

(1) 분말도 시험	(2) 응결 시험	(3) 안정성 시험

25. 다음 도면을 보고 각 번호에 해당하는 재료를 보기에서 골라 쓰시오.

보기

PE필름, 바닥마감재 자기질 타일, 시멘트 모르타르, 콘크리트 바탕, 단열재, 표준메쉬

(1)　　　　　　　(2)　　　　　　　(3)

(4)　　　　　　　(5)　　　　　　　(6)

2022. 2회 기출문제 해답

1.
(1) 재료 및 품의 수량과 같은 공사량을 산출하는 기술활동
(2) 공사량에 단가를 곱하여 공사비를 산출하는 기술활동

2.
① 파레토도   ② 특성요인도   ③ 산점도

3.
① 콘크리트에 묻히는 부분   ② 현장용접을 하는 부위
③ 초음파탐상 검사에 지장을 미치는 범위   ④ 고장력볼트 마찰접합부의 마찰면

4.
(1) 공사실비를 건축주와 도급자가 확인정산 후 건축주는 미리 정한 보수율에 따라 도급자에게 보수를 지불하는 방식
(2) ① 공사기간 연장의 우려가 있다.   ② 공사비 절감노력이 낮아질 우려가 있다.

5.
(1) ① 공사총액이 확정되므로 자금계획이 명확하다.
    ② 공사관리업무가 간편하고 공사비 절감노력이 향상된다.
(2) ① 공사를 신속히 착공할 수 있다.
    ② 긴급공사 및 설계변경으로 인한 공사비 계산이 용이해진다.

6.

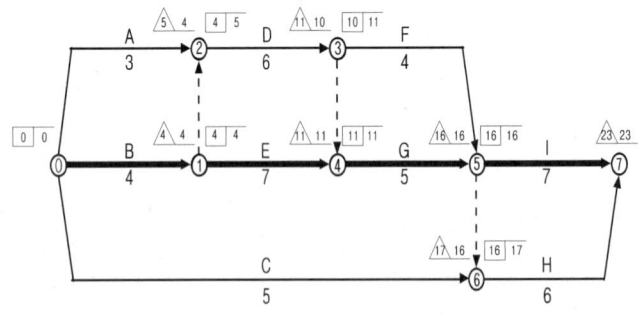

작업명	TF	FF	DF	CP
A	2	1	1	
B	0	0	0	※
C	12	11	1	
D	1	0	1	
E	0	0	0	※
F	2	2	0	
G	0	0	0	※
H	1	1	0	
I	0	0	0	※

7.
① 방사선 투과시험   ② 초음파 탐상법   ③ 자기분말 탐상법   ④ 침투 탐상법

2022. 2회 기출문제 해답

8.
(1) ① 조립 및 해체작업 생략
　　② 노동력 절감 및 공기단축
(2) ① 제작장소 및 해체 후 보관장소 필요
　　② 초기투자비가 재래식보다 높음

9.
$60 \times 149 \times 1.3 = 9,208.2$ ➡ 9,209매

10.
① 1　　② 2　　③ 10

11.
(1) 응결경화촉진
(2) 시공연도 개선
(3) 유동성 증진
(4) 건조수축 감소

12.
(1) ① 콘크리트　　② 경량콘크리트
(2) ① 콘크리트 Block　　② ALC Block

13.
(1) 구조체와 석재 사이에 공간을 두고 각종 앵커를 사용하여 단위석재를 벽체에 부착하는 건식공법
(2) ① 시공속도가 빠르다.
　　② 겨울철 공사가 가능하다.
　　③ 동결, 백화 현상이 없다.

14.
(1) 매스(Mass) 콘크리트
(2) 프리팩트(Prepacked) 콘크리트 혹은 Preplaced Concrete
(3) 프리스트레스트(Prestressed) 콘크리트
(4) 저탄소 콘크리트

2022. 2회 기출문제 해답

15.
① ➡ ④ ➡ ⑤ ➡ ⑥ ➡ ② ➡ ③

16.
① 공사금액이 큰 공사
② 반복하여 수행되는 공사
③ 시간과 인력이 많이 투입되는 공사

17.
(1) ○   (2) ×   (3) ○   (4) ○

18.
① 우레탄 고무계 도막방수재
② 아크릴 고무계 도막방수재
③ 고무 아스팔트계 도막방수재

19.
(1) 시멘트의 알칼리 성분과 골재의 실리카 성분이 반응하여 수분을 지속적으로 흡수팽창하는 현상
(2) ① 알칼리 함량 0.6% 이하의 시멘트 사용
    ② 알칼리골재반응에 무해한 골재 사용
    ③ 양질의 혼화재(고로 Slag, Fly Ash 등) 사용

20.
(1) ④   (2) ③   (3) ⑥   (4) ①

21.
(1) ×   (2) ○   (3) ○   (4) ○

22.
(1) ①   (2) ③   (3) ③   (4) ②   (5) ②

23.
(1) ②   (2) ③   (3) ⑥

2022. 2회 기출문제 해답

24.
(1) 블레인(Blaine) 공기투과장치에 의한 방법
(2) 길모아(Gillmore)침에 의한 방법
(3) 오토클레이브(Autoclave) 팽창도 시험

25.
(1) 콘크리트 바탕
(2) PE 필름
(3) 단열재
(4) 표준메쉬
(5) 시멘트 모르타르
(6) 바닥마감재 자기질 타일

2022. 3회 건축산업기사

1. 다음 도면을 보고 옥상방수면적(㎡), 누름콘크리트량(㎥), 보호벽돌량(매)를 구하시오.
   (단, 벽돌의 규격은 190×90×57, 할증률은 5%)

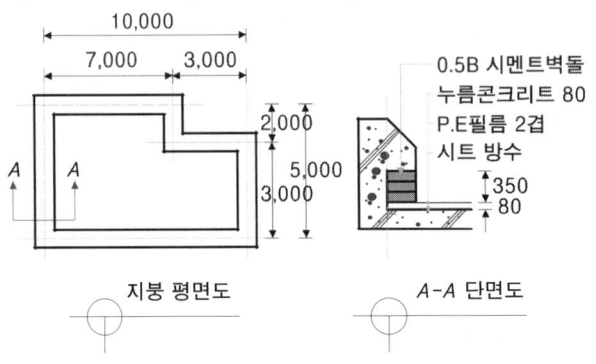

(1) 옥상방수 면적:

(2) 누름콘크리트량:

(3) 보호벽돌 소요량:

2. 가설공사에서 사용되는 수평규준틀 및 수직규준틀의 설치목적을 쓰시오.
(1) 수평규준틀:

(2) 수직규준틀:

3. 실비정산 보수가산도급의 정의와 단점 2가지를 쓰시오.
(1) 정의:

(2) 단점:
①

②

4. 콘크리트에 사용되는 골재의 요구성능 5가지를 쓰시오.

① _____

② _____

③ _____

④ _____

⑤ _____

5. 시트(Sheet) 방수의 장점 및 단점을 각각 2가지씩 쓰시오.
(1) 장점 :

① _____

② _____

(2) 단점 :

① _____

② _____

6. 벽체전용 System 거푸집의 종류를 3가지 쓰시오.

① _____ ② _____ ③ _____

7. 품질관리에 사용되는 TQC 수법의 도구들의 명칭을 4가지 쓰시오.

① _____ ② _____

③ _____ ④ _____

8. 매스콘크리트의 수화열 저감을 위한 대책을 3가지만 쓰시오.

① _____

② _____

③ _____

9. 강구조 공사에 사용되는 고장력볼트 접합의 장점에 대하여 5가지를 쓰시오.

① _____

② _____

③ _____

④ _____

⑤ _____

10. 다음이 설명하는 건설공사 관련용어들을 보기에서 골라 번호로 쓰시오.

보기

① CIC(Computer Integtated Construction)
② Life Cycle Cost(L.C.C)
③ CALS(Continuous Acquisition & Life Cycle Support)
④ V.E.(Value Engineering)
⑤ 리드타임(Lead Time)
⑥ JIS(Just In Time)

(1)	무재고를 목표로 하는 생산 System으로 작업에 필요한 자재·인력을 적재, 적소, 적시에 공급함으로써 운반·대기시간을 절약하는 효율적 생산방식.
(2)	계약 체결 후 현장공사 착수시 까지의 준비기간으로 자재나 제품 발주 후 물품이 납입되고 검사가 끝나서 출고 요구에 응할 수 있도록 되기까지의 기간.
(3)	발주자가 요구하는 기능, 성능을 보장하면서 가장 저렴한 비용으로 공사를 수행하는 대안창출을 통한 원가절감기법이다.

11. 한중콘크리트의 양생 방법을 3가지 쓰시오.

① ② ③

12. 다음이 설명하는 데크플레이트의 종류를 보기에서 골라 번호로 쓰시오.

보기		
① 데크합성슬래브	② 데크복합슬래브	③ 데크구조슬래브

(1)		데크플레이트와 콘크리트가 일체되어 하중을 부담하는 구조
(2)		데크플레이트의 홈에 철근을 배치한 철근콘크리트와 데크 플레이트가 하중을 부담하는 구조
(3)		데크플레이트가 연직하중, 수평가새가 수평하중을 부담하는 구조

13. 골재의 흡수율에 관한 다음 내용에 적합한 것을 보기에서 골라 번호로 쓰시오.

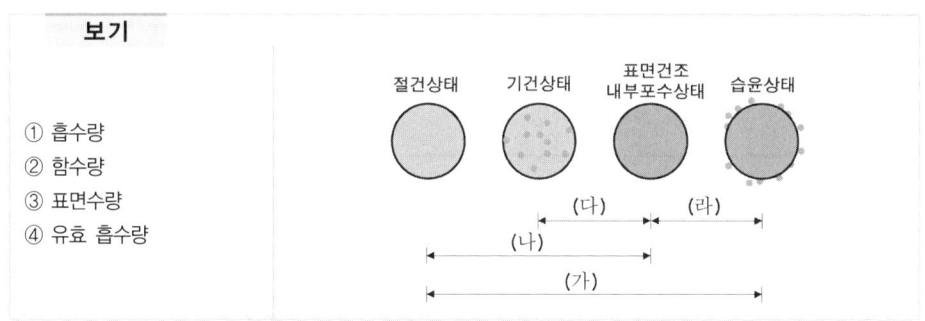

보기
① 흡수량
② 함수량
③ 표면수량
④ 유효 흡수량

(가) (나) (다) (라)

14. 다음에서 설명하는 용접결함에 관련된 용어를 보기에서 골라 쓰시오.

보기
은점(Fish Eye), 크랙, 크레이터, 오버랩, 언더컷, 슬래그 감싸들기, 피트, 블로홀

(1)		용접금속과 모재가 융합되지 않고 단순히 겹쳐지는 것
(2)		용접상부에 모재가 녹아 용착금속이 채워지지 않고 홈으로 남게 된 부분
(3)		용접봉의 피복재 용해물인 회분이 용착금속내에 혼입된 것
(4)		용융금속이 응고할 때 방출되었어야 할 가스가 남아서 생기는 용접부의 빈자리

15. 목공사 접합의 이음 및 맞춤 시 주의사항을 4가지 쓰시오.

① _____

② _____

③ _____

④ _____

16. 다음 데이터를 네트워크공정표로 작성하시오.

작업명	작업일수	선행작업	비고
A	6	없음	(1) 결합점에서는 다음과 같이 표시한다.
B	4	없음	
C	3	없음	
D	3	B	
E	6	A, B	(2) 주공정선은 굵은선으로 표시한다.
F	5	A, C	

17. 철골공사 습식내화피복공법의 종류를 4가지 쓰시오.

① _____ ② _____

③ _____ ④ _____

18. 산업안전 보건기준에 관한 규칙에서 규정된 비계설치 기준을 읽고 ( ) 안에 알맞은 수치를 쓰시오.

제60조 【강관비계의 구조】
1. 비계기둥의 간격은 띠장 방향에서는 (①)미터 이하, 장선(長線) 방향에서는 (②)미터 이하로 할 것 다만, 선박 및 보트 건조작업의 경우 안전성에 대한 구조검토를 실시하고 조립도를 작성하면 띠장 방향 및 장선 방향으로 각각 2.7미터 이하로 할 수 있다.
2. 띠장 간격은 (③)미터 이하로 할 것. 다만, 작업의 성질상 이를 준수하기가 곤란하여 쌍기둥틀 등에 의하여 해당 부분을 보강한 경우에는 그러하지 아니하다.
3. 비계기둥 간의 적재하중은 (④)킬로그램을 초과하지 않도록 할 것

① _____ ② _____ ③ _____ ④ _____

19. 다음이 설명하는 네트워크(Network) 공정표의 용어를 보기에서 골라 번호로 쓰시오.

보기
① Critical Path(CP) ② 플로우트(Float)
③ 슬랙(Slack) ④ LP(Longest Path)
⑤ 패스(Path) ⑥ 더미(Dummy)

(1)	개시 결합점에서 종료 결합점까지 연결된 패스 중 가장 많은 날 수를 소모하는 경로(Path)를 말한다
(2)	네트워크 중 둘 이상의 작업의 이어짐 상태를 의미
(3)	화살표형 Network에서 정상 표현할 수 없는 작업의 상호 관계를 표시하는 파선으로 된 화살표를 말한다.

20. 다음이 설명하는 현상을 쓰시오.

경화한 콘크리트는 시멘트의 수화생성물질로서 수산화석회를 유리하여 강알칼리성을 나타내고 수산화석회는 시간의 경과와 함께 콘크리트의 표면으로부터 공기중의 탄산가스 영향을 받아서 서서히 탄산석회로 변화하여 알칼리성을 소실하는 현상

21. 다음이 설명하는 비계의 종류를 보기에서 골라 번호로 쓰시오.

보기	
① 말비계　　② 달비계　　③ 강관틀비계　　④ 시스템비계	

(1)		각각의 부재를 공장에서 제작하고 현장에서 조립하여 사용하는 조립형 비계로 고소작업에서 작업자가 작업장소에 접근하여 작업할 수 있도록 설치하는 작업대를 지지하는 가설 구조물
(2)		상부에서 와이어로프 등으로 매달린 형태의 비계
(3)		주로 건축물의 천장과 벽면의 실내 내장 마무리 등을 위해 바닥에서 일정높이의 발판을 설치하여 만든 비계
(4)		강관 등으로 미리 제작한 틀을 현장에서 조립하여 세우는 형태의 비계

22. 다음이 설명하는 콘크리트 혼화제의 종류를 보기에서 골라 번호로 쓰시오.

보기	
AE제, 유동화제, 기포제, 방청제, 지연제, 증점제, 응결촉진제, 분리저감제	

(1)		배합이나 굳은 후의 콘크리트 품질에 큰 영향을 미치지 않고 미리 비빈 콘크리트에 첨가하여 콘크리트의 유동성을 증대 시키기 위하여 사용하는 혼화제
(2)		레미콘 장거리 운반시 혹은 매스콘크리트에서 Cold Joint 방지목적으로 사용하는 혼화제
(3)		철근의 부식방지 목적, 해사를 사용할 때 사용하거나 염분을 함유한 흙에 접할 때 사용한다.
(4)		아직 굳지 않는 콘크리트의 재료분리 저항성을 증가시키는 작용을 하는 혼화제

23. 목재면 조합 도료 도장공정을 보기에서 골라 순서대로 쓰시오.

보기
① 연마　　　　　② 나뭇결 메우기　　　　③ 하도(1회)
④ 상도(2회)　　　⑤ 상도(1회)

시공순서 : 바탕처리 - (　　) - (　　) - (　　) - (　　) - (　　)

24. 다음이 설명하는 타일붙이기 공법을 보기에서 골라 쓰시오.

보기

떠붙이기, 압착붙이기, 개량압착붙이기, 판형붙이기, 접착제 붙이기, 밀착붙이기

(1)	• 타일 뒷면에 Mortar를 얹여서 1장씩 붙인다. • 붙임 Mortar두께 : 12~24mm 표준
(2)	• 미장 재벌바름위 Mortar를 전면에 바르고 충분히 타격한다. • 붙임 Mortar두께 : 5~7mm (원칙적으로 타일 두께의 1/2 이상) • 1회 붙임 높이 : 1.2m, 붙임시간 : 15분 이내, 붙임면적 : 1.2 m² • 줄눈부위 Mortar가 타일 두께의 1/3 이상 올라오게 한다.
(3)	• 내장 마무리 Tile만 적용, 바탕면을 충분히 건조한 후 시공 (붙임 바탕면은 여름 1주 이상, 기타 2주 이상 건조시킴)

25. 다음에서 설명하는 CM(건설사업관리)의 계약유형을 보기에서 골라서 번호로 쓰시오.

보기

① ACM(Agency CM)　　② XCM(Extended CM)
③ OCM(Owner CM)　　④ GMPCM(Guaranteed Maximum Price CM)

(1)	CM이 본래의 역할뿐만 아니라 설계자 및 도급자 또는 시공자로서 복합적인 역할을 수행하는 방식이다.
(2)	계약 조건상 공사금액을 산정해 놓고 공사완료시의 최종공사비가 예상금액을 초과하지 않도록 하는 것으로 공사금액 초과시 CM도 책임을 진다.
(3)	발주자가 자체의 내부 능력에 따라 CM 또는 CM 및 설계업무를 동시에 수행하는 것으로 전문적 수준의 자체 조직을 보유해야 하므로 운영상 상당한 부담이 될 수 있는 방식
(4)	CM의 기본형태로 공사의 계획단계부터 대리인으로 고용되어, 유지관리까지의 전 과정에 대하여 발주자와 별도의 계약을 체결하여 업무를 수행한다.

26. 조적공사에서 수직, 수평을 맞추기 위해 사용하는 기구나 설치물을 3가지 쓰시오.

①　　　　　　　　②　　　　　　　　③

2022. 3회 기출문제 해답

1.
(1) $(7\times 5)+(3\times 2)+\{(10+5)\times 2\times 0.43\}=53.9\text{m}^2$
(2) $\{(7\times 5)+(3\times 2)\}\times 0.08=3.28\text{m}^3$
(3) $\{(10-0.09)+(5-0.09)\}\times 2\times 0.35\times 75매\times 1.05=816.95$ ➡ 817매

2.
(1) 건축물의 각부위치 및 높이, 기초너비를 결정하기 위하여 설치한다.
(2) 조적공사에서 고저 및 수직면의 기준을 삼고자 설치한다.

3.
(1) 공사실비를 건축주와 도급자가 확인정산 후 건축주는 미리 정한 보수율에 따라 도급자에게 보수를 지불하는 방식
(2) ① 공사기간 연장의 우려가 있다.
  ② 공사비 절감노력이 낮아질 우려가 있다.

4.
① 표면이 거칠고 둥근모양일 것
② 입도분포가 양호한 것
③ 단단하고 강한 것
④ 마모에 대한 저항성이 큰 것
⑤ 운모가 함유되지 않은 것

5.
(1) ① 제품의 규격화로 시공이 간단하다.
  ② 바탕균열에 대한 내구성 및 내후성이 좋다.
(2) ① 복잡한 시공부위의 작업이 어렵다.
  ② 누수 시 국부적인 보수가 어렵다.

6.
① 갱폼(Gang Form) ② 클라이밍폼(Climbing Form) ③ 슬라이밍폼(Sliding Form)

7.
① 히스토그램(Histogram) ② 파레토(Pareto)도 ③ 특성요인도 ④ 체크시트

8.
① 단위시멘트 사용량을 가능한 작게 한다.
② 수화열이 낮은 중용열시멘트를 사용한다.
③ 골재나 물을 냉각시켜 사용한다.

9.
① 마찰접합이므로 소음이 거의 없다.
② 접합부 강도가 크며, 너트가 풀리지 않는다.
③ 응력집중이 적고, 반복응력에 강하다.
④ 현장시공 설비가 간단한다.
⑤ 노동력이 절약되고 공기단축이 용이하다.

10.
(1) ⑥   (2) ⑤   (3) ④

11.
① 급열 양생(Heat Curing)   ② 단열 양생(Insulating Curing)   ③ 피복 양생(Surface Covered Curing)

12.
(1) ①   (2) ②   (3) ③

13.
(가) ②   (나) ①   (다) ④   (라) ③

14.
(1) 오버랩   (2) 언더컷   (3) 슬래그 감싸들기   (4) 블로홀

15.
① 접착면은 필요 이상의 끌파기, 깎아내기 등을 억제한다.
② 정확히 가공하여 서로 밀착되고 빈틈이 없게 한다.
③ 이음과 맞춤의 단면은 응력의 방향에 직각이 되게 한다.
④ 응력이 작은 곳으로 하고 이음의 위치는 엇갈리게 함을 원칙으로 한다.

16.
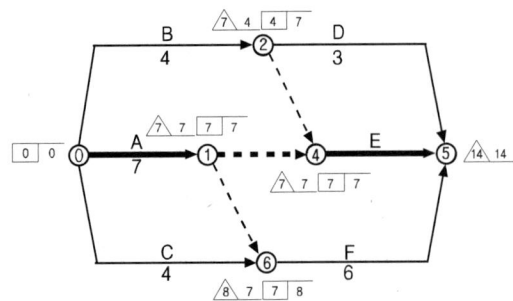

17.
① 뿜칠공법   ② 미장공법   ③ 타설공법   ④ 조적공법

18.
(1) 1.85   (2) 1.5   (3) 2.0   (4) 400

19.
(1) ①   (2) ⑤   (3) ⑥

20.
탄산화

21.
(1) 시스템비계   (2) 달비계   (3) 말비계   (4) 강관틀비계

22.
(1) 유동화제   (2) 지연제   (3) 방청제   (4) 분리저감제

23.
③, ②, ①, ⑤, ④

24.
(1) 떠붙이기   (2) 압착붙이기   (3) 접착제 붙이기

25.
(1) ②   (2) ④   (3) ③   (4) ①

26.
① 세로규준틀   ② 다림추   ③ 수평실(실 띄우기)

2023. 1회 건축산업기사

1. 갱폼(Gang Form)의 장점 4가지를 쓰시오.

   ①
   ②
   ③
   ④

2. KS L 5201 규정에서 정한 포틀랜드 시멘트의 종류를 5가지 쓰시오.

   ①   ②   ③
   ④   ⑤

3. 철골공사의 기초 Anchor Bolt는 구조물 전체의 집중하중을 지탱하는 중요한 부분이다. Anchor Bolt 매입공법의 종류 3가지를 쓰시오.

   ①   ②   ③

4. 히스토그램(Histogram)의 정의와 작성 순서를 간략히 기재하시오.

   (1) 정의:

   (2) 작성 순서:

5. 벽타일 붙이기 공법의 종류 4가지를 쓰시오.

① _____ ② _____

③ _____ ④ _____

6. 다음 【보기】를 보고 수성도료, 유성도료를 번호로 구분하여 쓰시오

보기
① 알루미늄 페인트   ② 아크릴 도료
③ 합성수지 에멀션 퍼티 ④ 합성수지 에멀션 페인트
⑤ 조합 페인트   ⑥ 자연 건조형 에나멜 유광, 반광, 무광

(1) 수성도료: _____ (2) 유성도료: _____

7. 건설공사 입찰과정에서 실시하는 PQ(Pre-Qualification)제도의 장점과 단점을 각각 2가지씩 쓰시오.
(1) 장점 :
① _____

② _____

(2) 단점 :
① _____

② _____

8. 철근콘크리트조 건축물에서 철근에 대한 콘크리트의 피복두께를 유지하여야 하는 목적 4가지를 쓰시오.

① _____ ② _____

③ _____ ④ _____

9. 강재를 이용한 구조물로 경량형 강재의 장단점에 대하여 각 2가지씩 쓰시오.
(1) 장점 :
① _____
② _____

(2) 단점 :
① _____
② _____

10. 기준점(Bench Mark)설치 시 주의사항 3가지를 쓰시오.

① _____
② _____
③ _____

11. 다음이 설명하는 적당한 입찰방법을 쓰시오.

(1)		최소한의 자격을 가진 업체가 참여할 수 있는 입찰방식
(2)		3～7개 업체를 지명. 부적격자의 사전제거로 공사의 신뢰성 확보가 가능하지만 담합의 우려가 있는 입찰방식
(3)		1개의 업체와 협의하여 계약. 공사기밀 유지는 가능하지만 공사비 상승 우려가 있는 입찰방식

12. 건설공사 현장의 인근 사람들이 보기 쉬운 곳에 게시하는 공사표지판에 기입해야 하는 사항을 4가지 쓰시오.

① _____ ② _____

③ _____ ④ _____

13. 다음은 혼화제의 종류에 대한 설명이다. 설명이 뜻하는 혼화제의 명칭을 쓰시오.

(1)		콘크리트의 움직이는 성질을 일시적으로 증가시키는 혼화제
(2)		염화물 등으로 인한 철근이 부식되는 것을 방지하기 위하여 사용되는 혼화제
(3)		콘크리트 타설 시 콜드조인트 등을 방지하기 위하여 사용되는 혼화제
(4)		콘크리트의 시공성을 높이고 재료분리 등을 방지하기 위하여 사용되는 혼화제

14. 다음은 콘크리트에 대한 설명이다. (　)안에 맞는 콘크리트를 기재하시오.

(1)		일평균 기온이 25℃ 이상일 때 타설되는 콘크리트
(2)		단면이 80cm 이상이고 내부 열이 높은 콘크리트
(3)		PS강재를 이용하여 콘크리트 인장능력을 키운 콘크리트
(4)		거푸집에 골재와 철근을 미리 넣고 트레미관을 이용하여 모르타르를 주입하여 만드는 콘크리트

15. 욕실 바닥 타일 붙이기 순서이다. 그림을 보고 보기에서 골라 알맞게 기재하시오.

보기
경량기포 콘크리트, 자기질 타일, 붙임 모르타르, 마감모르타르(XL15), 액체 방수 1종

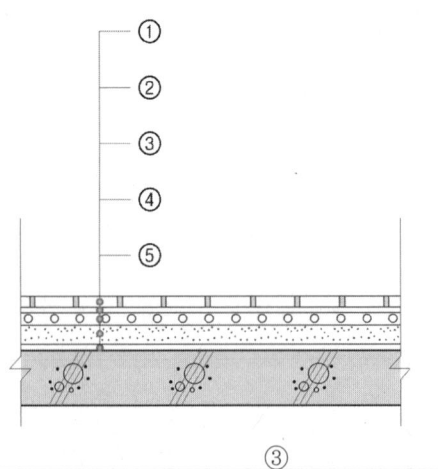

① _____ ② _____ ③ _____

④ _____ ⑤ _____

16. 다음이 설명하는 보호 장구를 보기에서 골라 기재하시오.

보기

안전화, 안전대, 안전모, 방열복

(1)		중량물의 떨어짐이나 끼임 사고 발생 시 발과 등을 보호
(2)		외부 충격으로부터 머리를 보호
(3)		고열작업에서 화상과 열중증을 방지하기 위하여 사용
(4)		높은 곳에서 작업하는 근로자의 떨어짐을 방지하기 위하여 사용

17. 미장공사 시공순서를 다음 보기에서 골라 번호로 쓰시오.

보기

① 고름질 ② 초벌바름 및 라스 먹임
③ 재료준비 및 운반 ④ 정벌 ⑤ 재벌

( ) ➡ ( ) ➡ ( ) ➡ ( ) ➡ ( )

18. 다음이 설명하는 목재의 용어를 보기에서 골라 쓰시오.

보기

토대, 도리, 기둥, 평보, 인방보, ㅅ자보, 띠쇠, 가새, 달대

(1)		개구부를 보호하기 위하여 개구부 상단에 설치하는 부재
(2)		지붕틀 하부에 수평으로 설치되는 인장부재
(3)		수평력에 대항하여 건물 전체에 균등하게 사선으로 배치되는 부재
(4)		기둥 최하부에 수평으로 설치되는 부재

19. 다음 용어를 간단히 설명하시오.
(1) 밀시트(Mill Sheet):

(2) 스캘럽(Scallop):

20. 벽돌벽의 표면에 생기는 백화현상의 정의와 발생 방지대책 3가지를 쓰시오.
(1) 정의:

(2) 방지대책:
① _____

② _____

③ _____

21. 굵은 골재의 공칭 최대치수는 다음 값을 초과하지 않아야 한다. ( )안에 적당한 수치를 기재 하시오.

(1) 거푸집 양 측면 사이의 최소 거리의 (   )

(2) 슬래브 두께의 (   )

(3) 개별 철근, 다발철근, 긴장재 또는 덕트 사이 최소 순간격의 (   )

22. 방수공법 중 멤브레인 방수공법 3가지를 쓰시오.

①　　　　　　　② 　　　　　　　③

23. 다음 도면을 보고 콘크리트량과 거푸집량을 산출하시오.

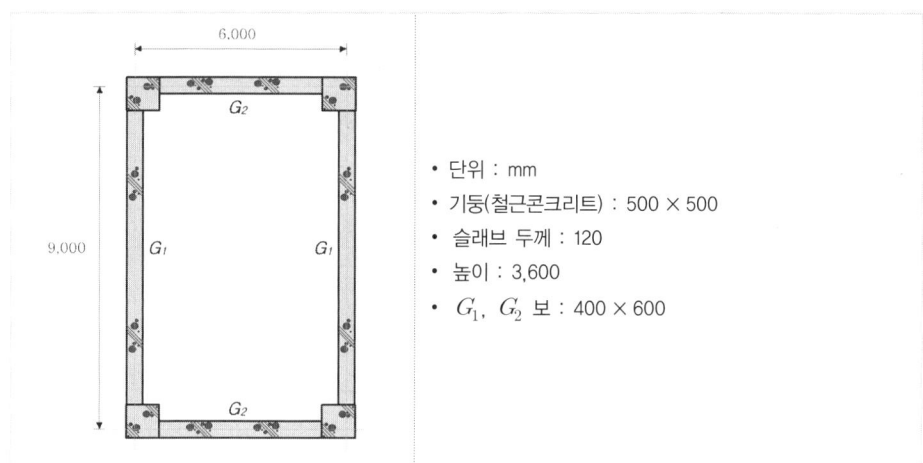

- 단위 : mm
- 기둥(철근콘크리트) : 500 × 500
- 슬래브 두께 : 120
- 높이 : 3,600
- G_1, G_2 보 : 400 × 600

(1) 기둥
 ① 콘크리트량 :

 ② 거푸집량 :

(2) 보(G_1)
 ① 콘크리트량 :

 ② 거푸집량(옆면) :

(3) 보(G_2)
 ① 콘크리트량 :

 ② 거푸집량(옆면) :

(4) 슬래브
 ① 콘크리트량 :

 ② 거푸집량 : 밑면
           측면

(5) 전체 콘크리트량 :

(6) 전체 거푸집량 :

24. 다음 데이터를 네트워크공정표로 작성하고, 각 작업의 여유시간을 구하시오.

작업명	작업일수	선행작업
A	3	없음
B	2	없음
C	4	없음
D	5	C
E	2	B
F	3	A
G	3	A, C, E
H	4	D, F, G

비고:
(1) 결합점에서는 다음과 같이 표시한다.

$$\boxed{EST | LST} \xrightarrow[\text{소요일수}]{\text{작업명}} \boxed{LFT | EFT}$$

(2) 주공정선은 굵은선으로 표시한다.

(1) 네트워크 공정표

(2) 여유시간 계산

작업명	TF	FF	DF	CP
A	3	0	3	
B	2	0	2	
C	0	0	0	※
D	0	0	0	※
E	2	0	2	
F	3	3	0	
G	2	2	0	
H	0	0	0	※

2023. 1회 기출문제 해답

1.
① 작업 Cycle이 단순하여 빠른 조립속도로 공기단축
② 기준층 설치 후 전용횟수가 많아 고층건물 이용 시 원가절감
③ Cage와 안전망이 설치되어 있어 추락위험 감소
④ 외부비계를 설치하지 않아 현장 작업공간 여유

2.
① 1종 : 보통 포틀랜드 시멘트
② 2종 : 중용열 포틀랜드 시멘트
③ 3종 : 조강 포틀랜드 시멘트
④ 4종 : 저열 포틀랜드 시멘트
⑤ 5종 : 내황산염 포틀랜드 시멘트

3.
① 고정 매입 공법
② 가동 매입 공법
③ 나중 매입 공법

4.
(1) 계량치의 데이터가 어떠한 분포를 하고 있는지 알아보기 위하여 작성하는 그림
(2) 데이터 수집 ➡ 최소값과 최대값을 구하여 범위 산정 ➡ 구간폭 결정
   ➡ 도수분포도 및 히스토그램 작성 ➡ 히스토그램을 규격값과 대조하여 안정상태 검토

5.
① 떠붙이기 공법
② 개량 떠붙이기 공법
③ 압착 붙이기 공법
④ 개량 압착 붙이기 공법

6.
(1) ③, ④
(2) ①, ②, ⑤, ⑥

7.
(1) ① 무자격, 부적격 업체로부터 적격 업체의 보호
　　② 입찰자 감소에 따른 입찰 시간과 비용의 감소
(2) ① 적용 대상공사의 제한
　　② 실적 위주의 참가에 따른 중소업체에 대해 불리한 제도

8.
① 소요강도 확보
② 콘크리트 유동성 확보
③ 내구성(철근의 방청) 확보
④ 내화성 확보

9.
(1) ① 두께가 얇고 강재량이 적은 반면 휨강도, 좌굴강도에 유리하다.
　　② 단면계수, 단면2차반경 등 단면 효율이 좋다.
(2) ① 판두께가 얇아서 국부좌굴 및 비틀림에 약하다.
　　② 부식에 약해 방청도료를 사용해야 한다.

10.
① 지면에서 0.5~1.0m에 공사에 지장이 없는 곳에 설치
② 이동의 염려가 없는 곳에 설치
③ 필요에 따라 보조기준점을 1~2개소 설치

11.
(1) 공개경쟁입찰
(2) 지명경쟁입찰
(3) 특명입찰

12.
① 공사명
② 공사기간
③ 공사개요

13.
(1) 유동화제
(2) 방청제
(3) 응결지연제
(4) AE제

14.
(1) 서중 콘크리트
(2) 매스 콘크리트
(3) 프리스트레스트 콘크리트
(4) 프리플레이스트 콘크리트

15.
① 자기질 타일
② 고름모르타르
③ 보호모르타르(XL15)
④ 기포콘크리트
⑤ 액체방수 1종

16.
(1) 안전화
(2) 안전모
(3) 방열복
(4) 안전대

17.

18.
(1) 인방보
(2) 평보
(3) 가새
(4) 토대

2023. 1회 기출문제 해답

19.
(1) 철강 제품의 품질보증을 위해 공인된 시험기관에서 발급하는 제조업체의 품질보증서
(2) 용접 시 이음 및 접합부위의 용접선이 교차되어 재용접된 부위가 열영향을 받아 취약해지기 때문에 모재에 부채꼴 모양의 모따기를 한 것

20.
(1) 시멘트 중의 수산화칼슘이 공기 중의 탄산가스와 반응하여 벽체의 표면에 생기는 흰 결정체
(2) ① 흡수율이 작은 소성이 잘된 벽돌 사용
② 줄눈모르타르에 방수제를 혼합
③ 벽체 표면에 발수제 첨가 및 도포

21.
(1) 1/5
(2) 1/3
(3) 3/4

22.
① 아스팔트 방수 ② 시트 방수 ③ 도막방수

23.
(1) 기둥
 ① 콘크리트량 = 0.5 × 0.5 × 3.48 × 4개 = 3.48m^3
 ② 거푸집량 = (0.5 + 0.5) × 2 × 3.48 × 4개 = 27.84m^2
(2) 보(G_1) = 8.4m
 ① 콘크리트량 = 0.4 × 0.48 × 8.4 × 2개 = 3.23m^3
 ② 거푸집량(옆면) = 0.48 × 2(양쪽) × 8.4 × 2개 = 16.13m^2
(3) 보(G_2) = 5.4m
 ① 콘크리트량 = 0.4 × 0.48 × 5.4 × 2개 = 2.07m^3
 ② 거푸집량(옆면) = 0.48 × 2(양쪽) × 5.4 × 2개 = 10.37m^3
(4) 슬래브
 ① 콘크리트량 = 6.4 × 9.4 × 0.12 = 7.22m^3
 ② 거푸집량: 밑면 = 6.4 × 9.4 = 60.16m^3
   측면 = (6.4 + 9.4) × 2 × 0.12 = 3.80m^2
(5) 전체 콘크리트량 : 3.48 + 3.23 + 2.07 + 7.22 = 16m^3
(6) 전체 거푸집량 : 27.84 + 16.13 + 10.37 + 60.16 + 3.80 = 118.30m^2

24.

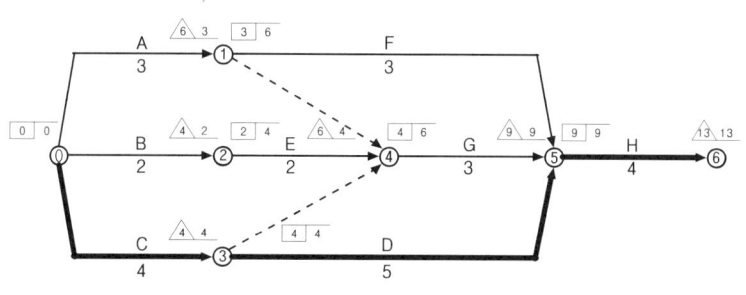

작업명	TF	FF	DF	CP
A	3	0	3	
B	2	0	2	
C	0	0	0	※
D	0	0	0	※
E	2	0	2	
F	3	3	0	
G	2	2	0	
H	0	0	0	※

2023. 2회 건축산업기사

1. 현장에서 작업을 하는 근로자에 대해서는 산업안전보건기준에 따라서 그 작업조건에 맞는 보호구를 작업하는 근로자에게 지급하고 착용하여야 한다. 문제에서 설명하는 작업에 적합한 보호구를 쓰시오.

(1)		물체의 낙하·충격, 물체에의 끼임, 감전 또는 정전기의 대전(帶電)에 의한 위험이 있는 작업
(2)		물체가 떨어지거나 날아올 위험 또는 근로자가 추락할 위험이 있는 작업
(3)		용접 시 불꽃이나 물체가 흩날릴 위험이 있는 작업
(4)		높이 또는 깊이 2m 이상의 추락할 위험이 있는 장소에서 하는 작업

2. 건설현장에서 사용되는 추락 재해 방지시설 및 낙하물에 대한 위험방지물이나 방지시설을 4가지 쓰시오.

① ②

③ ④

3. 달비계(곤돌라의 달비계는 제외한다)의 최대 적재하중을 정하는 경우 그 안전계수를 숫자로 쓰시오.

(1)	달기 와이어로프 및 달기 강선의 안전계수	(　　) 이상
(2)	달기 체인 및 달기 훅의 안전계수	(　　) 이상
(3)	달기 강대와 달비계의 하부 및 상부 지점의 안전계수	강재(鋼材)의 경우 (　　) 이상 목재의 경우 (　　) 이상

4. 프리스트레스하지 않는 현장치기 콘크리트의 피복두께에 관한 규정이다.
각각에 해당하는 피복두께를 숫자로 쓰시오.

구 분		피복두께(단위: mm)
수중에서 치는 콘크리트		①
흙에 접하여 콘크리트를 친 후 영구히 흙에 묻혀 있는 콘크리트		②
흙에 접하거나 옥외의 공기에 직접 노출되는 콘크리트	D19 이상의 철근	③
	D16 이하 철근, 지름 16mm 이하의 철선	④

① _____ ② _____ ③ _____ ④ _____

5. 거푸집 측압에 영향을 주는 요소는 여러 가지가 있지만, 건축현장의 콘크리트 부어넣기 과정에서 거푸집 측압에 영향을 줄 수 있는 요인을 4가지 쓰시오.

① _____ ② _____

③ _____ ④ _____

6. 다음에 해당되는 콘크리트에 사용되는 굵은골재의 최대치수를 기재하시오.

(1)	일반 콘크리트	20mm 또는 (　　　)mm
(2)	무근 콘크리트	(　　　)mm
(3)	단면이 큰 콘크리트	(　　　)mm (단, 부재 최소치수의 1/4을 초과해서는 안 됨)

7. 콘크리트용 혼화제(混和劑) 중 AE제의 장점을 4가지 쓰시오.

① _____ ② _____

③ _____ ④ _____

8. 레디믹스트 콘크리트(Ready Mixed Concrete)의 정의를 쓰고, 지문에서 설명하는 종류를 보기에서 골라 번호로 쓰시오.

   보기
   ① 센트럴 믹스트 콘크리트   ② 트랜시트 믹스트 콘크리트   ③ 쉬링크 믹스트 콘크리트

(1) 정의:

(2) 종류

(가)	트럭믹서에 모든 재료가 공급되어 운반 도중에 비벼지는 것	
(나)	믹싱플랜트 고정믹서에서 어느 정도 비빈 것을 트럭믹서에 실어 운반 도중 완전히 비비는 것	
(다)	믹싱플랜트 고정믹서로 비빔이 완료된 것을 트럭 에지테이터로 운반하는 것	

9. 다음 ( )안에 적당한 용어 및 수치를 쓰시오.

   한중콘크리트는 일평균 기온이 (①) 이하의 동결위험이 있는 기간에 타설하는 콘크리트를 말하며, 물시멘트비(W/C)는 (②) 이하로 하고 동결위험을 방지하기 위해 (③)콘크리트를 사용해야 한다.

   ① _____   ② _____   ③ _____

10. 다음과 같은 조건의 철근콘크리트 보의 중량(ton)을 산출하시오.

    보: 단면 300×400, 길이 1m, 수량 120개, 철근콘크리트 단위체적중량 2,400kg/m³

11. 강구조 내화피복 공법 중 타설공법과 조적공법에 해당하는 재료를 각각 2가지씩 쓰시오.

공법	재료	
타설공법	①	②
조적공법	③	④

①   ②   ③   ④

12. 다음의 설명에 해당하는 강구조 용접방법을 보기에서 골라 번호로 쓰시오.

보기

① 피복아크용접(Shielded Metal Arc Welding: SMAW)
② 서브머지드아크용접(Submerged Arc Welding: SAW)
③ 가스메탈아크용접(Gas Metal Arc Welding: GMAW)
④ 일렉트로슬래그용접(Electro Slag Welding: ESW)

(1)	용융슬래그 속에 용접봉을 연속으로 공급하고, 용접봉과 용융금속 내부에 흐르는 전류에 의한 전기저항 발열로써 전극을 용융시키는 방법
(2)	용접표면에 미세한 입상(粒狀)의 플럭스(Flux)를 공급하고 플럭스 내부에서 피복하지 않은 용접봉으로서 아크용접하는 방법
(3)	피복재를 유착시킨 용접봉을 사용한 용접으로서, 수동용접(Manual Welding)용으로 가장 많이 사용되는 용접방법
(4)	가스로서 아크를 보호하며 용접하는 방법

13. 다음은 맞댐용접(Groove Welding)을 나타낸 그림이다. 용접부의 기호에 대해 기호의 수치를 모두 표기하여 제작 상세를 표시하시오.

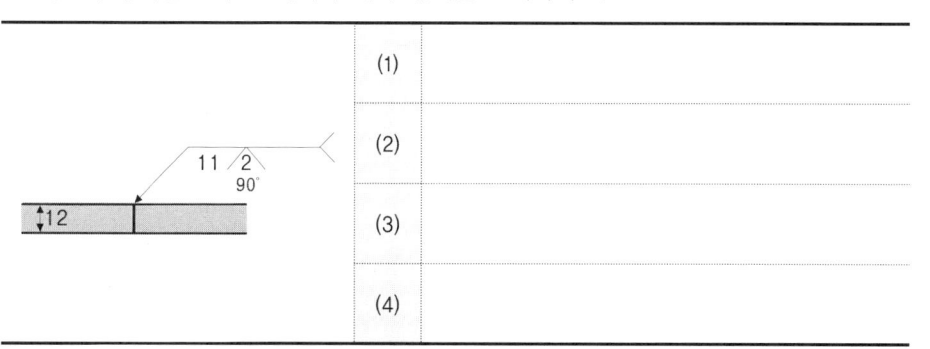

	(1)	
	(2)	
	(3)	
	(4)	

14. 벽돌벽의 표면에 생기는 백화현상의 발생방지 대책을 3가지 쓰시오.

득점	배점
	3

①

②

③

15. 표준형벽돌 1,000장으로 1.5B 두께로 쌓을 수 있는 벽면적은?
(단, 할증률은 고려하지 않는다.)

득점	배점
	4

16. 목재에 가능한 방부처리법을 4가지 쓰시오.

득점	배점
	4

① ②

③ ④

17. 목재 마루타일 붙이기 순서를 다음 보기에서 골라 번호로 쓰시오.

득점	배점
	4

보기

① 목재 마루타일 ② 기포콘크리트 ③ 단열재 ④ 보호모르타르

18. 타일의 재질과 용도에 관한 내용이다. 보기에 있는 타일을 이용하여 다음에서 설명하는 내용 중 ( ) 안에 알맞은 타일의 번호를 적으시오.
(단, 번호는 중복하여 기재 가능)

보기
① 토기질   ② 도기질   ③ 석기질   ④ 자기질

(1)	외장용 타일은 ( ) 또는 ( )로 하고, 내동해성이 우수한 것으로 한다.
(2)	내장용 타일은 ( ) 또는 ( ) 또는 ( )로 하고, 한랭지 및 이와 준하는 장소의 노출된 부위에는 ( ), ( )로 한다.
(3)	바닥용 타일은 유약을 바르지 않고, 재질은 ( ) 또는 ( )로 한다.

19. 도막방수와 비교한 시트방수의 특징에 해당하는 내용을 보기에서 골라 번호로 쓰시오.

보기
① 핀홀과 같은 안정성이 떨어진다.   ② 겹침부에 취약하다.
③ 기후의 영향을 받는다.   ④ 흘러내림이 있다.
⑤ 굴곡부 같은 곳에 적용하기 어렵다.   ⑥ 자재 자체의 방수성이 좋다.

20. 다음 보기에서 커튼월구조의 조립방식에 의한 분류를 3가지 골라 번호로 쓰고, 설명하는 내용의 조립방식을 골라 번호로 쓰시오.

보기
① 패널(Panel) 방식   ② 그리드(Grid) 방식   ③ 유닛월(Unit Wall) 방식
④ 윈도우월(Window Wall) 방식   ⑤ 스틱월(Stick Wall) 방식

(1)	조립방식에 의한 분류
(2)	구성 부재 모두가 공장에서 조립된 프리패브(Pre-Fab) 형식으로 창호와 유리, 패널의 일괄발주 방식으로, 이 방식은 업체의 의존도가 높아서 현장상황에 융통성을 발휘하기가 어려움
(3)	창호와 유리, 패널의 개별발주 방식으로 창호 주변이 패널로 구성됨으로써 창호의 구조가 패널 트러스에 연결할 수 있어서 재료의 사용 효율이 높아 비교적 경제적인 시스템 구성이 가능한 방식

21. 공개경쟁입찰의 순서를 보기에서 골라 번호로 쓰시오.

　　보기
　　① 입찰　　　② 현장설명　　　③ 설계도서 열람 및 교부
　　④ 계약　　　⑤ 개찰　　　　　⑥ 참가등록
　　⑦ 입찰공고　⑧ 견적기간　　　⑨ 질의응답
　　⑩ 낙찰　　　⑪ 입찰등록

22. 특명입찰의 정의와 장점을 2가지 쓰시오.
(1) 정의:

(2) 장점:

① ②

23. 건설공사에서 계약분쟁의 해결방법 3가지를 쓰시오.

① ② ③

24. BOT(Build-Operate-Transfer)와 BTO(Build-Transfer-Operate)의 차이점을 비교하여 설명하시오.

25. TQC의 7도구에 대한 설명이다. 해당되는 도구명을 쓰시오.

(1)		계량치의 데이터가 어떠한 분포를 하고 있는지 알아보기 위하여 작성하는 그림
(2)		결과에 원인이 어떻게 관계하고 있는가를 한 눈에 알 수 있도록 작성한 그림
(3)		대응되는 두 개의 짝으로 된 데이터를 하나의 점으로 나타낸 그림

26. 다음 데이터를 네트워크공정표로 작성하고, 각 작업의 여유시간을 구하시오.

작업명	작업일수	선행작업	비고
A	5	없음	(1) 결합점에서는 다음과 같이 표시한다.
B	2	없음	
C	4	없음	
D	4	A, B, C	
E	3	A, B, C	(2) 주공정선은 굵은선으로 표시한다.
F	2	A, B, C	

(1) 네트워크 공정표

(2) 각 작업의 여유시간

작업명	TF	FF	DF	CP
A	0	0	0	※
B	3	3	0	
C	1	1	0	
D	0	0	0	※
E	1	1	0	
F	2	2	0	

2023. 2회 기출문제 해답

1.
(1) 안전화
(2) 안전모
(3) 보안면
(4) 안전대

2.
① 낙하물방지망
② 방호선반
③ 추락방호망
④ 개구부 수평보호덮개

3.
(1) 10
(2) 5
(3) 2.5, 5

4.
① 100
② 75
③ 50
④ 40

5.
① Slump값이 클수록 측압이 크다.
② 벽두께가 두꺼울수록 측압이 크다.
③ 타설속도가 빠를수록 측압이 크다.
④ 습도가 높을수록 측압이 크다.

6.
(1) 25
(2) 40
(3) 40

2023. 2회 기출문제 해답

7.
① 단위수량 감소
② 재료분리 감소
③ 동결융해저항성 증대
④ 워커빌리티(Workability) 개선

8.
(1) 배처플랜트(Batcher Plant)를 갖춘 공장에서 생산되어 운반차에 의해 구입자에게 공급되는 굳지 않은 콘크리트
(2) (가) ②   (나) ③   (다) ①

9.
① 4℃
② 60
③ AE(공기연행)

10.
$(0.3 \times 0.4) \times 1 \times 2.4 \times 120 = 34.56\,\text{ton}$

11.
① 콘크리트   ② 경량콘크리트   ③ 돌   ④ 벽돌

12.
(1) ④   (2) ②   (3) ①   (4) ③

13.
(1) 화살쪽 용접부 개선각 90° V형 그루브용접
(2) 목두께 12mm
(3) 개선깊이 11mm
(4) 루트(Root) 간격 2mm

14.
① 흡수율이 작은 소성이 잘된 벽돌 사용
② 줄눈모르타르에 방수제를 혼합
③ 벽체 표면에 발수제 첨가 및 도포

15.
$1,000 \div 224 = 4.46 m^2$

16.
① 도포법
② 주입법
③ 침지법
④ 표면탄화법

17.
③ ➡ ② ➡ ④ ➡ ①

18.
(1) ④, ③
(2) ④, ③, ②, ④, ③
(3) ④, ③

19.
②, ③, ⑤, ⑥

20.
(1) ③, ④, ⑤
(2) ③
(3) ④

21.
⑦ ➡ ⑥ ➡ ③ ➡ ② ➡ ⑨ ➡ ⑧ ➡ ⑪ ➡ ① ➡ ⑤ ➡ ⑩ ➡ ④

22.
(1) 건축주가 가장 적합한 1개의 시공회사를 선정하여 입찰시키는 방식
(2) ① 입찰수속 간단
    ② 공사 보안유지 유리

23.
① 합의　　　　② 조정 및 중재　　　　③ 소송

24.
사회간접시설을 민간부분이 주도하여 설계·시공한 후 일정기간 시설물을 운영하여 투자금액을 회수한 후 시설물과 운영권을 무상으로 공공부분에 이전하는 방식이 BOT라면, BTO방식은 소유권을 공공부분에 먼저 이전하고 약정기간 동안 시설물을 운영하여 투자금액을 회수해가는 방식이다.

25.
(1) 히스토그램
(2) 특성요인도
(3) 산점도

26.

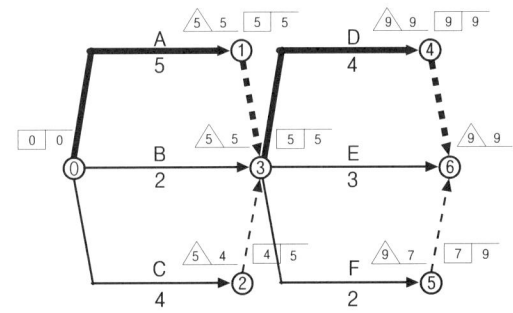

작업명	TF	FF	DF	CP
A	0	0	0	※
B	3	3	0	
C	1	1	0	
D	0	0	0	※
E	1	1	0	
F	2	2	0	

2023. 3회 건축산업기사

1. 건설공사 현장에서 공사감리자의 역할을 3가지 쓰시오.

   ① _____

   ② _____

   ③ _____

2. 공동도급방식 중에서 공동이행방식(Sponsorship)과 분담이행방식(Consortium)의 차이점을 비교하여 설명하시오.

3. 콘크리트 시공과정 중에서 발생할 수 있는 콜드조인트(Cold Joint)와 시공줄눈(Construction Joint)의 차이점을 비교하여 설명하시오.

4. 콘크리트 슬럼프 저하(Slump Loss)의 원인을 3가지 쓰시오.

   ① _____

   ② _____

   ③ _____

5. 기존 콘크리트의 시멘트량 50%를 혼화재(混和材)로 대체한 저탄소콘크리트 (Carbon Reducing Concrete)에 사용되는 혼화재의 종류를 2가지 쓰시오.

① _____ ② _____

6. 광학적 요소를 가진 건축용 유리의 종류를 2가지 쓰시오.

① _____ ② _____

7. 거푸집과 관련된 다음 설명에 해당하는 용어의 명칭을 쓰시오.

(1) 거푸집 상호 간의 간격을 유지하는 것:

(2) 철근과 거푸집의 간격을 일정하게 유지시키는 것:

(3) 거푸집을 고정하여 작업 중의 콘크리트 측압을 최종적으로 부담하는 것:

8. 조적공사 시 테두리보(Wall Girder)를 설치하는 이유를 3가지 쓰시오.

① _____
② _____
③ _____

9. 다음 설명에 해당하는 석재의 등급(1등급, 2등급, 3등급)을 구분하여 적으시오.

(1) 1등급 기준에 결점이 심하지 않은 석재:

(2) 시공의 실용상 지장이 없는 석재:

(3) 얼룩, 점, 띠, 부식, 산화 등이 거의 없는 석재:

10. 할증률을 고려하지 않을 때, 1.5B의 표준형벽돌 1,600매를 사용하여 시공할 수 있는 벽면적(㎡)을 산출하시오.

11. 다음이 설명하는 목재 갈라짐(Crack)과 관련된 용어의 명칭을 【보기】에서 골라 번호로 쓰시오.

   보기

   ① 분할   ② 윤할   ③ 할렬

   (1) 나무의 생장과정 중에서 받는 내부응력으로 목재 조직이 나이테에 평행한 방향으로 갈라지는 결함:

   (2) 제재목의 끝 부분에서 윗부분과 아랫부분이 관통되어 갈라진 결함:

   (3) 목재의 건조과정 중에서 방향에 따른 수축률의 차이로 인하여 나이테에 직각방향으로 갈라지는 결함:

12. 다음 그림에서 발생한 용접결함의 명칭을 쓰시오.

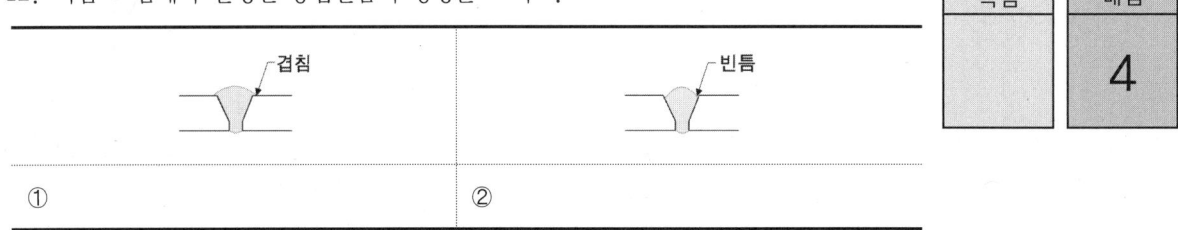

   ①   ②

13. 다음 그림에서 가리키는 재료의 명칭을 쓰시오.

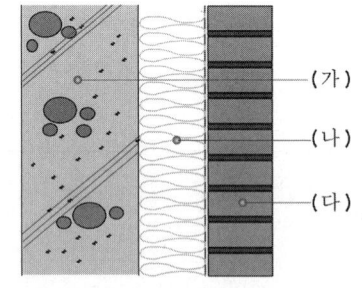

   (가)   (나)   (다)

14. 슬럼프 콘에 관한 시험방법에 대한 내용 중 빈칸에 알맞은 숫자를 기입하시오.

> 슬럼프 콘에 시험하려는 콘크리트를 채운 후 (　)회 타격하여 (　)분 간 굳히고 빼냈을 때 낮아지는 높이를 (　)mm 단위로 측정한다.

15. 한중콘크리트에 대한 내용 중 빈칸에 알맞은 용어 또는 숫자를 기입하시오.

> • 한중콘크리트는 (　)를 사용하는 것을 원칙으로 하며, 단위수량은 콘크리트 소요성능이 얻어지는 범위 내에서 될 수 있는 한 (　) 한다.
> • 물시멘트비는 원칙적으로 (　)% 이하로 하고 일평균기온 (　)℃ 이하의 동결위험이 있는 기간에 사용한다.

16. 다음이 설명하는 한중콘크리트의 양생 방법을 【보기】에서 골라 번호로 쓰시오.

> 보기
> ① 급열양생　② 단열양생　③ 피복양생　④ 봉함양생

(1) 단열성이 높은 재료로 콘크리트를 감싸 시멘트의 수화열로 보온하는 방법:

(2) 콘크리트 공시체를 봉투 등을 사용하여 대기와의 접촉을 차단하는 방법:

(3) 시트 등을 사용하여 콘크리트의 표면온도를 저하시키지 않도록 하는 방법:

(4) 양생기간 중 열원을 사용하여 콘크리트의 온도를 높이는 방법:

17. 가설통로 설치 시 고려사항에 대한 내용 중 빈칸에 알맞은 숫자를 기입하시오.

> • 가설통로의 경사는 (　)° 이하로 설치한다.
> • 가설통로의 경사가 (　)°를 초과하였을 경우 미끄러지지 않는 구조로 한다.
> • 건설공사에 사용하는 높이 8m 이상인 비계다리에는 (　)m 이내마다 계단참을 설치한다.

18. 곤돌라형 달비계에 사용 금지된 와이어로프에 대한 설명이다. 알맞은 것을 하나씩 골라 번호로 쓰시오.

(1)	이음매가 (① 있는 것 ② 없는 것)
(2)	와이어로프의 한 꼬임에서 끊어진 소선의 수가 (① 3% ② 7% ③ 10% ④ 15%) 이상인 것
(3)	지름의 감소가 공칭지름의 (① 3% ② 7% ③ 10% ④ 15%)를 초과하는 것

19. 철근의 정착위치를 【보기】에서 골라 번호로 쓰시오.

보기
　　　① 기초　　② 기둥　　③ 보　　④ 벽　　⑤ 바닥

(1)	보의 주근	
(2)	바닥의 주근	
(3)	벽의 주근	
(4)	지중보 주근	

20. 다음 빈칸에 알맞은 콘크리트 강도의 명칭을 쓰시오.

(①)강도는 콘크리트 부재 설계 시 기준이 되는 강도로서 재령 28일 압축강도를 의미한다. (②)강도는 콘크리트 재료를 배합하여 강도를 결정하는 경우 목표로 삼는 압축강도로서 시방서 및 책임기술자가 승인하는 압축강도이다.
(③)강도는 레디믹스트콘크리트(Ready Mixed Concrete)를 주문할 때 사용하는 압축강도로서 (①)강도에 타설 후 28일간 평균온도에 따른 보정강도를 보탠 강도이다.

①　　　　　　　　　②　　　　　　　　　③

21. 시멘트모르타르 바름 시공순서의 일반사항에 대한 설명 중 틀린 지문을 2개 골라 올바르게 수정하시오.

(1)	바탕처리에서 요철 또는 변형이 심한 개소를 고르게 손질바름하여 마감두께가 균등하게 되도록 조정하고 균열을 보수한다.
(2)	바탕을 완전히 건조시킨 후 초벌바름을 실시한다.
(3)	모르타르의 현장배합은 표준배합비에 따라 실시한다.
(4)	콘크리트 바탕을 기준으로 할 경우 미장 시 합계 두께는 바닥 24mm, 천장 15mm, 내벽 15mm, 바깥벽 24mm로 한다.
(5)	바름두께는 바탕의 표면부터 측정하는 것으로서, 라스 먹임의 바름두께를 포함하지 않는다.
(6)	바름두께에서 메탈라스와 와이어라스 먹임의 경우는 제외하도록 한다.

-
-

22. PQ(Pre-Qualification) 제도에 대해 설명하시오.

23. LCC(Life Cycle Cost)에 대해 설명하시오.

24. 다음이 설명하는 강구조 데크플레이트(Deck Plate)의 종류를 【보기】에서 골라 번호로 쓰시오.

   보기
   ① 합성데크플레이트   ② 일반데크플레이트   ③ 복합데크플레이트

(1) 하중에 관계없이 거푸집 대용으로 사용하거나 콘크리트와 일체가 되도록 사용하는 것:
(2) 콘크리트가 압축응력을 부담하며 인장응력의 경우 철근을 대신하여 여러 가지 형상으로 제작된 데크플레이트가 부담하도록 사용되는 것:
(3) 공장에서 거푸집 대용 플레이트와 슬래브 철근 주근을 조립하고 현장에서 배력근만 설치하고 콘크리트를 타설하는 것:

25. 다음 【보기】에서 비계의 해체순서와 주의사항에 대한 내용 중 틀린 것을 2가지 고르고 올바르게 수정하시오.

> **보기**
> ① 비계의 해체작업은 시공과정의 역순으로 실시한다.
> ② 해체 전에 비계에 균열과 흔들림 등의 결함이 확인되었을 경우, 해당 부위를 무시하고 빠르게 해체를 진행한다.
> ③ 해체는 수직부재부터 순서대로 해체하도록 한다.
> ④ 해체 및 철거 시에는 근로자의 추락방지 및 낙하물과 비래에 대한 적절한 조치를 한다.
> ⑤ 분리한 모든 부재와 이음재는 비계로부터 떨어뜨리지 말고 천천히 내리도록 한다.
> ⑥ 벽 이음재의 경우 가능하면 나중에 해체하도록 한다.

·

·

26. 녹막이칠과 관련된 도장공사 과정 중에서 상도와 하도 전(前)에 실시하는 점검사항을 【보기】에서 골라 번호로 쓰시오.

> **보기**
> ① 조색확인에 대한 점검
> ② 바탕확인에 대한 점검
> ③ 표면마찰계수에 대한 점검
> ④ 미스트코트(Mist Coat) 도포 실시에 따른 작업여부 점검

(1) 상도 전:　　　　　　　　(2) 하도 전:

27. 단열재의 시공에 관한 주의사항과 관련하여 다음 물음에 답하시오.
(1) 빈칸에 알맞은 것을 하나씩 고르시오.
· 단열재는 폭이 (긴쪽 / 짧은쪽)을 바닥과 수평하게 만들어서
  (위 / 아래)에서 (위 / 아래)로 시공한다.
(2) 빈칸에 알맞은 내용을 적으시오.
· 접착모르타르 및 단열재 시공시 시공 바탕면을 별도의 가열 및 보온조치를 하지 않는 경우 주위온도가 (　　　)℃ 이상인 경우에 한하여 시공한다.

28. 다음이 설명하는 공정관리 용어를 【보기】에서 골라 쓰시오.

> 보기
>
> EST, EFT, LST, Slack, CP, Float, DF, FF, TF

(1) 작업을 시작하는 가장 빠른 시각:

(2) 네트워크 공정표에서 결합점이 가지는 여유시간:

(3) 후속작업의 자유여유에 영향을 주는 여유:

29. 다음 데이터를 이용하여 표준 네트워크 공정표를 작성하시오.

작업명	작업일수	선행작업	비고
A	2	없음	(1) 결합점에서는 다음과 같이 표시한다. 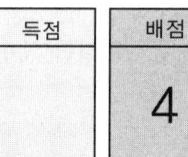 (2) 주공정선은 굵은선으로 표시한다.
B	3	없음	
C	5	A	
D	5	A, B	
E	2	A, B	
F	3	C, D, E	
G	5	E	

2023. 3회 기출문제 해답

1.
① 건축주와의 계약에 의하여 건축시공자가 설계도서대로 적법하게 시공하는지 여부 등을 확인
② 시공되는 건축물의 품질관리·공사관리·안전관리 등을 지도·감독
③ 감리중간보고서·감리완료보고서를 작성하여 건축주에게 제출할 의무

2.
공동이행방식은 참여 회사들이 일정 비율의 노무, 기계, 자금을 제공하여 새로운 조직으로 시공하는 방식이고, 분담이행방식은 각자의 회사가 공사를 분할시공하는 형태의 방식이다.

3.
콜드 죠인트는 콘크리트 타설온도가 25℃ 이상에서 2시간 이상, 25℃ 미만에서 2.5시간이 지난 후 이어치기할 때 콘크리트가 일체화되지 않아 발생하는 계획되지 않은 Joint이고, 시공줄눈은 콘크리트 작업 관계로 경화된 콘크리트에 새로 콘크리트를 타설할 경우 발생하는 계획된 Joint이다.

4.
① 콘크리트 수화작용에 의한 수분의 증발
② 콘크리트 운반시간이 길어질 때
③ 콘크리트 타설시간이 길어질 때

5.
① 플라이애시   ② 고로슬래그

6.
① 크라운(Crown) 유리   ② 플린트(Flint) 유리

7.
(1) 격리재(Seperator)   (2) 스페이서(Spacer)   (3) 긴결재(Form Tie)

8.
① 수직 및 수평 집중하중에 대한 보강
② 개구부 설치 시 벽면의 수직균열 보강
③ 세로철근의 끝을 정착

2023. 3회 기출문제 해답

9.
(1) 2등급   (2) 3등급   (3) 1등급

10.
1,600 ÷ 224 = 7.14㎡

11.
(1) ②   (2) ①   (3) ③

12.
① 오버랩(Overlap)   ② 언더컷(Undercut)

13.
(가) 콘크리트   (나) 단열재   (다) 벽돌

14.
25, 3, 5

15.
AE제(AE감수제, 고성능 AE감수제), 적게, 60, 4

16.
(1) ②   (2) ④   (3) ③   (4) ①

17.
30, 15, 7

18.
(1) ①   (2) ③   (3) ②

19.
(1) ②, ③   (2) ③, ④   (3) ②, ③, ⑤   (4) ①, ②

20.
① 설계기준   ② 배합   ③ 호칭

21.
(2) 바탕을 물축임 후 초벌바름을 실시한다.
(4) 내벽 18mm로 한다.

22.
건설업체의 공사 수행능력을 기술적 능력, 재무 능력, 조직 및 공사능력 등 비가격적 요인을 검토하여 가장 효율적으로 공사를 수행할 수 있는 업체에 입찰 참가자격을 부여하는 제도

23.
건축물의 초기단계에서 설계, 시공, 유지관리, 해체에 이르는 일련의 과정과 제비용

24.
(1) ②   (2) ①   (3) ③

25.
② 결함이 확인되었을 경우 정상적으로 복구를 한 후에 해체를 실시한다.
③ 해체는 수평부재부터 순서대로 해체하도록 한다.

26.
(1) ①, ④   (2) ②, ③

27.
(1) 긴 쪽, 아래, 위   (2) 5

28.
(1) EST   (2) Slack   (3) DF

29.

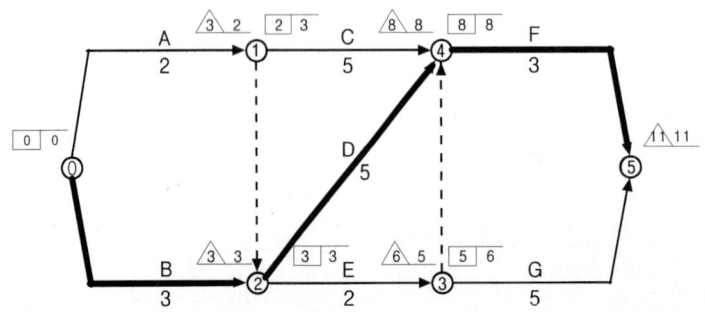

2024. 1회 건축산업기사

1. 강구조공사에 사용되는 고장력볼트조임의 장점을 4가지 쓰시오.

① _____

② _____

③ _____

④ _____

2. 다음의 설명에 알맞은 낙하물에 대한 위험방지물이나 방지시설을 보기에서 골라 번호로 쓰시오.

보기
① 개구부 수평보호덮개 ② 안전난간 ③ 방호선반
④ 낙하물 방지망 ⑤ 수직보호망 ⑥ 추락 방호망
⑦ 수직형 추락방망

(1)		작업 도중 자재, 공구 등의 낙하로 인한 피해를 방지하기 위하여 개구부 및 비계 외부에 수평으로 설치하는 망
(2)		상부에서 작업도중 자재나 공구 등의 낙하로 인한 재해를 방지하기 위하여 개구부 및 비계 외부 안전통로 출입구 상부에 설치하는 낙하물 방지망 대신 설치하는 목재 또는 금속 판재
(3)		고소 작업 중 근로자의 추락 및 물체의 낙하를 방지하기 위하여 수평으로 설치하는 보호망으로 설치 지점에서 작업 위치까지의 높이가 10m를 초과하지 말아야 하는 것
(4)		근로자 또는 장비 등이 바닥 등에 뚫린 부분으로 떨어지는 것을 방지하기 위하여 설치하는 판재 또는 각재나 철판

3. 콜드 죠인트(Cold Joint)를 설명하고 구조체에 생기는 영향을 쓰시오.
(1) 설명:

(2) 구조체에 생기는 영향:

①

②

4. 다음의 계약방식에 대해 설명하시오.

(1) BOT(Build-Operate-Transfer):

(2) BTO(Build-Transfer-Own):

(3) BOO(Build-Operate-Own):

5. 다음이 설명하는 데크플레이트의 종류를 보기에서 골라 번호로 쓰시오.

보기		
① 데크합성슬래브	② 데크복합슬래브	③ 데크구조슬래브

(1)	데크플레이트와 콘크리트가 일체되어 하중을 부담하는 구조
(2)	데크플레이트의 홈에 철근을 배치한 철근콘크리트와 데크 플레이트가 하중을 부담하는 구조
(3)	데크플레이트가 연직하중, 수평가새가 수평하중을 부담하는 구조

6. 다음의 용접결함의 보수 방법을 보기에서 골라 기호로 쓰시오.

보기

① 덧살용접 후, 그라인더 마무리, 용접 비드는 길이 40mm 이상으로 한다.
② 정이나, 아크에어가우징에 의하여 불량 부분을 제거하고, 덧살용접을 한 후 그라인더로 마무리한다.
③ 판두께의 1/4 정도 깊이로 가우징을 하고, 덧살용접을 한 후, 그라인더로 마무리한다.
④ 균열부분을 완전히 제거하고 발생원인을 규명하여 그 결과에 따라 재용접을 한다.
⑤ 비드 용접한 후 그라인더로 마무리한다. 용접비드의 길이는 40mm 이상으로 한다.

	결함의 종류	보수 방법
(1)	용접 균열	
(2)	강재의 표면상처로 그 범위가 분명한 것	
(3)	언더컷	

7. 철골공사에서 내화피복공법 종류에 따른 재료를 각각 1가지씩 쓰시오.

	공법	재료
(1)	타설공법	
(2)	뿜칠공법	
(3)	미장공법	
(4)	조적공법	

8. 욕실 바닥 타일 붙이기 순서이다. 그림을 보고 보기에서 골라 알맞게 기재하시오.

보기

경량기포 콘크리트, 자기질 타일, 붙임 모르타르, 마감모르타르(XL15), 액체 방수 1종

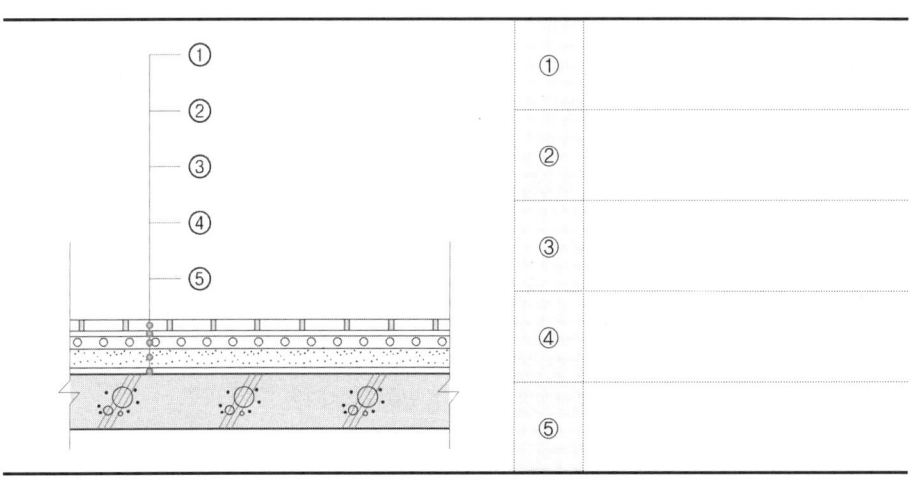

①
②
③
④
⑤

9. 설계와 시공이 분리된 도급공사에서 공사비 지불방식과 관련된 계약방식을 3가지 쓰시오.

① _____ ② _____ ③ _____

10. KS L 5201 규정에서 정한 포틀랜드 시멘트의 종류를 5가지 쓰시오.

① _____ ② _____ ③ _____

④ _____ ⑤ _____

11. 입찰방식 중 특명입찰(=수의계약)의 장점과 단점을 각각 2가지씩 쓰시오.

(1) 장점

① _____

② _____

(2) 단점

① _____

② _____

12. 다음이 설명하는 비계의 명칭을 쓰시오.

(1)		강관 등으로 미리 제작한 틀을 현장에서 조립하여 세우는 형태의 비계
(2)		상부에서 와이어로프 등으로 매달린 형태의 비계
(3)		주로 건축물의 천장과 벽면의 실내 내장 마무리 등을 위해 바닥에서 일정높이의 발판을 설치하여 만든 비계
(4)		각각의 부재를 공장에서 제작하고 현장에서 조립하여 사용하는 조립형 비계로 고소작업에서 작업자가 작업장소에 접근하여 작업할 수 있도록 설치하는 작업대를 지지하는 가설 구조물

13. 다음 데이터를 네트워크공정표로 작성하시오.

작업명	작업일수	선행작업	비고
A	5	없음	(1) 결합점에서는 다음과 같이 표시한다.
B	6	없음	
C	5	A, B	
D	4	B	(2) 주공정선은 굵은선으로 표시한다.

14. 목재 건조의 목적과 효과를 3가지 쓰시오.

① ② ③

15. 다음 【보기】의 수밀콘크리트에 대한 내용 중 틀린 것을 1가지 고르고 올바르게 수정하시오.

보기

① 배합은 콘크리트의 소요품질이 얻어지는 범위 내에서 단위수량 및 물결합재비를 가급적 크게 하고, 단위굵은골재량은 가급적 작게 한다.
② 콘크리트의 소요 슬럼프는 가급적 적게 하고 180mm를 넘지 않도록 하며, 타설이 용이할 때에는 120mm 이하로 한다.
③ 물결합재비는 50% 이하를 표준으로 한다.

16. 다음의 우측 항목에서 설명하고 있는 굳지않은 콘크리트와 관련된 적절한 용어를 좌측 항목에 기재하시오.

(1)		단위수량에 의해 변화하는 콘크리트 유동성의 정도, 혼합물의 묽기 정도
(2)		거푸집 등의 형상에 순응하여 채우기 쉽고, 재료분리가 일어나지 않는 성질로서 거푸집에 잘 채워질 수 있는지의 난이정도
(3)		골재의 최대치수에 따르는 표면정리의 난이정도, 마감작업의 용이성을 나타내는 성질

17. 거푸집 측압에 영향을 주는 요소와 콘크리트 측압에 미치는 영향을 (예시)와 같이 작성하시오.

	요소별 항목	콘크리트 측압에 미치는 영향
(예시)	콘크리트 타설속도	콘크리트 타설속도가 빠를수록 측압이 크다.
①	거푸집의 강성	
②	거푸집의 투수성	
③	거푸집의 수평단면	

18. 다음이 설명하는 콘크리트의 명칭을 쓰시오.

(1)		콘크리트설계기준강도가 일반콘크리트 40MPa 이상, 경량콘크리트 27MPa 이상인 콘크리트
(2)		일평균 기온이 25℃ 이상일 때 타설되는 콘크리트
(3)		보통 부재단면 최소치수가 80cm 이상(하단이 구속된 경우에는 50cm 이상), 콘크리트 내외부 온도차가 25℃ 이상으로 예상되는 콘크리트
(4)		시멘트 대체 혼화재로서 플라이 애시 및 콘크리트용 고로슬래그 미분말을 결합재로 대량 치환하여 제조된 콘크리트 중 치환율이 50% 이상, 70% 이하인 콘크리트

19. 다음 용어를 설명하시오. (단, 긴결재와 격리재의 차이점이 드러나도록 서술하시오.)

(1) 긴결재(Form Tie):

(2) 격리재(Seperator):

(3) 박리제(Form Oil):

20. 다음 데이터를 이용하여 A작업과 B작업의 비용경사를 구하시오.

작업명	표준(Normal)		특급(Crash)	
	공기(Time)	공비(Cost)	공기(Time)	공비(Cost)
A	8일	10,000원	6일	12,000원
B	6일	60,000원	4일	90,000원

(1) A작업:

(2) B작업:

21. 모르타르 용도에 사용되는 도료의 종류를 3가지 쓰시오.

① ② ③

22. 우레탄 고무계 도막방수에서 보호 및 마감재의 종류를 3가지 쓰시오.
(단, 도포형이고 평탄부위(L-UrF), 물매(1/100~1/50) 공정이다.)

① ② ③

23. 배합비 1 : 3의 모르타르 10m³ 제조에 필요한 시멘트량과 모래량을 산출하시오. (단, 손비빔에 따른 감소율은 30%이다.)

    (1) 시멘트량:

    (2) 모래량:

24. 다음에서 설명하는 품질관리(QC) 도구의 명칭을 쓰시오.

①	치수, 무게, 강도 등 계량치의 Data가 어떤 분포를 하고 있는지 알기 위해 기둥 그래프와 같은 형태로 만든 것
②	결과에 대해 원인이 어떻게 관계하는지를 알기 쉽게 작성한 그림이다.
③	결함부나 기타 시공불량 등 항목을 구분하여 크기순으로 나열하여 결함항목을 집중적으로 감소시키는데 효과적으로 사용된다.
④	서로 대응하는 두 변수간의 상관관계를 그래프 용지 위에 점으로 나타낸 그림

25. 다음은 조적공사와 관련된 내용이다. 괄호 안을 채우시오.

(1)	가로 및 세로줄눈의 너비는 도면 또는 공사시방서에서 정한 바가 없을 때에는 (　　　)를 표준으로 한다.
(2)	벽돌쌓기는 도면 또는 공사시방서에서 정한 바가 없을 때에는 영식쌓기 또는 (　　　)로 한다.
(3)	하루의 쌓기높이는 (　　)m를 표준으로 하고, 최대 (　　)m 이하로 한다.

26. 산업안전보건법에 의한 안전난간의 구조 및 설치요건의 구조에 관한 기준이다. ( )안에 적당한 숫자를 기입하시오.

(1)	상부 난간대는 바닥면·발판 또는 경사로의 표면으로부터 ( )cm 이상 지점에 설치하고, 상부 난간대를 120cm 이하에 설치하는 경우에는 중간 난간대는 상부 난간대와 바닥면등의 중간에 설치하여야 하며, 120cm 이상 지점에 설치하는 경우에는 중간 난간대를 2단 이상으로 균등하게 설치하고 난간의 상하 간격은 ( )cm 이하가 되도록 할 것. 다만 계단의 개방된 측면에 설치된 난간기둥 간의 간격이 25cm 이하인 경우에는 중간 난간대를 설치하지 아니할 수 있다.
(2)	발끝막이판은 바닥면등으로부터 ( )cm 이상의 높이를 유지할 것. 다만, 물체가 떨어지거나 날아올 위험이 없거나 그 위험을 방지할 수 있는 망을 설치하는 등 필요한 예방 조치를 한 장소는 제외한다.
(3)	안전난간은 구조적으로 가장 취약한 지점에서 가장 취약한 방향으로 작용하는 ( )kg 이상의 하중에 견딜 수 있는 튼튼한 구조일 것

27. 시공관리 PDCA 싸이클(Cycle) 4단계 순서를 한글로 쓰시오.

( ) - ( ) - ( ) - ( )

28. 사용부위에 따른 타일의 줄눈폭을 숫자로 쓰시오.

사용부위	재질	크기(mm)	두께(mm)	줄눈폭(mm)
욕실 바닥	자기질	200×200 이상	7 이상	
욕실 벽	유색시유도기질	200×250 이상	6 이상	
현관 바닥	자기질	300×300 이상	7 이상	
주방 벽	유색시유도기질	200×200 이상	6 이상	

2024. 1회 기출문제 해답

1.
① 마찰접합이므로 소음이 거의 없다.
② 접합부 강도가 크며, 너트가 풀리지 않는다.
③ 응력집중이 적고, 반복응력에 강하다.
④ 현장시공 설비가 간단한다.

2.
(1) ④   (2) ③   (3) ⑥   (4) ①

3.
(1) 콘크리트 타설온도가 25℃ 이상에서 2시간 이상, 25℃ 미만에서 2.5시간이 지난 후 이어치기할 때 콘크리트가 일체화되지 않아 발생하는 계획되지 않은 Joint
(2) ① 누수의 원인이 되고 강도상 취약한 부분이 된다.
   ② 내구성을 저하시킨다.

4.
(1) 발주측이 프로젝트 공사비를 부담하는 것이 아니라 민간부분 수주측이 설계, 시공 후 일정기간 시설물을 운영하여 투자금을 회수하고 시설물과 운영권을 무상으로 발주측에 이전하는 방식
(2) 사회간접시설의 확충을 위해 민간이 자금조달과 공사를 완성하여 소유권을 공공부분에 먼저 이양하고, 약정기간 동안 그 시설물을 운영하여 투자금액을 회수하는 방식
(3) 민간부분이 설계, 시공 주도 후 그 시설물의 운영과 함께 소유권도 민간에 이전되는 방식

5.
(1) ①   (2) ②   (3) ③

6.
(1) ④   (2) ①   (3) ⑤

7.
(1) 콘크리트, 경량콘크리트
(2) 암면, 플라스터
(3) 철망 퍼라이트, 철망 모르타르
(4) 돌, 벽돌, 블록

2024. 1회 기출문제 해답

8.
① 자기질 타일
② 고름모르타르
③ 보호모르타르(XL15)
④ 기포콘크리트
⑤ 액체방수 1종

9.
① 정액도급　　② 단가도급　　③ 실비정산보수가산도급

10.
① 보통포틀랜드시멘트
② 중용열 포틀랜드시멘트
③ 조강포틀랜드시멘트
④ 저열포틀랜드시멘트
⑤ 내황산염포틀랜드시멘트

11.
(1) ① 입찰수속이 간단해진다.
　　② 공사의 보안유지에 유리하다.
(2) ① 부적격 업체가 선정될 수 있다.
　　② 공사비 결정이 불명확해질 수 있다.

12.
(1) 강관틀비계　　(2) 달비계　　(3) 말비계　　(4) 시스템비계

13.

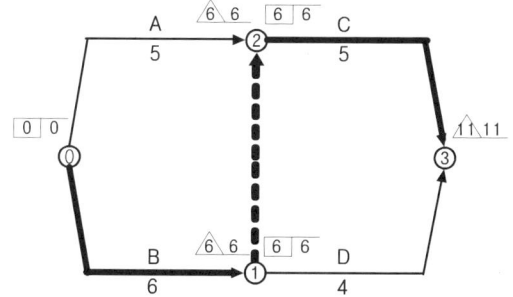

14.
① 중량의 경감
② 강도의 증진
③ 균류 발생의 방지

15.
① 단위수량 및 물결합재비를 가급적 작게 하고, 단위굵은골재량은 가급적 크게 한다.

16.
(1) 반죽질기
(2) 성형성
(3) 마감성

17.
① 거푸집의 강성이 클수록 측압이 크다.
② 거푸집의 투수성이 클수록 측압이 작다.
③ 거푸집의 수평단면이 클수록 측압이 크다.

18.
(1) 고강도 콘크리트
(2) 서중 콘크리트
(3) 매스 콘크리트
(4) 저탄소 콘크리트

19.
(1) 거푸집을 고정하여 작업 중의 콘크리트 측압을 최종적으로 부담하는 것
(2) 거푸집 상호 간의 간격을 유지하는 것
(3) 거푸집의 탈형과 청소를 용이하게 만들기 위해 합판거푸집 표면에 미리 바르는 것

20.
(1) $\dfrac{12,000-10,000}{8-6} = 1,000$원/일
(2) $\dfrac{90,000-60,000}{6-4} = 15,000$원/일

21.
① 합성수지에멀션 도료
② 아크릴 도료
③ 염화비닐수지 도료

22.
① 현장타설콘크리트
② 콘크리트블록
③ 시멘트모르타르

23.
(1) $C = \dfrac{1}{(1+m)(1-N)} = \dfrac{1}{(1+3)(1-0.3)} = 3.57 \text{m}^3$
(2) $S = C \times m = 3.57 \times 3 = 10.71 \text{m}^3$

24.
① 히스토그램
② 특성요인도
③ 파레토도
④ 산점도

25.
(1) 10mm
(2) 화란식 쌓기
(3) 1.2, 1.5

26.
(1) 90, 60
(2) 10
(3) 100

27.
계획, 실시, 검토, 조치

28.
4, 2, 5, 2

2024. 2회 건축산업기사

1. 공사중 철재의 작업발판 끝이나 난간 등 그와 관련하여 작업자가 떨어질 위험이 있는 곳에서 설치하여야 할 시설을 3가지 쓰시오.

① ② ③

2. 다음에서 설명하는 계약방식을 쓰시오.

①	사회간접시설을 민간부분이 주도하여 설계·시공한 후 시설의 운영권과 함께 소유권도 민간에 이전하는 방식
②	사회간접시설을 민간부분이 주도하여 설계·시공한 후 소유권을 공공부분에 먼저 이전하고 약정기간 동안 시설물을 운영하여 투자금액을 회수해가는 방식
③	사회간접시설을 민간부분이 주도하여 설계·시공한 후 소유권을 공공부분에 양도하고 시설물 임대료를 통하여 투자금액을 회수해가는 방식

3. 공개경쟁입찰의 장단점을 각각 2가지씩 쓰시오.

(1) 장점

①

②

(2) 단점

①

②

4. TQC의 7도구에 대한 설명이다. 해당되는 도구명을 쓰시오.

①		결과에 대해 원인이 어떻게 관계하는지를 알기 쉽게 작성한 생선등뼈 모양의 그림
②		서로 대응하는 두 변수간의 상관관계를 그래프 용지 위에 점으로 나타낸 그림
③		치수, 무게, 강도 등 계량치의 Data가 어떤 분포를 하고 있는지 알기 위해 기둥그래프와 같은 형태로 만든 것
④		집단을 구성하고 있는 데이터를 특징에 따라 몇 개의 부분집단으로 나누는 것
⑤		결함부나 기타 시공불량 등 항목을 구분하여 크기순으로 나열하여 결함항목을 집중적으로 감소시키는데 효과적으로 사용된다.

5. 50cm×50cm의 단면을 갖는 3m 높이의 기둥 10개에 소요되는 거푸집량과 콘크리트량을 구하시오.

(1) 거푸집량:

(2) 콘크리트량:

6. 욕실 바닥 타일 붙이기 순서이다. 그림을 보고 보기에서 골라 알맞게 기재하시오.

보기

경량기포 콘크리트, 자기질 타일, 붙임 모르타르, 마감모르타르(XL15), 액체 방수 1종

7. 강구조 용접부의 비파괴 시험방법을 3가지 쓰시오.

① _____ ② _____ ③ _____

8. 다음 데이터를 네트워크공정표로 작성하고, 각 작업의 여유시간을 구하시오.

작업명	작업일수	선행작업	비고
A	3	없음	(1) 결합점에서는 다음과 같이 표시한다.
B	4	없음	
C	5	없음	
D	6	A, B	
E	7	B	
F	4	D	
G	5	D, E	
H	6	C, F, G	(2) 주공정선은 굵은선으로 표시한다.
I	7	F, G	

(1) 공정표 작성

(2) 여유시간

작업명	TF	FF	DF	CP
A				
B				
C				
D				
E				
F				
G				
H				
I				

9. 철근콘크리트 보강에 사용하는 이형봉강의 용도를 보기에서 골라 구분하시오.

보기
SD300, SD400, SD500, SD600, SD700, SD400W, SD500W, SD400S, SD500S, SD600S, SD700S

(1)	일반용	
(2)	용접용	
(3)	특수내진용	

10. 공사현장의 비산먼지의 발생을 억제하기 위해 설치하는 시설을 3가지 쓰시오.

① ② ③

11. 다음에서 설명하는 목공사 관련용어를 쓰시오.

①		제재목 중에서 두께가 75mm 미만이고 너비가 두께의 4배 이상인 것
②		건조 및 대패 마감된 후의 실제적인 최종 치수
③		나무가 생장과정에서 받는 내부응력으로 인하여 목재조직이 나이테에 평행한 방향으로 갈라지는 결함

12. 일반적인 철근콘크리트(RC) 건축물의 철근 조립순서를 보기에서 골라 번호로 쓰시오.

보기

① 기둥철근　② 기초철근　③ 보철근　④ 바닥철근　⑤ 벽철근　⑥ 계단철근

13. 한중콘크리트 초기 양생(Curing)의 목적을 설명하고 양생방법을 3가지 쓰시오.
(1) 목적:

(2) 종류:

① ② ③

14. 우레탄 고무계 도막방수에서 보호 및 마감재의 종류를 3가지 쓰시오.
    (단, 도포형이고 평탄부위(L-UrF), 물매(1/100~1/50) 공정이다.)

    ①   ②   ③

15. 거푸집 측압에 대해 크다/작다 중에서만 골라서 다음 괄호 안에 적으시오.

    ① 거푸집의 투수성이 클수록 측압이 (   ).
    ② 콘크리트의 타설속도가 빠를수록 측압이 (   ).
    ③ 배합이 부배합일수록 측압이 (   ).
    ④ 콘크리트의 비중이 작을수록 측압이 (   ).

16. 다음 그림이 의미하는 용접결함의 용어를 쓰시오.

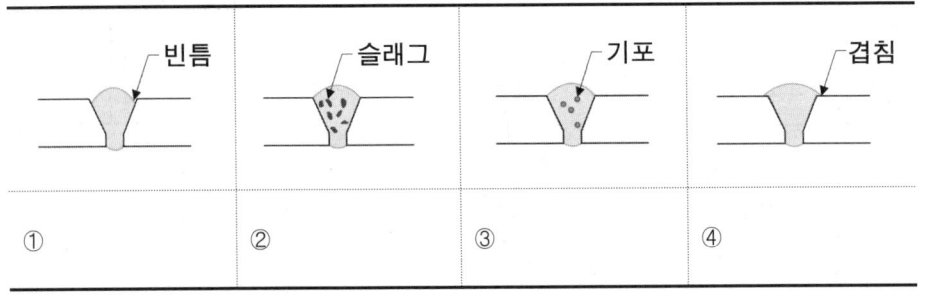

    ①   ②   ③   ④

17. 미장공사 시공순서를 다음 보기에서 골라 번호로 쓰시오.

    보기
    ① 고름질   ② 초벌바름 및 라스 먹임   ③ 재료준비 및 운반   ④ 정벌   ⑤ 재벌

18. 알루미늄 창호의 장점을 4가지 쓰시오.

① _____ ② _____

③ _____ ④ _____

19. 굳지 않은 콘크리트의 성질과 관련된 다음의 용어를 간단히 설명하시오.

①	플라스티시티 (Plasticity)	
②	워커빌리티 (Workability)	

20. AE제 사용 시 장점 4가지를 쓰시오.

① _____ ② _____

③ _____ ④ _____

21. 강재 종류에 따른 단면의 색깔을 보기에서 골라 쓰시오.

보기

녹색, 황색, 흑색, 회색, 하늘색, 백색, 분홍색, 보라색, 적색, 청색, 주황색

①	SD400	
②	SD500W	
③	SD700S	

22. 다음은 낙하물 방지망에 관한 내용이다. ( )안에 적당한 내용을 쓰시오.

낙하물 방지망의 설치높이는 ( )m 마다 설치하며, 비계 또는 구조체의 외측에서 내민길이는 ( )m 이상 설치하며, 경사는 ( )도 이상 ( )도를 초과할 수 없다.

23. 전통적인 계약방식에서 도급공사와 비교한 직영공사의 장점을 3가지 쓰시오.

① _____

② _____

③ _____

24. 벽타일 붙이기 공법 중 떠붙이기 공법과 압착붙이기 공법의 시공상 차이점을 설명하시오.

25. 벽돌벽을 이중벽으로 하여 공간쌓기로 하는 목적을 2가지 쓰시오.

① _____ ② _____

26. 다음이 설명하는 공사관계자를 쓰시오.

①	건축주와 직접 도급계약을 체결한 자
②	건축주와는 관계없이 원도급자와 도급공사 전부를 수행하기로 계약을 맺은 자
③	건축주와는 관계없이 원도급자와 도급공사 일부를 수행하기로 계약한 자

27. 레디믹스트콘크리트의 받아들이기 품질검사 항목을 5가지 쓰시오.

① _____ ② _____ ③ _____

④ _____ ⑤ _____

2024. 2회 기출문제 해답

1.
① 안전난간
② 울타리
③ 수직형 추락방망 또는 덮개

2.
① BOO(Build-Operate-Own)
② BTO(Build-Transfer-Operate)
③ BTL(Build-Transfer-Lease)

3.
(1) ① 경쟁으로 인한 공사비 절감
　　② 균등기회 보장(민주적 방식)
(2) ① 부적격자에게 낙찰우려
　　② 과다경쟁으로 부실공사 우려

4.
① 특성요인도
② 산점도
③ 히스토그램
④ 층별
⑤ 파레토도

5.
(1) $(0.5+0.5) \times 2 \times 3 \times 10$개 $= 60 \text{m}^2$
(2) $0.5 \times 0.5 \times 3 \times 10$개 $= 7.5 \text{m}^3$

6.
(1) 자기질 타일
(2) 고름모르타르
(3) 보호모르타르(XL15)
(4) 기포콘크리트
(5) 액체방수 1종

7.
① 방사선 투과법   ② 초음파 탐상법   ③ 자기분말 탐상법

8.

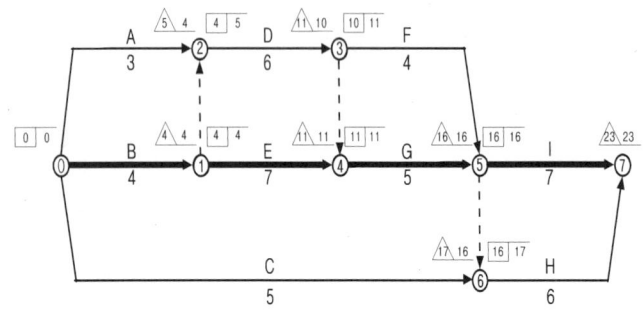

작업명	TF	FF	DF	CP
A	2	1	1	
B	0	0	0	※
C	12	11	1	
D	1	0	1	
E	0	0	0	※
F	2	2	0	
G	0	0	0	※
H	1	1	0	
I	0	0	0	※

9.
(1) SD300, SD400, SD500, SD600, SD700
(2) SD400W, SD500W
(3) SD400S, SD500S, SD600S, SD700S

10.
① 방진덮개   ② 방진벽, 방진망 또는 방진막   ③ 이동식 살수시설

11.
① 판재류
② 실제(마감)치수
③ 윤할(Shake)

12.
② ➡ ① ➡ ⑤ ➡ ③ ➡ ④ ➡ ⑥

13.
(1) 콘크리트 타설 후 수화작용을 충분히 발휘시킴과 동시에 건조 및 외력에 의한 균열발생을 예방하고 오손, 변형, 파손 등으로부터 콘크리트를 보호
(2) ① 급열 양생(Heat Curing)
    ② 단열 양생(Insulating Curing)
    ③ 피복 양생(Surface Covered Curing)

14.
① 현장타설콘크리트
② 콘크리트블록
③ 시멘트모르타르

15.
① 작다
② 크다
③ 크다
④ 작다

16.
① 언더컷
② 슬래그감싸들기
③ 블로홀
④ 오버랩

17.
③ ➡ ② ➡ ① ➡ ⑤ ➡ ④

18.
① 비중이 철의 1/3 정도로 가볍다.
② 녹슬지 않고 내구연한이 길다.
③ 공작이 자유롭고 착색이 가능하다.
④ 기밀성 및 수밀성이 우수하다.

19.
① 거푸집 등의 형상에 순응하여 채우기 쉽고, 분리가 일어나지 않은 성질
② 반죽질기에 의한 작업의 난이도 정도 및 재료분리에 저항하는 정도

20.
① 시공연도 개선
② 수밀성 향상
③ 재료분리 감소
④ 동결융해저항성 증대

21.
① 황색
② 분홍색
③ 주황색

22.
10, 2, 20, 30

23.
① 도급공사와 비교하여 확실한 공사가 가능하다.
② 도급계약에 구속됨 없이 임기응변의 처리가 가능하다.
③ 발주계약 등의 수속사무가 절감된다.

24.
떠붙임 공법은 타일 뒷면에 붙임모르타르를 얹어 바탕면에 누르듯이 하여 1매씩 붙이는 방법이고, 압착붙임공법은 평평하게 만든 바탕모르타르 위에 붙임모르타르를 바르고 그 위에 타일을 두드려 누르거나 비벼 넣으면서 붙이는 방법이다.

25.
① 방습
② 방음

26.
① 원도급자(Main Contractor)
② 재도급자(Re-Contractor)
③ 하도급자(Sub-Contractor)

27.
① 굳지 않은 콘크리트의 상태
② 슬럼프
③ 슬럼프 플로
④ 공기량
⑤ 온도

2024. 3회 건축산업기사

1. 용접접합의 장점과 단점을 각각 2가지씩 쓰시오.
(1) 장점

① _____

② _____

(2) 단점

① _____

② _____

배점 4

2. 직영공사의 정의와 장점 2가지를 쓰시오.
(1) 정의:

(2) 장점

① _____

② _____

배점 4

3. 【보기】는 콘크리트 탄산화에 대한 내용이다. 콘크리트 탄산화가 구조체에 미치는 영향을 3가지 쓰시오

보기
- 탄산화의 정의: 대기 중의 탄산가스의 작용으로 콘크리트 내 수산화칼슘이 탄산칼슘으로 변하면서 알칼리성을 소실하는 현상
- 반응식: $Ca(OH)_2 + CO_2 \rightarrow CaCO_3 + H_2O$

【구조체에 미치는 영향】

① _____ ② _____ ③ _____

배점 3

4. 다음은 일반구조용압연강재에 대한 설명이다. 해당 설명에 알맞은 것을 【보기】에서 골라 번호로 쓰시오.

보기

① SS235   ② SS275   ③ SS315   ④ SS450   ⑤ SS550

(1)	강판, 강대, 평강 및 봉강에 적용	
(2)	두께 40mm 이하의 강판, 강대, 형강, 평강 및 지름, 변 또는 맞변거리 40mm 이하의 봉강에 적용	
(3)	두께 40mm 이하의 강판, 강대, 평강에 적용	

5. 콘크리트를 양생하는 이유 2가지를 쓰시오.

①

②

6. 다음 설명과 관계되는 TQC 도구를 쓰시오.

(1)	결과에 어떤 원인이 관계하는지를 알 수 있도록 작성한 그림	
(2)	대응되는 두 개의 짝으로 된 데이터를 하나의 점으로 나타낸 그림	
(3)	데이터를 불량 크기순서대로 나열해 놓은 그림	
(4)	데이터가 어떤 분포를 나타내고 있는지를 알아보기 위해 작성하는 그림	

7. 다음의 공사관리 계약방식에 대하여 설명하시오.

(1) CM for Fee 방식:

(2) CM at Risk 방식:

8. 거푸집의 부속재료 중 간격재(Spacer)와 격리재(Separater)의 용도별 차이점에 대하여 설명하시오

9. 다음 설명에 알맞은 용어를 쓰시오.

(1)	시공업자가 건설공사에 대한 재원조달, 토지구매, 설계와 시공, 운전 등의 모든 서비스를 발주자를 위하여 제공하는 방식	
(2)	건축주와 시공자가 공사실비를 확인정산하고 정해진 보수율에 따라 시공자에게 지급하는 방식	

10. 건설현장에서 콘크리트 타설 시 형상과 치수를 유지하거나 콘크리트 품질을 확보하기 위하여 거푸집을 사용한다. 거푸집은 용도에 따라 바닥전용, 벽체전용, 벽체와 바닥전용 시스템(Ststem) 거푸집 등으로 분류할 수 있는데 이 중 벽체전용 거푸집의 종류를 【보기】에서 골라 번호로 쓰시오.

보기			
① 갱폼	② 클라이밍폼	③ 슬라이딩폼	④ 슬립폼
⑤ 트래블링폼	⑥ 터널폼	⑦ 플라잉폼	⑧ 와플폼

11. 타일시공 검사에 대한 내용 중 괄호 안을 채우시오.

(1) 떠붙임 공법 검사 벽타일의 경우, 중앙부의 접착 상태를 기준으로 (　　)% 이상이어야 합격으로 판정한다.

(2) 타일의 접착력 시험은 타일이 바탕면에 얼마나 강하게 붙어 있는지를 측정하는데 해당 시험은 일반 건축물의 경우 타일면적 (　　)m² 당 한 장씩, 공동주택은 (　　)호당 1호에 한 장씩 시험한다. 시험 시점은 타일 시공 후 4주 이상 경과 후에 실시하며 합격 기준은 타일의 인장부착강도가 (　　)N/mm² 이상이면 합격으로 판정한다.

12. 다음 설명에 알맞은 도장용어를 【보기】에서 골라 적으시오.

보기

눈먹임　광명단　연마　상도　착색　퍼티　중도　백업　조색　건성유

(1) 목재 도장 시 나뭇결에 찰흙 또는 접합체의 하나인 토분과 퍼티 등을 고루 발라 채워서 평활한 칠 바탕을 만들며 나무면의 방수성능을 높이는 작업

(2) 색상 간의 비율을 정하는 작업

(3) 광택을 주기 위해 가장 윗부분에 코팅하는 작업

(4) 균열 또는 구멍 난 부분을 메꿈 처리하는 작업

13. 벽면적 20m²에 표준형벽돌 1.0B 쌓기 시 시멘트벽돌의 소요량을 산출하시오. (단, 할증률 포함)

14. 추락방호망의 설치기준에 대한 내용 중 빈칸에 알맞은 숫자를 쓰시오.

(1) 추락방호망의 설치위치는 가능하면 작업면으로부터 가까운 지점에 설치하고 작업면으로부터 망의 설치지점까지의 수직거리는 (　　)m를 초과하지 아니할 것

(2) 추락방호망은 수평으로 설치하고 망의 처짐은 짧은 변 길이의 (　　)% 이상이 되도록 할 것

(3) 건축물 등의 바깥쪽으로 설치하는 경우 추락방호망의 내민 길이는 벽면으로부터 (　　)m 이상 되도록 할 것

15. 바깥방수 공법의 특징을 우측 보기에서 골라 번호로 표기하시오.

비교항목	바깥방수	보 기	
(1) 사용환경		① 수압이 적은 얕은 지하실	② 수압이 큰 깊은 지하실
(2) 보호누름		① 필요 하다	② 필요 없다
(3) 본공사 추진		① 자유롭다	② 본공사에 선행
(4) 경제성		① 비교적 싸다	② 비교적 고가이다.

16. 다음의 용접기호로서 알 수 있는 사항 4가지를 쓰시오

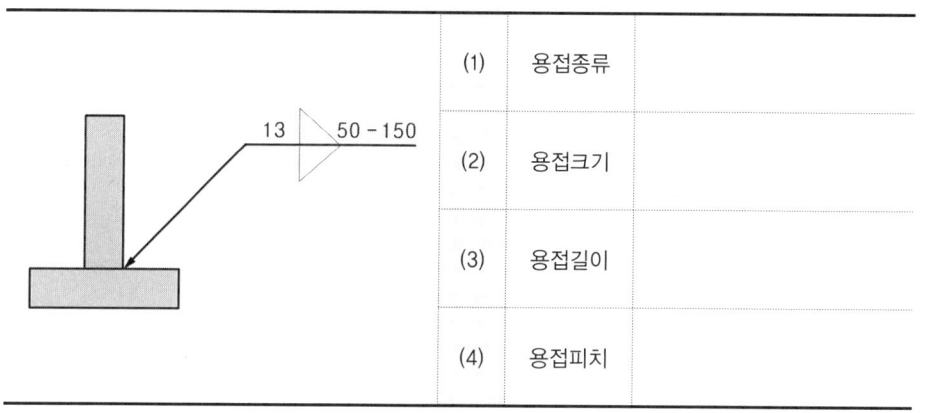

(1) 용접종류

(2) 용접크기

(3) 용접길이

(4) 용접피치

17. 다음 그림을 보고 해당되는 벽돌 줄눈의 종류를 【보기】에서 골라 적으시오

보기

평줄눈 볼록줄눈 엇빗줄눈 내민줄눈 민줄눈 오목줄눈 빗줄눈 둥근줄눈

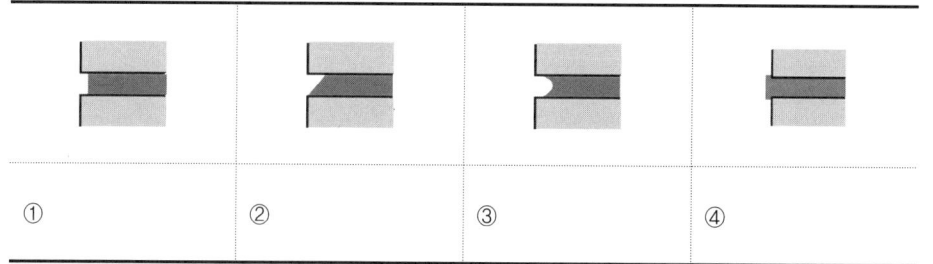

①   ②   ③   ④

18. 다음 그림을 보고 해당되는 목재 쪽매의 종류를 【보기】에서 골라 적으시오

    보기
    맞댄   반턱   빗   오니   제혀   딴혀   틈막이

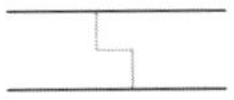

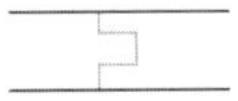

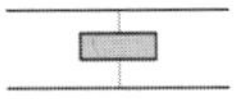

    ①   ②   ③   ④   ⑤

19. 철근의 피복두께에 대한 내용 중 물음에 답하시오.
    (1) 피복두께의 정의를 쓰시오.

    (2) 빈칸에 알맞은 콘크리트 피복두께의 수치를 쓰시오.

구 분			피복두께(단위: mm)
옥외의 공기나 흙에 직접 접하지 않는 콘크리트	슬래브, 벽체, 장선	D35 초과 철근	①
		D35 이하 철근	②
	보, 기둥		③
	쉘, 절판 부재		20

    ①   ②   ③

20. 혼화제(混和劑)란 시멘트량의 1% 전후로 약품적 성질만 가지고 있는 재료를 말한다. 다음 설명에 해당되는 혼화제의 종류를 【보기】에서 골라 적으시오.

    보기
    AE제   고성능감수제   방청제   팽창제
    촉진제   기포제   발포제   고로슬래그미분말

(1)	저탄소콘크리트의 제조에 사용되며 성분이 시멘트와 유사하고 그 자체로는 수경성이 없지만 시멘트와 같은 알칼리 자극제를 이용하면 수경성으로 변화하여 경화하는 재료	
(2)	공기 연행제로서 미세한 기포를 고르게 분포시키는 재료	
(3)	소요의 워커빌리티를 얻기 위해 필요한 단위 수량을 감소시키고 유동성을 증진시킬 목적으로 사용하는 재료	
(4)	염화물에 대한 철근의 부식을 억제하는 재료	

21. 조적공사에 대한 내용 중 괄호 안을 채우시오.

(1)	가로 및 세로줄눈의 너비는 도면 또는 공사시방서에서 정한 바가 없을 때에는 (　　　)mm를 표준으로 한다.
(2)	벽돌쌓기는 도면 또는 공사시방서에서 정한 바가 없을 때에는 (　　　) 또는 (　　　)로 한다.
(3)	하루의 쌓기높이는 (　　　)m를 표준으로 하고, 최대 1.5m 이하로 한다.

22. 다음 설명에 알맞은 강구조 내화피복 공법의 종류를 【보기】에서 골라 적으시오.

보기

타설공법　　뿜칠공법　　조적공법　　미장공법　　성형판붙임공법

(1)	강재 주위에 콘크리트나 경량콘크리트를 부어 넣는 방법	
(2)	암면(巖綿)이나 플라스터를 이용하여 분사하는 방법	
(3)	철망 퍼라이트 또는 철망 모르타르를 바르는 공법	
(4)	철골 주위에 접착제와 철물 또는 경량 철골 틀을 설치하고 그 위에 내화재료로 피복하는 공법	

23. 다음의 우측 항목에서 설명하고 있는 굳지 않은 콘크리트와 관련된 적절한 용어를 좌측 항목에 기재하시오.

(1)		단위수량에 의해 변화하는 콘크리트 유동성의 정도, 혼합물의 묽기 정도
(2)		거푸집 등의 형상에 순응하여 채우기 쉽고, 재료분리가 일어나지 않는 성질로서 거푸집에 잘 채워질 수 있는지의 난이정도
(3)		골재의 최대치수에 따르는 표면정리의 난이정도, 마감작업의 용이성을 나타내는 성질
(4)		펌프 시공 콘크리트의 경우 펌프에 콘크리트가 잘 밀려 나가는 정도

24. 다음 설명에 알맞은 용어를 쓰시오.

(1)	고층 건축공사에서 작업 중에 재료, 공구 등의 낙하로 인한 피해를 막기 위해 설치하는 망	
(2)	건설현장에서 비계 등 가설구조물의 외측 면에 수직으로 설치하여 작업장소에서 외부로 물체가 낙하하는 것을 방지하기 위해 설치하는 망	
(3)	블록의 가장자리나 선체 외판 등에 설치된 작업발판의 가장자리에 바닥면과 수직으로 설치하는 시설	
(4)	상부에서 작업도중 자재나 공구 등의 낙하로 인한 재해를 방지하기 위하여 개구부 및 비계 외부 안전 통로 출입구 상부에 설치하는 망 대신 설치하는 목재 또는 금속 판재	
(5)	높이 3m 이상인 장소에서 낙하물을 안전하게 던져 아래로 떨어뜨리기 위해 설치되는 설비	

25. 달비계에 설치하는 와이어로프와 준수사항에 대한 내용 중 물음에 답하시오.
(1) 달비계에 사용하면 안 되는 로프를 【보기】에서 골라 번호로 쓰시오.

보기
① 꼬임이 있는 것
② 심하게 변형되거나 부식된 것
③ 이음매가 있는 것
④ 와이어로프의 한 꼬임에서 끊어진 소선의 수가 7% 이상인 것
⑤ 지름의 감소가 공칭지름의 5%를 초과하는 것

【답안】 _____

(2) 달비계 사용 시 준수사항 중 빈칸에 알맞은 내용을 쓰시오.

근로자에게 (①)를 착용하도록 하고 근로자가 착용한 안전줄을 달비계의 (②)에 체결(締結)하도록 할 것

【답안】 ① _____ ② _____

26. 다음 데이터를 네트워크 공정표로 작성하시오.

작업명	작업일수	선행작업	비고
A	4	없음	(1) 결합점에서는 다음과 같이 표시한다.
B	2	없음	
C	3	없음	
D	2	A, B	
E	4	A, B, C	(2) 주공정선은 굵은선으로 표시한다.
F	3	A, C	

2024. 3회 기출문제 해답

1.
(1) ① 응력전달이 확실하다.
    ② 접합속도가 빠르다.
(2) ① 용접공의 기량 의존도가 높다.
    ② 용접부위 결함검사가 어렵다.

2.
(1) 건축주가 직접 재료구입, 노무자 수배, 기계설치, 감독 등을 시공하는 방식
(2) ① 도급공사와 비교하여 확실한 공사가 가능하다.
    ② 도급계약에 구속됨 없이 임기응변의 처리가 가능하다.

3.
① 철근 부식   ② 강도 저하   ③ 내구성 저하

4.
(1) ①   (2) ④   (3) ⑤

5.
① 콘크리트 타설 후 수화작용을 충분히 발휘시킴과 동시에 건조 및 외력에 의한 균열발생을 예방
② 오손, 변형, 파손 등으로부터 콘크리트를 보호

6.
(1) 특성요인도   (2) 산점도(산포도)   (3) 파레토도   (4) 히스토그램

7.
(1) 발주자와 하도급업체가 직접 계약을 체결하고, CM은 발주자의 대리인 역할을 수행하여 약정된 보수만을 발주자에게 수령하는 형태
(2) 하도급업체와 CM이 원도급자 입장으로 발주자의 직접계약을 체결하며 공사의 원가·공정·품질을 직접 관리하여 CM자신의 이익을 추구하는 형태

8.
간격재는 철근의 피복두께를 유지하기 위해 벽이나 바닥 철근에 대어주는 것이고,
격리재는 벽거푸집이 오므라드는 것을 방지하고 간격을 유지하기 위한 것이다.

2024. 3회 기출문제 해답

9.
(1) 턴키(Turn-Key) 방식   (2) 실비비율 보수가산식

10.
①, ②, ③, ④

11.
(1) 80
(2) 200, 10, 0.39

12.
(1) 눈먹임   (2) 조색   (3) 상도   (4) 퍼티

13.
$20 \times 149 \times 1.05 = 3,129$ 매

14.
(1) 10   (2) 12   (3) 3

15.
(1) ②   (2) ②   (3) ②   (4) ②

16.
(1) 병렬 단속 필릿(Fillet, 모살) 용접
(2) 13mm
(3) 50mm
(4) 150mm

17.
① 평줄눈   ② 빗줄눈   ③ 오목줄눈   ④ 내민줄눈

18.
① 빗   ② 반턱   ③ 제혀   ④ 오니   ⑤ 딴혀

19.
(1) 콘크리트 표면에서 가장 근접한 철근표면까지 거리
(2) ① 40   ② 20   ③ 40

20.
(1) 고로슬래그미분말   (2) AE제   (3) 고성능감수제   (4) 방청제

21.
(1) 10
(2) 영식쌓기, 화란식쌓기
(3) 1.2

22.
(1) 타설공법   (2) 뿜칠공법   (3) 미장공법   (4) 성형판붙임공법

23.
(1) 반죽질기   (2) 성형성   (3) 마감성   (4) 압송성

24.
(1) 낙하물 방지망   (2) 수직보호망   (3) 안전난간   (4) 방호선반   (5) 낙하물 투하설비

25.
(1) ①, ②, ③
(2) ① 안전대   ② 구명줄

26.

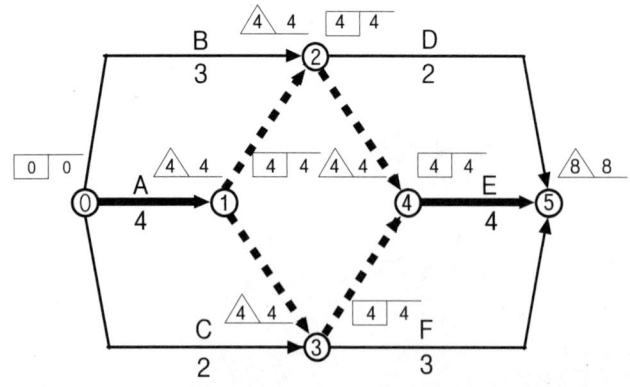

건축산업기사 실기 　The Bible

定價 29,000원

저　자　안광호 · 백종엽
　　　　이병억
발행인　이　종　권

2021年　2月　25日　초 판 발 행
2022年　3月　16日　2차개정판발행
2023年　2月　28日　3차개정판발행
2024年　1月　30日　4차개정판발행
2025年　2月　 4日　5차개정판발행

發行處　(주) 한솔아카데미

(우)06775 서울시 서초구 마방로10길 25 트윈타워 A동 2002호
TEL : (02)575-6144/5　FAX : (02)529-1130
〈1998. 2. 19 登錄 第16-1608號〉

※ 본 교재의 내용 중에서 오타, 오류 등은 발견되는 대로 한솔아카데미 인터넷 홈페이지를 통해 공지하여 드리며 보다 완벽한 교재를 위해 끊임없이 최선의 노력을 다하겠습니다.

※ 파본은 구입하신 서점에서 교환해 드립니다.

www.inup.co.kr / www.bestbook.co.kr

ISBN 979-11-5656-642-6　13540

한솔아카데미 발행도서

건축기사시리즈 ①건축계획
이종석, 이병억 공저
432쪽 | 27,000원

건축기사시리즈 ②건축시공
김형중, 한규대, 이명철 공저
570쪽 | 27,000원

건축기사시리즈 ③건축구조
안광호, 홍태화, 고길용 공저
796쪽 | 27,000원

건축기사시리즈 ④건축설비
오병칠, 권영철, 오호영 공저
564쪽 | 27,000원

건축기사시리즈 ⑤건축법규
현정기, 조영호, 한웅규, 김주석 공저
622쪽 | 27,000원

건축기사 필기 10개년 핵심 과년도문제해설
안광호, 백종엽, 이병억 공저
1,028쪽 | 45,000원

건축기사 4주완성
남재호, 송우용 공저
1,412쪽 | 47,000원

건축산업기사 4주완성
남재호, 송우용 공저
1,136쪽 | 43,000원

7개년 기출문제 건축산업기사 필기
한솔아카데미 수험연구회
868쪽 | 37,000원

건축설비기사 4주완성
남재호 저
1,284쪽 | 45,000원

건축설비산업기사 4주완성
남재호 저
824쪽 | 39,000원

10개년 핵심 건축설비기사 과년도
남재호 저
1,148쪽 | 39,000원

건축기사 실기
한규대, 김형중, 안광호, 이병억 공저
1,672쪽 | 52,000원

건축기사 실기 (The Bible)
안광호, 백종엽, 이병억 공저
980쪽 | 40,000원

건축기사 실기 14개년 과년도
안광호, 백종엽, 이병억 공저
688쪽 | 31,000원

건축산업기사 실기
한규대, 김형중, 안광호, 이병억 공저
696쪽 | 33,000원

건축산업기사 실기 (The Bible)
안광호, 백종엽, 이병억 공저
300쪽 | 27,000원

실내건축기사 4주완성
남재호 저
1,320쪽 | 39,000원

실내건축산업기사 4주완성
남재호 저
1,096쪽 | 32,000원

시공실무 실내건축(산업)기사 실기
안동훈, 이병억 공저
422쪽 | 31,000원

Hansol Academy

건축사 과년도출제문제
1교시 대지계획
한솔아카데미 건축사수험연구회
346쪽 | 33,000원

건축사 과년도출제문제
2교시 건축설계1
한솔아카데미 건축사수험연구회
192쪽 | 33,000원

건축사 과년도출제문제
3교시 건축설계2
한솔아카데미 건축사수험연구회
436쪽 | 33,000원

건축물에너지평가사
①건물 에너지 관계법규
건축물에너지평가사 수험연구회
852쪽 | 32,000원

건축물에너지평가사
②건축환경계획
건축물에너지평가사 수험연구회
516쪽 | 30,000원

건축물에너지평가사
③건축설비시스템
건축물에너지평가사 수험연구회
708쪽 | 32,000원

건축물에너지평가사
④건물 에너지효율설계·평가
건축물에너지평가사 수험연구회
648쪽 | 32,000원

건축물에너지평가사
2차실기(상)
건축물에너지평가사 수험연구회
940쪽 | 45,000원

건축물에너지평가사
2차실기(하)
건축물에너지평가사 수험연구회
905쪽 | 50,000원

토목기사시리즈
①응용역학
안광호, 김창원, 염창열, 정용욱 공저
540쪽 | 27,000원

토목기사시리즈
②측량학
남수영, 정경동, 고길용 공저
392쪽 | 27,000원

토목기사시리즈
③수리학 및 수문학
심기오, 노재식, 한웅규 공저
396쪽 | 27,000원

토목기사시리즈
④철근콘크리트 및 강구조
정경동, 정용욱, 고길용, 김지우 공저
464쪽 | 27,000원

토목기사시리즈
⑤토질 및 기초
안진수, 박광진, 김창원, 홍성협 공저
588쪽 | 27,000원

토목기사시리즈
⑥상하수도공학
노재식, 이상도, 한웅규, 정용욱 공저
544쪽 | 27,000원

10개년 핵심 토목기사 과년도문제해설
김창원 외 5인 공저
1,076쪽 | 46,000원

토목기사 4주완성
핵심 및 과년도문제해설
이상도, 고길용, 안광호, 한웅규, 홍성협, 김지우 공저
1,054쪽 | 44,000원

토목산업기사 4주완성
과년도문제해설
이상도, 정경동, 고길용, 안광호, 한웅규, 홍성협 공저
752쪽 | 40,000원

토목기사 실기
김태선, 박광진, 홍성협, 김창원, 김상욱, 이상도 공저
1,496쪽 | 52,000원

토목기사 실기
과년도문제해설
김태선, 이상도, 한웅규, 홍성협, 김상욱, 김지우 공저
840쪽 | 37,000원

www.bestbook.co.kr

콘크리트기사 · 산업기사 4주완성(필기)
정용욱, 고길용, 전지현, 김지우 공저
856쪽 | 38,000원

콘크리트기사 과년도(필기)
정용욱, 고길용, 김지우 공저
644쪽 | 29,000원

콘크리트기사 · 산업기사 3주완성(실기)
정용욱, 김태형, 이승철 공저
748쪽 | 32,000원

건설재료시험기사 4주완성(필기)
박광진, 이상도, 김지우, 전지현 공저
742쪽 | 38,000원

건설재료시험기사 과년도(필기)
고길용, 정용욱, 홍성협, 전지현 공저
692쪽 | 31,000원

건설재료시험기사 3주완성(실기)
고길용, 홍성협, 전지현, 김지우 공저
728쪽 | 32,000원

콘크리트기능사 3주완성(필기+실기)
정용욱, 고길용, 염창열, 전지현 공저
538쪽 | 27,000원

지적기능사(필기+실기) 3주완성
염창열, 정병노 공저
640쪽 | 30,000원

측량기능사 3주완성
염창열, 정병노, 고길용 공저
568쪽 | 28,000원

전산응용토목제도기능사 필기 3주완성
김지우, 최진호, 전지현 공저
632쪽 | 28,000원

건설안전기사 4주완성 필기
지준석, 조태연 공저
1,388쪽 | 36,000원

산업안전기사 4주완성 필기
지준석, 조태연 공저
1,560쪽 | 36,000원

공조냉동기계기사 필기
조성안, 이승원, 강희중 공저
1,358쪽 | 41,000원

공조냉동기계산업기사 필기
조성안, 이승원, 강희중 공저
1,236쪽 | 36,000원

공조냉동기계기사 실기
조성안, 강희중 공저
1,040쪽 | 38,000원

조경기사 · 산업기사 필기
이윤진 저
1,836쪽 | 49,000원

조경기사 · 산업기사 실기
이윤진 저
784쪽 | 45,000원

조경기능사 필기
이윤진 저
682쪽 | 29,000원

조경기능사 실기
이윤진 저
360쪽 | 29,000원

조경기능사 필기
한상엽 저
712쪽 | 28,000원

Hansol Academy

조경기능사 실기
한상엽 저
738쪽 | 30,000원

산림기사 · 산업기사 1권
이윤진 저
888쪽 | 27,000원

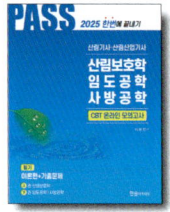
산림기사 · 산업기사 2권
이윤진 저
974쪽 | 27,000원

전기기사시리즈(전6권)
대산전기수험연구회
2,240쪽 | 131,000원

전기기사 5주완성
전기기사수험연구회
1,680쪽 | 42,000원

전기산업기사 5주완성
전기산업기사수험연구회
1,556쪽 | 42,000원

전기공사기사 5주완성
전기공사기사수험연구회
1,608쪽 | 42,000원

전기공사산업기사 5주완성
전기공사산업기사수험연구회
1,606쪽 | 42,000원

전기(산업)기사 실기
대산전기수험연구회
766쪽 | 43,000원

전기기사 실기 20개년 과년도문제해설
대산전기수험연구회
992쪽 | 38,000원

전기기사시리즈(전6권)
김대호 저
3,230쪽 | 136,000원

전기기사 실기 기본서
김대호 저
964쪽 | 38,000원

전기기사 실기 기출문제
김대호 저
1,352쪽 | 43,000원

전기산업기사 실기 기본서
김대호 저
920쪽 | 38,000원

전기산업기사 실기 기출문제
김대호 저
1,076쪽 | 41,000원

전기기사/전기산업기사 실기 마인드 맵
김대호 저
232 | 기본서 별책부록

CBT 전기기사 단기완성
이승원, 김승철, 윤종식 공저
1,244쪽 | 42,000원

전기(산업)기사 실기 모의고사 100선
김대호 저
296쪽 | 24,000원

전기기능사 필기
이승원, 김승철, 윤종식 공저
532쪽 | 27,000원

소방설비기사 기계분야 필기
김홍준, 윤중오 공저
1,212쪽 | 44,000원

www.bestbook.co.kr

**소방설비기사
전기분야 필기**
김홍준, 신면순 공저
1,151쪽 | 44,000원

공무원 건축계획
이병억 저
800쪽 | 37,000원

**7·9급 토목직
응용역학**
정경동 저
1,192쪽 | 42,000원

응용역학개론 기출문제
정경동 저
686쪽 | 40,000원

**측량학(9급 기술직/
서울시·지방직)**
정병노, 염창열, 정경동 공저
756쪽 | 29,000원

**응용역학(9급 기술직/
서울시·지방직)**
이국형 저
628쪽 | 23,000원

**스마트 9급 물리
(서울시·지방직)**
신용찬 저
422쪽 | 23,000원

**7급 공무원
스마트 물리학개론**
신용찬 저
996쪽 | 45,000원

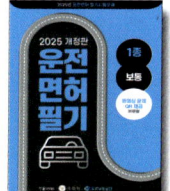

1종 운전면허
도로교통공단 저
110쪽 | 13,000원

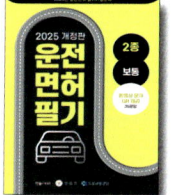

2종 운전면허
도로교통공단 저
110쪽 | 13,000원

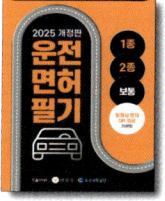

1·2종 운전면허
도로교통공단 저
110쪽 | 13,000원

지게차 운전기능사
건설기계수험연구회 편
216쪽 | 15,000원

굴삭기 운전기능사
건설기계수험연구회 편
224쪽 | 15,000원

**지게차 운전기능사
3주완성**
건설기계수험연구회 편
338쪽 | 12,000원

**굴삭기 운전기능사
3주완성**
건설기계수험연구회 편
356쪽 | 12,000원

**초경량 비행장치
무인멀티콥터**
권희춘, 김병구 공저
258쪽 | 22,000원

**시각디자인 산업기사
4주완성**
김영애, 서정술, 이원범 공저
1,102쪽 | 36,000원

**시각디자인
기사·산업기사 실기**
김영애, 이원범 공저
508쪽 | 35,000원

토목 BIM 설계활용서
김영휘, 박형순, 송윤상, 신현준,
안서현, 박진훈, 노기태 공저
388쪽 | 30,000원

BIM 구조편
(주)알피종합건축사사무소
(주)동양구조안전기술 공저
536쪽 | 32,000원

Hansol Academy

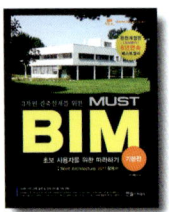
BIM 기본편
(주)알피종합건축사사무소
402쪽 | 32,000원

BIM 기본편 2탄
(주)알피종합건축사사무소
380쪽 | 28,000원

BIM 건축계획설계 Revit 실무지침서
BIMFACTORY
607쪽 | 35,000원

전통가옥에서 BIM을 보며
김요한, 함남혁, 유기찬 공저
548쪽 | 32,000원

BIM 주택설계편
(주)알피종합건축사사무소
박기백, 서창석, 함남혁, 유기찬 공저
514쪽 | 32,000원

BIM 활용편 2탄
(주)알피종합건축사사무소
380쪽 | 30,000원

BIM 건축전기설비설계
모델링스토어, 함남혁
572쪽 | 32,000원

BIM 토목편
송현혜, 김동욱, 임성순, 유자영, 심창수 공저
278쪽 | 25,000원

디지털모델링 방법론
이나래, 박기백, 함남혁, 유기찬 공저
380쪽 | 28,000원

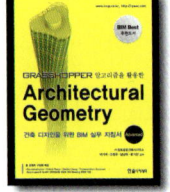
건축디자인을 위한 BIM 실무 지침서
(주)알피종합건축사사무소
박기백, 오정우, 함남혁, 유기찬 공저
516쪽 | 30,000원

BIM 전문가 건축 2급자격(필기+실기)
모델링스토어
760쪽 | 35,000원

BIM 전문가 토목 2급 실무활용서
채재현, 김영휘, 박준오, 소광영, 김소희, 이기수, 조수연
614쪽 | 35,000원

BE Architect
유기찬, 김재준, 차성민, 신수진, 홍유찬 공저
282쪽 | 20,000원

BE Architect 라이노&그래스호퍼
유기찬, 김재준, 조준상, 오주연 공저
288쪽 | 22,000원

BE Architect AUTO CAD
유기찬, 김재준 공저
400쪽 | 25,000원

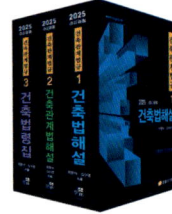
건축관계법규(전3권)
최한석, 김수영 공저
3,544쪽 | 110,000원

건축법령집
최한석, 김수영 공저
1,490쪽 | 60,000원

건축법해설
김수영, 이종석, 김동화, 김용환, 조영호, 오호영 공저
918쪽 | 32,000원

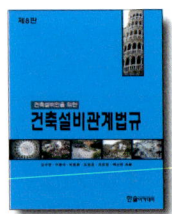
건축설비관계법규
김수영, 이종석, 박호준, 조영호, 오호영 공저
790쪽 | 34,000원

건축계획
이순희, 오호영 공저
422쪽 | 23,000원

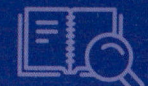 www.bestbook.co.kr

건축시공학
이찬식, 김선국, 김예상, 고성석, 손보식, 유정호, 김태완 공저
776쪽 | 30,000원

현장실무를 위한 토목시공학
남기천,김상환,유광호,강보순, 김종민,최준성 공저
1,212쪽 | 45,000원

알기쉬운 토목시공
남기천, 유광호, 류명찬, 윤영철, 최준성, 고준영, 김연덕 공저
818쪽 | 28,000원

Auto CAD 오토캐드
김수영, 정기범 공저
364쪽 | 25,000원

친환경 업무매뉴얼
정보현, 장동원 공저
352쪽 | 30,000원

건축시공기술사 기출문제
배용환, 서갑성 공저
1,146쪽 | 69,000원

합격의 정석 건축시공기술사
조민수 저
904쪽 | 67,000원

건축시공기술사 용어해설
조민수 저
1,438쪽 | 70,000원

건축전기설비기술사 (상,하)
서학범 저
1,532쪽 | 65,000원(각권)

디테일 기본서 PE 건축시공기술사
백종엽 저
730쪽 | 62,000원

디테일 마법지 PE 건축시공기술사
백종엽 저
504쪽 | 50,000원

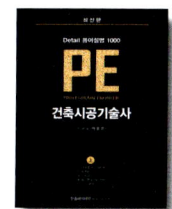
용어설명1000 PE 건축시공기술사(상,하)
백종엽 저
2,100쪽 | 70,000원(각권)

역학의 정석
김성민, 김성범 공저
788쪽 | 52,000원

합격의 정석 토목시공기술사
김무섭, 조민수 공저
874쪽 | 60,000원

건설안전기술사
이태엽 저
748쪽 | 55,000원

소방기술사 上
윤정득, 박견용 공저
656쪽 | 55,000원

소방기술사 下
윤정득, 박견용 공저
730쪽 | 55,000원

소방시설관리사 1차 (상,하)
김홍준 저
1,630쪽 | 63,000원

건축에너지관계법해설
조영호 저
614쪽 | 27,000원

ENERGYPULS
이광호 저
236쪽 | 25,000원

Hansol Academy

수학의 마술(2권)
아서 벤저민 저, 이경희, 윤미선,
김은현, 성지현 옮김
206쪽 | 24,000원

**스트레스,
과학으로 풀다**
그리고리 L. 프리키온, 애너이브
코비치, 앨버트 S.웅 저
176쪽 | 20,000원

행복충전 50Lists
에드워드 호프만 저
272쪽 | 16,000원

지치지 않는 뇌 휴식법
이시카와 요시키 저
188쪽 | 12,800원

지능형홈관리사
김일진, 이의신, 송한춘, 황준호,
장우성 공저
500쪽 | 35,000원

**스마트 건설,
스마트 시티, 스마트 홈**
김선근 저
436쪽 | 19,500원

**e-Test 엑셀
ver.2016**
임창인, 조은경, 성대근, 강현권
공저
268쪽 | 17,000원

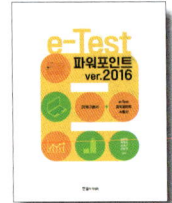

**e-Test 파워포인트
ver.2016**
임창인, 권영희, 성대근, 강현권
공저
206쪽 | 15,000원

**e-Test 한글
ver.2016**
임창인, 이권일, 성대근, 강현권
공저
198쪽 | 13,000원

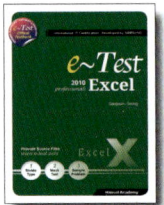

**e-Test 엑셀
2010(영문판)**
Daegeun-Seong
188쪽 | 25,000원

**e-Test
한글+엑셀+파워포인트**
성대근, 유재휘, 강현권 공저
412쪽 | 28,000원

**재미있고 쉽게 배우는
포토샵 CC2020**
이영주 저
320쪽 | 23,000원

건축기사 실기(The Bible)

안광호, 백종엽, 이병억
980쪽 | 40,000원

건축설비기사 4주완성

남재호
1,284쪽 | 45,000원

※ 구입처는 **전국대형서점**에서 구매하실 수 있습니다.